不同配钢形式型钢混凝土结构
抗震性能与分析

曾 磊 王 斌 郑山锁 著

科学出版社

北 京

内 容 简 介

本书是作者多年来研究成果的提炼、归纳和系统总结。全书共9章,分别介绍了非对称配钢型钢混凝土框架柱、梁柱节点、框架结构和型钢混凝土框架-钢筋混凝土核心筒结构的抗震性能试验研究、理论分析和设计计算方法,型钢混凝土组合梁柱单元和节点单元的精细化建模理论及方法,型钢混凝土框架柱基于延性与造价的多目标优化设计,型钢混凝土框架结构基于性能的全寿命总费用优化。本书揭示了型钢混凝土组合结构的地震损伤演化规律和失效破坏机理,提出了有效的预防对策及设计方法,对于增强型钢混凝土组合结构的防震减灾能力具有重要意义。

本书可供从事土木工程专业及地震工程、结构工程、防灾减灾工程领域的研究、设计和施工人员,以及高等院校相关专业或领域的师生参考。

图书在版编目(CIP)数据

不同配钢形式型钢混凝土结构抗震性能与分析/曾磊,王斌,郑山锁著.
—北京:科学出版社,2019.11
　ISBN 978-7-03-062993-7

　Ⅰ.①不… Ⅱ.①曾…②王…③郑… Ⅲ.①型钢混凝土-钢筋混凝土结构-抗震性能-研究 Ⅳ.①TU528.571

中国版本图书馆 CIP 数据核字(2019)第 245877 号

责任编辑:周 炜 罗 娟 / 责任校对:杨聪敏
责任印制:赵 博 / 封面设计:陈 敬

斜 学 出 版 社 出版
北京东黄城根北街 16 号
邮政编码:100717
http://www.sciencep.com

北京中石油彩色印刷有限责任公司印刷
科学出版社发行　各地新华书店经销
*

2019 年 11 月第 一 版　开本:720×1000 1/16
2025 年 1 月第三次印刷　印张:18 1/2
字数:370 000
定价:168.00 元
(如有印装质量问题,我社负责调换)

前　　言

　　型钢混凝土结构通过钢与混凝土的协同作用充分利用了这两种材料的承载能力,具有强度高、刚度大、延性好、施工快的特点,是一种具有优异抗震性能的结构体系,而且其耐火性能和耐久性能均优于钢结构,具有良好的经济效益,因此该类结构在世界范围内得到了广泛应用,并已成为多地震国家和地区的首选结构形式。尤其是在我国大力发展装配式建筑,推动产业结构调整升级的背景下,预计钢-混凝土混合结构将会得到更加快速的发展和应用。而我国现有钢-混凝土混合结构还尚未经过强烈地震的考验,缺乏相应的震害资料。该类结构发生整体倒塌所致的灾害效应远大于其他结构体系,同时我国的抗震设防水平普遍低于美国、日本等发达国家和地区,上述原因导致在我国该类结构体系的理论研究落后于工程实践,且其迅速发展的态势使得人们更加关注这种结构体系的抗震性能和地震易损性,很多问题亟待进一步研究。

　　本书以型钢混凝土构件和结构为研究对象,以该类结构地震破坏机理、地震响应分析及抗震设计计算理论为主线,以非对称配钢形式为研究特色,按照构件-节点-结构的层次进行型钢混凝土框架柱、梁柱节点、框架结构、型钢混凝土框架-钢筋混凝土核心筒结构的缩尺模型地震模拟试验研究、理论分析和数值模拟,研究型钢混凝土构件和结构在地震作用下的复杂受力行为、损伤演化规律和破坏过程,阐述型钢与混凝土、型钢混凝土框架与钢筋混凝土核心筒的协同工作性能,提出型钢混凝土组合结构的相关地震响应分析和设计计算方法,对型钢混凝土结构的抗震设计提供积极的参考。

　　本书共 9 章,主要内容包括:通过对低周往复荷载作用下 12 榀 T 形配钢、12 榀 L 形配钢型钢混凝土框架柱的试验及有限元研究,分析非对称配钢框架柱的抗震性能,提出非对称配钢框架柱的设计计算理论和方法;基于试验实测的滞回曲线、骨架曲线建立三折线形恢复力模型;通过双平截面假定,基于有限元柔度法和纤维模型法的基本思想,在截面层次考虑黏结滑移效应,提出一种适用于分析型钢混凝土梁柱构件的纤维梁柱单元;结合型钢混凝土设计计算理论及设计规程中的相关要求,建立基于延性与造价的型钢混凝土框架柱多目标优化设计方法;分别通过 4 个 T 形和 4 个 L 形配钢柱-钢梁节点的低周往复加载试验,建立节点受剪承载能力实用计算公式,通过考虑变形损伤与能量累积损伤在损伤演化过程中的权重动态变化,建立变形和能量组合的非线性损伤模型;结合已有的钢筋混凝土框架节点宏观单元,提出一种适用于型钢混凝土框架节点的新型宏观单元模型,并成功添加到 OpenSees 平台中,对已有型钢混凝土框架节点试验进行数值模拟分析;进行 T 形、L 形配钢型钢混凝土柱-钢梁中框架和边框架结构在水平低周往复荷载作用下的对比试验,分析非对称配钢型钢混凝土柱-钢梁框架结构的抗震性能;对抗震试验结果统计分析得到型钢混凝土框架结构的目标性能水平量化值并建立基于性能的全寿命优化模型,编制 MATLAB 优化程序,实现型钢混凝土框架结构全寿命优化分析;进行一个 10 层型钢混凝土框架-钢筋混凝土核心筒混合结构缩尺抗震试验,对该混合结构抗震性能及连续倒塌进行分析。

本书由长江大学曾磊教授、西安工业大学王斌副教授、西安建筑科技大学郑山锁教授共同撰写,全书由曾磊统稿。吴园园、肖云峰、陈熠光、周琴、赵程程、崔振坤、张传超、靳思骞、龚倩倩、王彦斌、谢炜、李显杰、任雯婷、张传超、何伟、司南、魏立、韩协等研究生参与了本书相关内容的研究工作。

本书的主要研究工作得到国家科技支撑计划课题(2013BAJ08B03)、国家自然科学基金项目(51108376,51108041、51678475、50978218、90815005、50378080)、陕西省重点研发计划项目(S2017-ZDYF-ZDXM-SF-0002)、湖北省自然科学基金项目(2016CFB604)、湖北省教育厅科研计划项目(D20161305、Q20091208)等项目资助,在此一并表示衷心的感谢。

由于作者水平有限,书中难免存在疏漏和不妥之处,敬请读者批评指正。

目　　录

第1章 非对称配钢型钢混凝土框架柱抗震性能研究

根据型钢在截面中不同的位置,型钢混凝土(steel reinforced concrete,SRC)结构可分为对称配钢和非对称配钢两种。在实际工程中,为满足不均匀受力状态,建筑边柱和角柱常采用 T 形和 L 形非对称配钢。国内外研究人员对对称配钢型钢混凝土柱的轴压[1]、单轴偏压[2,3]、双轴偏压[4,5]、水平低周反复荷载[6,7]及火灾[7]作用下的受力性能进行深入研究,并对型钢混凝土异型柱进行了探索[8~10],提出了相应的设计计算理论和构造方法。相关研究结果表明,对称配钢型钢混凝土柱在各种工况下均具有良好的受力性能。而非对称配钢型钢混凝土柱的研究则落后于工程实践,已有研究成果主要集中在正截面承载力计算方法上,对其在地震作用下的受力性能研究较少,影响其破坏机制的主要设计参数尚不明确。我国现行规范也未建立截面形式、配钢形式、配钢率、配箍率、轴压比、剪跨比等因素与延性和承载力的相关关系式[11,12],因而尚不能为该类构件的工程应用提供直接的技术支撑。

基于此,为研究非对称配钢型钢混凝土框架柱的抗震性能和设计计算方法,本章进行不同剪跨比、轴压比、配箍率以及是否配置拉结筋的 12 榀 T 形配钢、12 榀 L 形配钢的型钢混凝土框架柱试件的低周往复加载试验,对试件的受力过程、破坏形态、滞回特性、骨架曲线、延性性能、耗能能力等抗震性能指标进行系统分析与比较,同时基于试验结果对 T 形配钢型钢混凝土框架柱进行有限元分析。本章可为非对称配钢型钢混凝土框架柱的工程应用提供理论支撑和技术参考。

1.1 试 验 概 况

1.1.1 试件设计

本章重点考虑剪跨比、轴压比、配箍率以及有无拉结筋 4 个设计参数对非对称配钢型钢混凝土框架柱抗震性能的影响,设计了 12 榀 T 形配钢边柱试件,12 榀 L 形配钢角柱试件,试件的配钢率均为 5.19%,其他设计参数见表 1.1,其中不同剪跨比通过改变试件的长度来实现。试件设计混凝土强度等级均为 C40,实测混凝土立方体抗压强度标准值为 45.4MPa。纵筋和箍筋分别采用直径为 14mm 和 8mm 的 HRB335 级钢筋,型钢骨架均采用普通热轧 Q235 钢板焊接成型,钢筋与钢材的材料力学性能指标见表 1.2。各试件几何尺寸与截面配筋构造如图 1.1 所示。

表 1.1　试件参数与破坏形态

试件编号	剪跨比 λ	有无拉结筋	配箍率 ρ_{sv}/%	配钢率 ρ_v/%	轴压比 n	破坏形态
T-1	2.5	无	1.675	5.19	0.2	弯曲
T-2	2.5	无	1.675	5.19	0.4	弯曲
T-3	2.5	无	1.256	5.19	0.2	弯曲
T-4	2.5	无	1.256	5.19	0.4	剪切斜压
T-5	2.5	有	1.256	5.19	0.2	弯曲
T-6	2.5	有	1.256	5.19	0.4	剪切黏结
T-7	2.0	有	1.675	5.19	0.2	剪切斜压
T-8	2.0	无	1.675	5.19	0.4	剪切斜压
T-9	2.0	无	1.256	5.19	0.4	剪切斜压
T-10	2.0	有	1.256	5.19	0.4	剪切斜压
T-11	2.0	有	1.256	5.19	0.5	剪切斜压
T-12	2.0	有	1.256	5.19	0.2	—
L-1	2.5	无	1.675	5.19	0.2	弯曲
L-2	2.5	无	1.675	5.19	0.4	剪切黏结
L-3	2.5	无	1.256	5.19	0.2	剪切复合
L-4	2.5	无	1.256	5.19	0.4	剪切斜压
L-5	2.5	有	1.256	5.19	0.2	弯曲
L-6	2.5	有	1.256	5.19	0.4	剪切复合
L-7	2.0	无	1.675	5.19	0.5	剪切斜压
L-8	2.0	无	1.675	5.19	0.4	剪切复合
L-9	2.0	无	1.675	5.19	0.6	剪切斜压
L-10	2.0	无	1.256	5.19	0.2	剪切复合
L-11	2.0	无	1.256	5.19	0.4	剪切黏结
L-12	2.0	无	1.256	5.19	0.5	剪切复合

表 1.2　钢筋与钢材的材料力学性能指标

钢材类型	屈服强度 f_y/MPa	抗拉强度 f_u/MPa	弹性模量 E_s/MPa
Φ 8	263	409	2.1×10^5
Φ 14	279	422	2.1×10^5
Q235 钢板	327	471	2.0×10^5

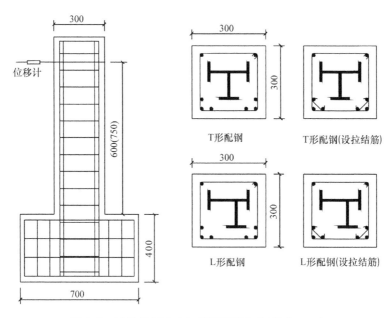

图 1.1 试件几何尺寸与截面配筋构造(单位:mm)

1.1.2 加载方案

本次试验在长江大学土木工程实验中心进行,采用悬臂梁式加载方案,加载装置如图 1.2 所示。试验开始时,由高精度静态液压伺服千斤顶施加竖向荷载至预定轴向压力并保持恒定不变,然后由电液伺服作动器采用位移控制施加水平低周往复荷载。根据实时绘制的柱顶水平位移-荷载滞回曲线和型钢应变情况判断试件是否屈服,采用位移控制加载。试件屈服前每级位移循环 1 次,分 8 级加载至屈服位移,屈服之后每级位移循环 3 次,直到荷载下降到极限荷载的 85% 或试件无

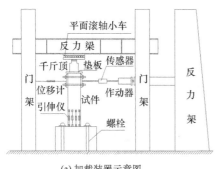

(a) 加载装置示意图

(b) 加载装置

图 1.2 框架柱试验加载装置

法继续承受轴力时,停止加载,试验结束。

1.1.3　量测内容

（1）框架柱端荷载及位移。柱顶轴向力采用液压伺服千斤顶全程自动恒压控制。柱顶水平荷载通过与伺服作动器连接的荷载-位移传感器即时采集,水平位移由位移计量测。

（2）混凝土应变。如图 1.3 所示,采用附着式应变仪测量柱底外部混凝土沿截面高度的应变情况,以了解试件在各受力阶段截面应力、应变分布,用以检验平截面假定在非对称配钢型钢混凝土框架柱中是否成立。

（3）型钢及钢筋应变。在距柱底截面 30mm 处型钢、纵向钢筋和箍筋上布置应变片和应变花,实测试验过程中各部分的应变情况,图 1.4 为应变片布置图。

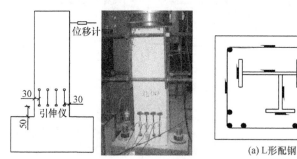
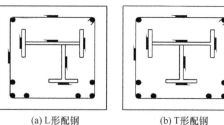

(a) L形配钢　　　　　　　(b) T形配钢

图 1.3　混凝土应变测量(单位:mm)　　　　图 1.4　型钢及钢筋应变测量

1.2　试验结果与分析

1.2.1　试验现象及破坏形态

如图 1.5 所示,在恒定轴压力和水平低周往复荷载作用下,T 形、L 形配钢型

(a) 弯曲破坏　　　(b) 剪切黏结破坏　　　(c) 剪切斜压破坏　　　(d) 剪切复合破坏

图 1.5　试件破坏形态

钢混凝土框架柱的破坏形态主要可分为以下 4 种:弯曲破坏(试件 T-5 等)、剪切黏结破坏(试件 L-2 等)、剪切斜压破坏(试件 T-9 等)、剪切复合破坏(试件 L-6 等)。

1. 弯曲破坏

弯曲破坏发生在剪跨比较大($\lambda=2.5$)的试件中。其受力过程大致为:加载初期试件处于弹性阶段,卸载后残余变形很小。当水平荷载达到极限荷载的 40% 左右时,框架柱底受拉一侧的混凝土首先出现水平裂缝,受压侧混凝土出现纵向裂缝。继续加载,水平裂缝向正面延伸,但到达型钢翼缘部位时其开展受到型钢的阻碍,有缓慢向上倾斜的趋势。荷载继续增大,试件正面出现少量斜向裂缝,但没有水平裂缝明显。水平裂缝在往复荷载作用下不断开展、闭合,裂缝宽度不断加大。当水平荷载达到极限荷载的 80% 左右时,受拉侧外围混凝土大面积脱落,箍筋外露受拉屈服,纵向钢筋外鼓,型钢由于得不到混凝土的保护而局部屈曲,其后受压侧混凝土被大量压碎,水平荷载急剧下降,试件丧失承载力。试验完成后发现,型钢外围混凝土大量剥落,而核心区混凝土由于受到型钢约束破坏较少,且截面中心区域的型钢并未屈服,试件破坏较缓慢,整体延性较好。

2. 剪切黏结破坏

剪切黏结破坏发生在部分剪跨比较小($\lambda=2.0$)和少数剪跨比大($\lambda=2.5$)且轴压力大或配箍率低的试件中。当水平荷载达到极限荷载的 40% 左右时,框架柱底混凝土受拉侧出现水平裂缝并向正面延伸。与弯曲破坏不同的是,伴随着往复荷载的增大,水平裂缝大部分发展为斜裂缝。当部分斜裂缝到达型钢翼缘处时,突然变陡,沿翼缘向上延伸形成竖向裂缝并且宽度不断增大,竖向裂缝开展远比斜裂缝迅速,原因在于型钢与混凝土之间出现明显的黏结滑移现象。继续增大水平荷载,竖向裂缝延伸至柱上端并沿柱高贯通,形成劈裂裂缝,型钢与外围混凝土分离,大块混凝土脱落。继续加载,外围混凝土未被压碎即已全部脱落,试件承载力迅速降低并宣告破坏。由于混凝土剥落迅速,型钢与钢筋承载力未被充分利用,试件承载力即已丧失,试件延性较差。

3. 剪切斜压破坏

大部分剪跨比小($\lambda=2.0$)的试件和少数剪跨比大($\lambda=2.5$)且轴压力大、配箍率较低的试件易发生剪切斜压破坏。破坏过程大致为:首先在柱底出现少量初始水平裂缝,随着荷载的增加,这些初始裂缝将向正面延伸并大致沿着 45°方向倾斜,形成大量微斜裂缝。由于荷载的往复作用,两侧微斜裂缝在试件正面相交为交叉斜裂缝,并将试件腹部混凝土切成若干个受压小棱柱体。随着水平荷载继续增大,微斜裂缝开展异常迅速且宽度不断增大,继而在众多微斜裂缝中产生几条明显

X形的交叉主斜裂缝。当水平荷载达到极限荷载后,斜裂缝间形成的小棱柱体被压溃,导致试件突然破坏。整个荷载作用过程中,型钢、箍筋和纵向钢筋均未屈服,试件破坏迅速,延性较差。

4. 剪切复合破坏

部分剪跨比小($\lambda=2.0$)的 L 形配钢试件发生剪切黏结和剪切斜压并存的剪切复合破坏,此类破坏的主要特征为:与剪切黏结破坏类似,侧面水平裂缝在正面发展为斜裂缝。继续加载,由于内部配钢的不对称性,一侧翼缘宽于另一侧,致使较宽翼缘侧的一部分斜裂缝开展到型钢翼缘时,裂缝宽度增大并突然变陡向上延伸成为竖向裂缝,最终形成劈裂裂缝,使试件较宽翼缘侧发生剪切黏结破坏。而较窄翼缘侧的斜裂缝开展到翼缘处时,因为较窄翼缘对裂缝的抑制作用较小,斜裂缝与较宽翼缘侧开展过来的斜裂缝交叉并发展为交叉主斜裂缝,最终主斜裂缝之间的棱柱体被压碎,从而使试件较窄翼缘侧发生剪切斜压破坏。两种剪切破坏共存是非对称配钢柱的明显特征,且两种破坏互相关联,轴压比越大、配箍率越小以及未配置拉结筋的试件更加具有剪切黏结的破坏特征。

1.2.2　截面应变分布

1. 混凝土应变

试验中通过引伸仪实测距框架柱底截面 50mm 处沿截面高度不同位置混凝土表面的应变分布,图 1.6 为发生弯曲破坏、剪切黏结破坏和剪切斜压破坏的 3 个试件在不同受力阶段的应变分布情况,由图可以看出:

发生弯曲破坏的试件 T-3,从开始加载到 80% 极限荷载以前,截面各高度处的混凝土应变基本呈直线分布,符合平截面假定,且中和轴位置基本保持不变。当加载至约 80% 极限荷载时,混凝土和型钢之间产生相对滑移,导致中和轴位置移动,应变分布偏离直线,但受压翼缘以下部分截面的应变分布仍能保持为直线。

发生剪切黏结破坏的试件 L-11,在加载初期中和轴位置基本不变,但其截面应变沿高度不满足直线分布,主要原因在于型钢与混凝土之间的黏结滑移。当加载至 60% 极限荷载后,距中和轴较远的一侧混凝土应变增长迅速,更加偏离直线分布。

发生剪切斜压破坏的试件 T-7,截面应变不满足平截面假定,随着剪压斜裂缝的出现和开展,截面不同高度位置处混凝土的应变分布呈无规律曲线分布。

分析可知,试件发生弯曲破坏时,混凝土所能达到的应变明显大于剪切黏结破坏和剪切斜压破坏,且后两种破坏时加载后期混凝土应变增大突然,反映了弯曲破坏时混凝土具有更好的变形能力和较好的位移延性。

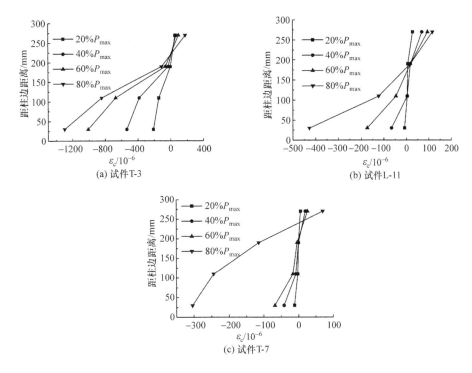

图 1.6 沿截面高度不同位置混凝土表面的应变分布

2. 钢筋及型钢应变

通过布置在箍筋上的应变片和型钢翼缘、腹板处的应变花分析不同受力阶段时箍筋及型钢腹板处的应变情况,图 1.7 为发生弯曲破坏、剪切黏结破坏和剪切斜压破坏的 3 个试件的正向加载应变图,由图可以看出:

试件 T-3 发生弯曲破坏。如图 1.5 所示,其破坏形态是以受压区混凝土压碎剥落为特征的,由试件截面上的正应力控制,其受力机理类似于大偏心受压破坏。当水平荷载达到极限荷载时,箍筋的应变为 0.001968,型钢受拉翼缘处的主拉应变为 0.002233,而型钢腹板处的主拉应变为 0.001566,尚未屈服。试件破坏时箍筋及型钢均已屈服。

试件 T-7 发生剪切斜压破坏。在试件开裂前,箍筋和型钢腹板的应变较小。斜裂缝出现后,裂缝处的混凝土退出工作,其承担的剪应力传递给与之相交的型钢和箍筋,应变包络图中箍筋的应变和型钢腹板的剪应变突然增大,表明型钢和箍筋开始和混凝土斜压棱柱体共同承担剪力。继续加载,型钢腹板和箍筋应变增长加快,表明混凝土的抗剪作用进一步减弱;同时可以看出,与箍筋相比,型钢腹板的应变增长速度更大,表明型钢的受剪作用更为显著。继续加载至极限荷载时,型钢腹

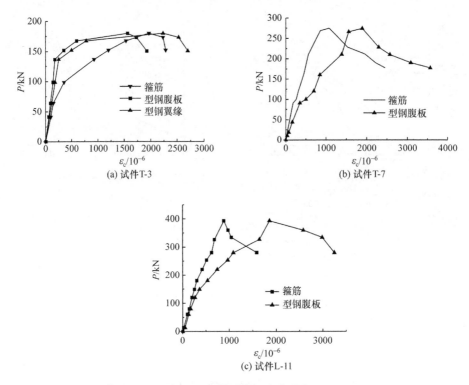

(a) 试件 T-3　　　　　　　(b) 试件 T-7

(c) 试件 L-11

图 1.7　钢筋及型钢应变分布

板主拉应变达到 0.001889 而屈服,此时型钢腹板应变急剧增加,但箍筋的应变为 0.001075,尚未屈服。试件破坏时,混凝土斜压棱柱体在往复荷载的作用下不断剥落,箍筋的受剪作用难以抵消混凝土受剪作用的急剧降低,箍筋应变达到 0.002453,很快屈服。

　　试件 L-11 发生剪切黏结破坏。加载初期箍筋和型钢腹板的应变情况与发生剪切斜压破坏的试件基本一致。当型钢与混凝土之间出现黏结滑移现象时,两者之间传递的剪应力降低,在型钢翼缘两侧的混凝土中出现剪应力集中现象,当剪应力产生的主拉应力大于混凝土抗拉强度时,混凝土开裂退出工作。继续增大水平荷载,竖向裂缝将沿柱高形成劈裂裂缝,型钢翼缘外侧混凝土脱落。加载至极限荷载时,型钢腹板的主拉应变为 0.001856,箍筋的应变为 0.000884。试件破坏时型钢腹板的主拉应变为 0.002987,箍筋的应变为 0.001047,尚未屈服。

1.2.3　滞回曲线

　　图 1.8 和图 1.9 为实测的框架柱柱顶水平荷载与水平位移滞回曲线。其中,试件 T-12 由于设备原因试验失败,试件 T-10 由于试验时输入错误而未获得正确的正向加载数据。

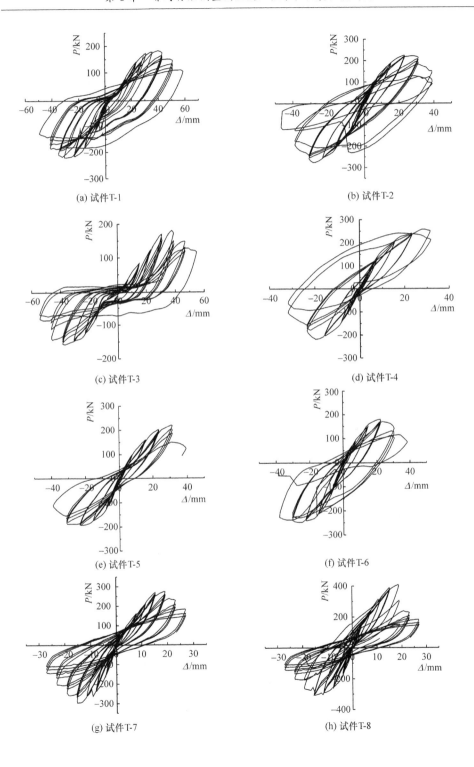

(a) 试件 T-1

(b) 试件 T-2

(c) 试件 T-3

(d) 试件 T-4

(e) 试件 T-5

(f) 试件 T-6

(g) 试件 T-7

(h) 试件 T-8

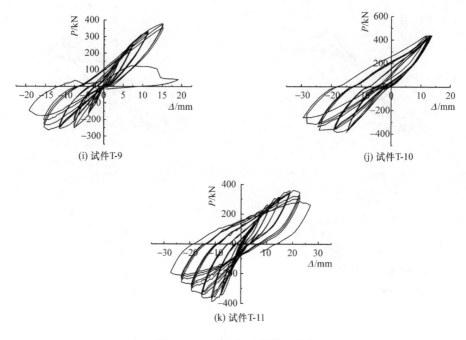

图 1.8　T 形配钢试件滞回曲线

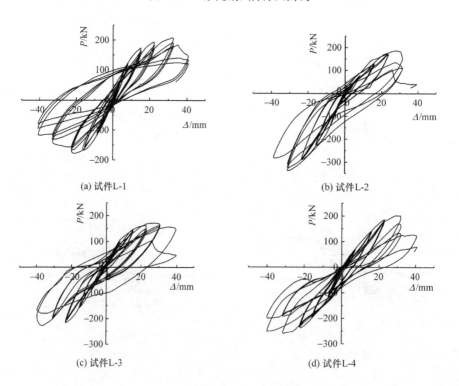

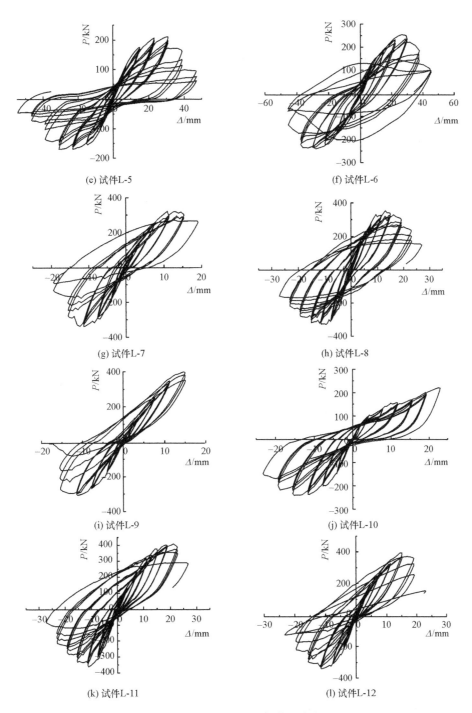

(e) 试件L-5　　　　　　　　　　　(f) 试件L-6

(g) 试件L-7　　　　　　　　　　　(h) 试件L-8

(i) 试件L-9　　　　　　　　　　　(j) 试件L-10

(k) 试件L-11　　　　　　　　　　　(l) 试件L-12

图 1.9　L 形配钢试件滞回曲线

　　(1) 各试件具有一些共同的滞回特征。加载初期,试件处于弹性阶段,荷载与位移呈线性关系,卸载后,残余变形很小,加载与卸载曲线重合,正负滞回环基本对称。随着荷载的增加,曲线逐渐偏离直线,混凝土开裂后,试件进入弹塑性阶段,卸载时有一定的残余变形,滞回环面积逐渐增大。试件屈服前刚度无明显退化,屈服后每级位移下的后 2 个循环比第 1 个循环时的荷载值减小,表明试件承载力有所退化。随着加载位移的增大,特别是型钢外围混凝土剥落,滞回曲线逐渐向横轴倾斜,表明试件刚度明显退化,且两个方向的滞回环显著不对称。达到极限荷载之后,滞回曲线更加饱满,表明试件具有良好的耗能能力。

　　(2) 与轴压比、配箍率、拉结筋配置等因素相比,剪跨比对试件滞回曲线形状的影响最大。如图 1.8 所示,对于 T 形配钢型钢混凝土框架柱,剪跨比大的试件 T-4 滞回曲线比剪跨比小的试件 T-9 饱满。剪跨比较小的试件,滞回曲线形状呈弓形,滞回环面积相对狭小,且正负方向明显不对称,极限荷载高,但破坏更突然,抗震性能差。而在 L 形配钢型钢混凝土框架柱中,情况则相反,当其他参数相同时,剪跨比小的试件 L-8 滞回曲线呈梭形,明显比剪跨比大的试件 L-2 要丰满,这主要是由于试验时,加载方向为试件的中心线,而 L 形配钢的型钢腹板与中心线偏离,产生扭矩,而剪跨比大的试件中,扭矩产生影响更大,破坏更为突然,使得其变形能力比剪跨比小的试件差。

　　(3) 轴压比小的试件滞回曲线更丰满,且极限位移相对较大,具有更好的弹塑性变形能力。例如,在 T 形配钢试件中,试件 T-3 明显比试件 T-4 滞回曲线更饱满,且前者的极限位移达到 50mm,后者不到 40mm。对于 L 形配钢的试件,在轴压力依次增大的试件 L-8、L-7、L-9 中,滞回曲线逐渐捏拢,特别是高轴压比的试件 L-9,滞回曲线尤其狭窄,试件尚未进入塑性阶段时,就已发生破坏。

　　(4) 当其他参数相同时,增大配箍率能改善非对称配钢型钢混凝土框架柱的滞回性能。例如,配箍率大的试件 T-8 比配箍率小的试件 T-9 加载循环次数更多,极限位移更大。L 形配钢的试件同样符合这一规律,例如,配箍率大的试件 L-8 和配箍率小的试件 L-11,前者的滞回曲线明显比后者饱满且对称。

　　(5) 当剪跨比、轴压比、配箍率都相同时,在 T 形配钢型钢混凝土框架柱内配置拉结筋,对滞回曲线形状改变不大,但是配有拉结筋的试件极限荷载更大。而在 L 形配钢型钢混凝土框架柱中,配有拉结筋的试件 L-5 比未配拉结筋的试件 L-3 滞回环所包围的面积要大,耗能能力更强,即配置拉结筋对 L 形配钢框架柱抗震性能的改善比对 T 形配钢框架柱的改善更为有效。

1.2.4　骨架曲线

　　骨架曲线反映试件不同阶段受力与变形的特征,是确定恢复力模型中特征点的重要依据。本章在分析骨架曲线时,以试件内配型钢的较宽翼缘侧受拉为正加载方向,受压为反加载方向。各试件的骨架曲线如图 1.10 所示,其中因 T-12 试验失败,其骨架曲线未列出。

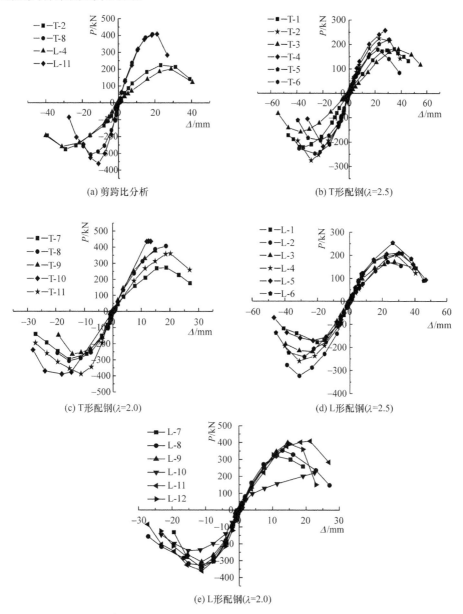

图 1.10　试件的骨架曲线

(1) 由图 1.10(a)可见,试件 T-2 和 T-8,均不设置拉结筋且轴压比和配箍率都相同,剪跨比分别为 2.5 和 2.0。可以看出,剪跨比大的试件其曲线的上升段和下降段都较平缓,而剪跨比小的试件极限荷载点更高,但承载力衰减剧烈。由试件 L-4 和 L-11 骨架曲线对比可知,剪跨比对 L 形配钢试件的影响也与 T 形配钢试件相同。

(2) 在未设拉结筋且剪跨比和配箍率都相同的情况下,对比图 1.10(b)中的试件 T-1 和 T-2,可以看出,轴压比小的 T 形配钢试件,曲线上升段和下降段都相对平缓,极限荷载较小,但极限位移大。同时,由图 1.10(d)中试件 L-3 和 L-4 对比可知,随着轴压比的减小,L 形配钢试件的极限荷载与极限位移都相对降低,且与 T 形配钢试件相比,轴压比对 L 形配钢试件的骨架曲线影响相对较小。

(3) 图 1.10(b)中的试件 T-2 和 T-4,未配置拉结筋,且剪跨比和轴压比均相等,配箍率分别为 1.675% 和 1.256%,可以看出配箍率高的试件极限承载力高,极限变形大。对于 L 形配钢试件,配箍率对 L 形配钢试件承载力的影响则与加载方向有关,如图 1.10(d)所示,比较试件 L-1 和 L-3、L-2 和 L-4 可得,正向加载时,配箍率高的承载力大,反方向加载时,情况相反。比较图 1.10(e)中剪跨比为 2.0 的试件 L-7 和 L-12 可知,提高配箍率反而减小试件的承载力和后期变形能力。上述现象表明,在剪跨比小的 L 形配钢短柱中,箍筋对核心区混凝土受力性能的改善并不明显。

(4) 图 1.10(b)中试件 T-3 和 T-5 的剪跨比、轴压比和配箍率均相同,可以看出,配有拉结筋的试件,承载力大,曲线上升段较陡峭,但下降段相对平缓,承载力衰减较慢。而在图 1.10(d)中,对比试件 L-3 和 L-5、L-4 和 L-6 可以看出,配有拉结筋的试件,虽然骨架曲线上升段和下降段都较为陡峭,但极限荷载和极限位移很大,试件后期变形能力较强,表明拉结筋能明显改善两类试件的受力性能。

1.2.5 延性系数

本章采用位移延性系数表征结构抗震性能。通过等效能量法确定屈服点[13,14],以荷载下降到极限荷载的 85% 作为破坏点,以破坏位移除以屈服位移得到位移延性系数,即 $\mu = \Delta_u / \Delta_y$。试件各阶段荷载、位移及延性系数见表 1.3。

表 1.3　试件各阶段荷载、位移及延性系数

试件编号	屈服荷载 P_y/kN		屈服位移 Δ_y/mm		极限荷载 P_{max}/kN		极限位移 Δ_{max}/mm		破坏荷载 P_u/kN		破坏位移 Δ_u/mm		位移延性系数 $\mu = \Delta_u / \Delta_y$	
	正向	反向	正向	反向	正向	反向	正向	反向	正向	反向	正向	反向	正向	反向
T-1	97.06	77.44	10.79	9.96	221.19	181.55	35.13	34.66	188.01	154.32	43.07	41.06	3.99	4.12
T-2	150.86	128.81	10.29	9.30	275.27	224.66	29.19	23.22	233.98	190.96	35.63	34.09	3.46	3.67
T-3	80.50	76.44	13.61	14.15	180.12	158.03	37.89	37.09	153.10	134.33	48.70	46.93	3.58	3.32
T-4	—	138.50	—	8.44	257.49	217.69	27.89	19.84	218.87	185.03	—	24.17	—	2.86

续表

试件编号	屈服荷载 P_y/kN		屈服位移 Δ_y/mm		极限荷载 P_{max}/kN		极限位移 Δ_{max}/mm		破坏荷载 P_u/kN		破坏位移 Δ_u/mm		位移延性系数 $\mu=\Delta_u/\Delta_y$	
	正向	反向	正向	反向	正向	反向	正向	反向	正向	反向	正向	反向	正向	反向
T-5	100.59	126.34	8.29	8.72	220.49	192.46	30.84	21.84	187.41	163.59	34.33	33.33	4.14	3.82
T-6	163.50	95.38	—	8.39	247.08	179.03	26.23	22.20	210.02	152.18	43.82	29.84	—	3.56
T-7	163.75	127.93	4.70	5.86	296.05	273.98	15.38	18.76	251.65	232.89	19.67	22.86	4.18	3.90
T-8	—	227.58	—	6.83	407.82	306.21	18.69	15.40	346.65	260.28	—	19.83	—	2.90
T-9	157.37	200.75	4.23	6.29	378.45	264.42	14.85	14.23	321.67	224.48	15.43	15.99	3.65	2.54
T-10	—	231.88	—	8.41	438.14	389.11	12.62	17.96	372.42	330.74	—	24.31	—	2.89
T-11	227.28	217.05	4.74	8.85	388.07	361.46	11.21	20.24	329.86	307.24	18.57	24.06	3.92	2.72
L-1	122.15	99.20	8.44	7.06	208.19	177.89	32.14	20.27	176.96	151.20	37.21	30.59	4.41	4.33
L-2	156.78	—	9.56	—	337.48	170.89	30.17	23.51	286.86	145.25	39.23	—	4.10	—
L-3	108.76	123.37	10.36	11.85	217.38	171.38	23.16	27.46	184.78	145.67	40.65	41.71	3.92	3.52
L-4	158.36	105.25	12.25	11.61	259.65	193.53	31.17	28.79	220.84	171.30	37.87	34.56	3.09	2.98
L-5	119.09	112.20	8.45	8.98	210.11	169.90	22.84	36.25	179.36	144.43	36.18	36.25	4.28	4.04
L-6	128.04	136.81	8.39	11.20	254.29	240.41	26.52	28.06	216.14	204.35	34.41	39.25	4.10	3.50
L-7	186.62	215.70	4.29	6.17	338.05	320.22	11.43	10.91	287.34	272.19	15.21	18.76	3.55	3.04
L-8	197.54	244.23	4.94	5.59	353.03	326.21	12.99	11.43	300.08	277.28	18.80	18.07	3.81	3.23
L-9	—	217.83	—	5.77	398.98	306.94	14.57	11.23	339.13	260.90	—	14.60	—	2.53
L-10	150.37	—	4.76	—	240.11	221.33	15.20	22.57	204.09	188.13	18.91	—	3.97	—
L-11	219.13	256.36	7.25	6.22	408.61	361.16	21.24	11.15	347.32	306.98	24.12	16.94	3.33	2.72
L-12	238.88	250.00	6.91	6.52	393.11	339.75	15.10	11.29	334.15	288.79	19.37	15.69	2.80	2.41

注:以试件较宽翼缘侧受拉时为正加载方向,受压时为反加载方向。

　　由于试件中型钢为非对称布置,试验中正反方向加载时的延性不同,本章在分析比较时取延性系数较小的一侧,将部分试件的位移延性系数绘于图 1.11 中,分析可得以下结论:

　　(1) 由图 1.11(a)可以看出,随着剪跨比增大,试件的位移延性系数增大。剪跨比对位移延性系数的影响主要体现在试件破坏形态上,弯曲破坏只发生在剪跨比大的试件中,而剪跨比小的试件全部发生剪切破坏。弯矩和剪力复合作用下,在剪跨比大的试件中弯矩占主导地位,从而使试件发生延性较好的弯曲破坏。而剪跨比小的试件中,剪力主导试件的破坏形态:一种情况下,剪力使部分试件端部产生的剪切斜裂缝能很快延伸并交错形成主斜裂缝,同时压碎主斜裂缝之间的棱柱体,使其发生脆性的斜压破坏;另一种情况下,由于弯矩很小,受压侧混凝土不会被

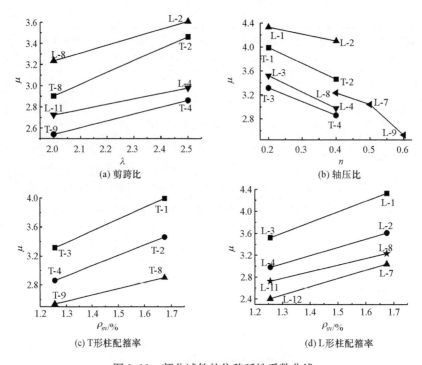

图 1.11　部分试件的位移延性系数曲线

压坏,使得在型钢外侧混凝土中的剪切微斜裂缝能够充分并迅速沿着型钢翼缘向上发展,发生延性较差的黏结破坏。

(2) 试件的位移延性系数随着轴压力的增大而减小。由图 1.11(b)可以看出,当轴压比从 0.2 增大到 0.4 时,位移延性系数降低约 12.5%,而当轴压比达到 0.5 后,位移延性系数继续降低,可见高轴压比对位移延性系数的影响更为突出。一方面,轴压力能够使混凝土内部骨料和砂浆之间产生预摩擦力,从而延迟内部微细黏结裂缝的受拉开裂;另一方面,较大的轴压力使试件表面产生的斜裂缝开展受到抑制。但这些延迟与抑制都只能提高试件的开裂荷载,且使试件内部积蓄的能量无法消耗,当水平荷载增大至极限荷载时,内部能量突然释放,使试件骤然破坏,无明显预兆,导致试件的延性极差。

(3) 由图 1.11(c)和图 1.11(d)可知,提高配箍率能改善试件的延性,主要体现在对混凝土受力性能的改善上,箍筋约束内部混凝土使其处于三轴受压状态,混凝土极限应力与极限应变增大,使得试件的整体延性得到提高。

1.2.6　耗能性能

采用等效黏滞阻尼系数 h_e 分析试件的耗能性能,如图 1.12 所示,其计算公式为

$$h_e = \frac{1}{2\pi} \cdot \frac{S_{(\triangle ABC + \triangle CDA)}}{S_{(\triangle OBE + \triangle ODF)}} \tag{1.1}$$

式中，$S_{(\triangle ABC + \triangle CDA)}$ 表示一个滞回环的面积，如图 1.12 所示阴影部分的面积；$S_{(\triangle OBE + \triangle ODF)}$ 为滞回环上下两侧最大水平荷载与最大水平位移点相对应的三角形面积，如图 1.12 虚线与位移轴包围的面积。

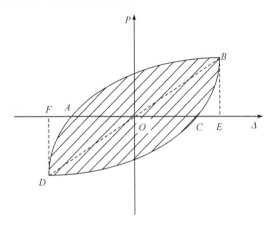

图 1.12　滞回环与能量耗散

图 1.13 为各试件不同位移水平下第 1 循环的等效黏滞阻尼系数与位移的关

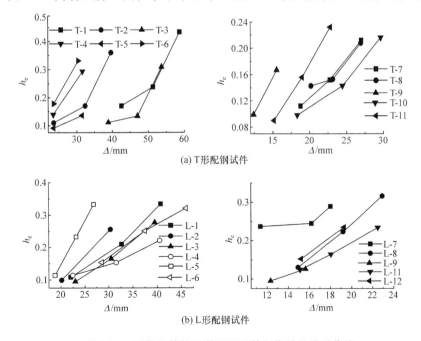

(a) T形配钢试件

(b) L形配钢试件

图 1.13　试件的等效黏滞阻尼系数与位移的关系曲线

系曲线。由图 1.13 可知,试件破坏时平均等效黏滞阻尼系数为 0.265,部分试件达到 0.4 以上,说明非对称配钢型钢混凝土框架柱具有较好的耗能能力。随着位移的增加,所有试件的等效黏滞阻尼系数呈上升趋势,且剪跨比大的试件明显大于剪跨比小的试件;所有试件的等效黏滞阻尼系数都随着轴压比的增大而减小,提高配箍率对等效黏滞阻尼系数的增大很明显,但等效黏滞阻尼系数与是否配置拉结筋关系不大。

1.3　性能退化规律

1.3.1　强度衰减

在等位移幅值加载情况下,强度随循环次数的增加而不断降低的现象称为强度衰减。强度衰减对试件的承载力和抗震性能有较大影响,强度衰减越快,表明结构累积损伤越严重,继续抵抗地震作用的能力越弱,在随后低于设防烈度的地震作用或余震作用下可能遭受严重破坏。

低周反复循环加载产生的强度衰减,可以用某一加载控制位移下,第 n 次循环的最大荷载与该级位移下第 1 次循环时的最大荷载之比 P_n/P_0 来表示。其中,P_0 为第 1 次循环对应荷载,P_n 为第 n 次循环的最大荷载。图 1.14 为不同剪跨比、轴压比和配箍率试件的强度退化曲线。

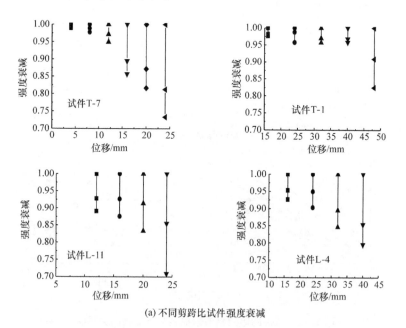

(a) 不同剪跨比试件强度衰减

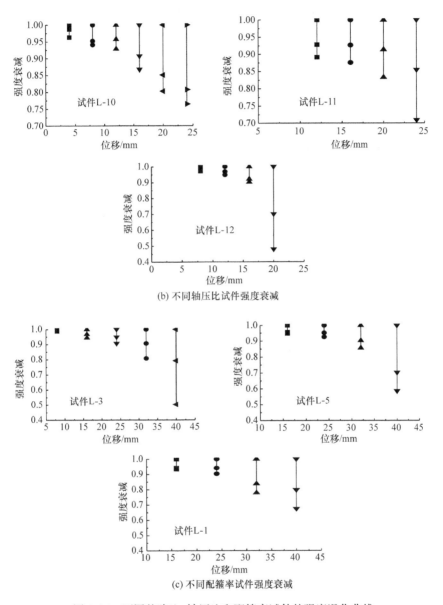

(b) 不同轴压比试件强度衰减

(c) 不同配箍率试件强度衰减

图 1.14　不同剪跨比、轴压比和配箍率试件的强度退化曲线

由图 1.14 可以看出,在荷载达到屈服荷载之前,材料未达到强度极限,处于弹性状态,试件强度衰减现象不明显;在荷载达到屈服荷载之后,材料处于弹塑性状态,试件开始出现强度衰减;试件屈服后,同一位移下三个循环的承载力有较大变化,强度衰减明显。这是由于试件屈服后,混凝土裂缝的进一步产生和发展,保护层混凝土逐渐脱落,试件损伤逐渐积累。同时,钢筋、型钢屈服,型钢和混凝土、纵筋和混凝

土之间出现黏结滑移,都会使试件承载力大幅下降,表现出明显的强度退化现象。

图1.14(a)表明,剪跨比大的试件强度衰减滞后;在同一级控制位移下,剪跨比小的试件强度衰减更明显,且过程短促。剪跨比为2.0的试件T-7和L-11最后一级位移下强度衰减25%左右,而剪跨比为2.5的试件T-1和L-4,最后一级位移下强度衰减10%左右。主要原因在于:剪跨比较大时,试件主要发生延性的弯曲破坏,剪跨比较小时,试件主要发生脆性的剪切斜压破坏或剪切黏结破坏,延性破坏时强度衰减相对比较缓慢。

图1.14(b)为不同轴压比试件的强度衰减规律,由试件L-10、L-11与L-12比较可知,轴压比越大,强度衰减越快。轴压比为0.2的试件L-10,最后一级位移下强度衰减20%;轴压比为0.4的试件L-11,最后一级位移下强度衰减30%;轴压比为0.5的试件L-12,加载初期的强度衰减较小,加载后期的强度衰减速度明显加剧,最后一级位移下强度衰减超过45%(这是由于加载初期在较大的轴压力下,混凝土裂缝发展缓慢)。可见轴压比对试件的强度衰减影响较大,因此在工程中应对型钢混凝土试件轴压比限值作出严格限定,防止不稳定的强度衰减,避免地震作用下的脆性破坏。

图1.14(c)表明配箍率和拉结筋对强度衰减有较大影响。配箍率较大的试件L-1随着位移幅值的增大,强度衰减较稳定,而配箍率相对较小的试件L-3和L-5强度衰减较快;配置有拉结筋的试件L-5比无拉结筋的试件L-3强度衰减缓慢。这是由于当配箍率较小时,型钢外围混凝土在破坏阶段会产生较大范围的剥落,导致较大的强度衰减。较大的配箍率和拉结筋使核心区混凝土受到的横向约束加强,保证了混凝土和型钢共同工作,使型钢能充分发挥其塑性变形,从而提高混凝土的极限变形,混凝土压溃剥落而退出工作相对缓慢,强度衰减较慢。

1.3.2 刚度退化

试件刚度随循环次数和加载位移增大而减少的现象称为刚度退化。刚度退化是地震的反复作用,造成混凝土开裂、型钢和钢筋屈服,构件损伤累积的结果,地震作用下过大的刚度退化会引起结构较大的侧向位移,产生不利影响。

为研究各个参数对刚度退化的影响,本章采用式(1.2)所示的割线刚度,试件某一加载控制位移下的刚度表示为该级位移对应的正负最大荷载绝对值之和与相应位移绝对值之和的比值。

$$K_j = \frac{|+P_j| + |-P_j|}{|+\delta_j| + |-\delta_j|} \tag{1.2}$$

图1.15为轴压比、剪跨比和配箍率与试件刚度退化的关系曲线,图中横坐标为试件水平位移,纵坐标为一无量纲 $\xi = K/K_y$,其中,K 为该级水平位移下试件的刚度,K_y 为试件屈服时的刚度。

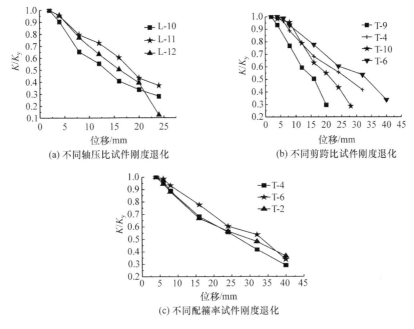

图 1.15　试件的刚度退化曲线

由图 1.15 可知,随着加载位移的增大,所有试件的刚度退化呈现逐渐加大的规律。试件屈服以前,刚度退化相对缓慢;试件屈服后,混凝土的压碎剥落导致截面有效面积减小,以及钢材部分进入塑性,加快了刚度的退化;达到极限荷载后,试件的弹塑性性质和试件内部损伤积累对其刚度影响很大,刚度退化较为严重。

图 1.15(a)为不同轴压比试件的刚度退化曲线,试件屈服之前,轴压比大的试件刚度下降的幅度较小,这是由于初期较大的轴压力抑制了混凝土裂缝的发展;进入屈服阶段后,轴压比较大的试件(图中试件 L-11 和 L-12)较轴压比小的试件(图中试件 L-10)刚度退化依然相对缓慢;但是随着荷载及位移的增大,加载后期轴压比大的试件 L-12 的刚度退化剧烈,其破坏具有较强的脆性性质。综合试件的承载力分析可知,在一定范围内,提高轴压比可以适当提高试件的承载力,但会加剧破坏阶段时试件的刚度退化,因此在抗震区应对试件的轴压比限值作出规定,尽量避免轴压比过大。

图 1.15(b)为不同剪跨比试件的刚度退化曲线。试件屈服前,刚度退化较小;随着加载位移的增大,剪跨比为 2.5 的试件 T-4 和 T-6 较剪跨比为 2.0 的试件 T-9 和 T-10 刚度退化平缓,说明剪跨比的提高能延缓刚度退化。综合试件承载力分析,虽然提高剪跨比使得试件承载力略有降低,但可以延缓地震作用下试件的刚度退化进程,因此在抗震区应避免剪跨比过小。

图 1.15(c)为不同配箍率试件的刚度退化曲线。配箍率对各试件的初始刚度影

响较小,且试件屈服前各试件刚度退化不明显。试件屈服后,随着加载位移的增大,配箍率小的试件刚度下降稍快,而配箍率大的试件刚度衰减相对缓慢,但总体影响程度不大,说明提高配箍率可以适当延缓刚度的退化,但影响程度并不是很明显。综合试件的承载力分析,在抗震区可以适当提高试件的配箍率,延缓刚度的衰减。

1.4　有限元分析

本章采用 ANSYS 软件对上述试验中的 12 榀 T 形配钢型钢混凝土框架柱进行有限元模拟,其中几何参数、材料性能参照试验数据。

1.4.1　单元类型

采用 8 节点 Solid65 单元进行混凝土模拟,该单元用于模拟加筋的实体结构。型钢采用 8 节点 Solid45 单元[15]。

采用 Link8 单元模拟纵向钢筋和箍筋的受力状况,该单元可以承受轴向拉压。

在建模过程中采用分离式建模方式,将实体分为几个部分,使其交线为纵筋位置,这样方便对交线划分杆单元,与混凝土单元共用节点。

1.4.2　材料参数

混凝土是一种性质复杂的混合材料,其本构关系的模型对非线性分析有重大影响。考虑混凝土为初期各向同性,开裂后各向异性的材料,采用多线性随动强化模型(multilinear kinematic hardening,MKIN)进行模拟,考虑混凝土开裂及压碎等力学特征,采用均匀硬化准则、关联流动法则和 William-Warnke 五参数破坏准则。

采用多线性随动强化模型来描述混凝土材料的本构关系,混凝土抗压应力-应变曲线如图 1.16 所示[16],并采用以下表达式:

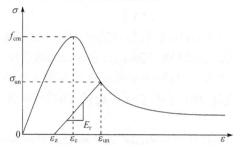

图 1.16　往复荷载作用下混凝土应力-应变曲线

$$\sigma = E_r(\varepsilon - \varepsilon_z) \tag{1.3}$$

$$E_r = \frac{\sigma_{un}}{\varepsilon_{un} - \varepsilon_z} \tag{1.4}$$

$$\varepsilon_z = \varepsilon_{un} - \frac{(\varepsilon_{un} + \varepsilon_{ca})\sigma_{un}}{\sigma_{un} + E_c \varepsilon_{ca}} \tag{1.5}$$

$$\varepsilon_{ca} = \max\left(\frac{\varepsilon_c}{\varepsilon_c + \varepsilon_{un}}, \frac{0.09\varepsilon_{un}}{\varepsilon_c}\right)\sqrt{\varepsilon_c \varepsilon_{un}} \tag{1.6}$$

式中,σ 为受压混凝土的压应力;ε 为受压混凝土的压应变;ε_z 为受压混凝土卸载至零应力点时的残余应变;E_r 为受压混凝土卸载/再加载的变形模量;σ_{un}、ε_{un} 分别为受压混凝土从骨架曲线开始卸载时的应力和应变;ε_{ca} 为附加应变;f_{cm} 为混凝土受压峰值应力;ε_c 为混凝土受压峰值应力对应的应变。

型钢和钢筋作为宏观各向同性材料,采用双线性随动强化模型,其应力-应变曲线如图 1.17 所示[17~19],采用式(1.7)所示的表达式。型钢和钢筋均采用 von Mises 屈服准则、随动强化准则及关联流动法则。

$$\sigma_s = \begin{cases} E_r \varepsilon_s, & \varepsilon_s \leqslant \varepsilon_y \\ f_y + 0.01(\varepsilon_s - \varepsilon_y), & \varepsilon_s > \varepsilon_y \end{cases} \tag{1.7}$$

式中,E_r 为钢的弹性模量;σ_s 为型钢、钢筋的应力;ε_s 为型钢、钢筋的应变;f_y 为钢屈服强度代表值;ε_y 为屈服强度对应的应变。

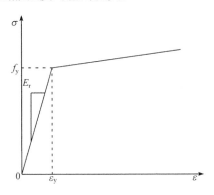

图 1.17　钢材应力-应变曲线

1.4.3　建模及分析

（1）定义与试件相关的参数,如腹板厚、箍筋间距等,以方便建模的参数化管理。

（2）选取单元类型,并设置 Solid 单元的相关参数。

（3）定义各材料弹性模量、泊松比等数据,输入型钢、钢筋、混凝土的本构关系。

（4）建立 T 形配钢型钢混凝土的分析模型,为了保证型钢和混凝土单元能分割成规则的六面体单元,并且节点一一对应,采用分离式建模方法。

（5）先定义各节点的位置,然后选取钢筋所对应位置的节点形成单元,并赋予属性,如图 1.18(a)所示,型钢也按照此方法定义,如图 1.18(b)所示。最后将各种单元组合,如图 1.18(c)所示,空隙用混凝土单元填满,柱截面如图 1.18(d)所示。

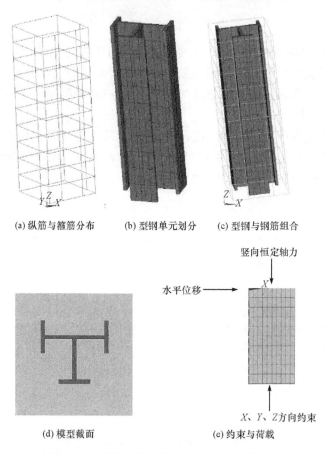

(a) 纵筋与箍筋分布　　　(b) 型钢单元划分　　　(c) 型钢与钢筋组合

(d) 模型截面　　　　　　(e) 约束与荷载

图 1.18　有限元分析模型与荷载、约束条件

(6) 如图 1.18(e)所示,在模型底部施加约束限制 X、Y、Z 三个方向的自由度,首先在试件顶部施加恒定的轴力,然后以框架柱顶位移作为控制项,分段施加水平低周反复荷载。

(7) 采用 Newton-Raphson 法进行非线性计算,以位移作为收敛原则,收敛精度控制在 5%。

1.4.4　分析结果与对比

1. 应力分布

加载至极限荷载时,型钢和混凝土的应力分布与试验结果对比如图 1.19 所示。可以看出,有限元模型拉、压区分布明显,反映了型钢屈服状态和混凝土的剥落情况,与试验结果吻合较好。

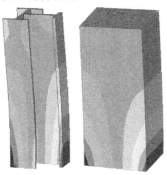

(a) 有限元模型应力分布　　　　　　　　(b) 试验结果

图 1.19　试件计算结果与试验结果对比

2. 滞回曲线

选取部分 T 形配钢型钢混凝土框架柱试验与有限元计算的滞回曲线进行对比,如图 1.20 所示。

试件 T-1、T-2、T-3、T-5 的滞回环饱满,呈梭形,主要发生弯曲破坏,一般出现在剪跨比较大的试件中。表现为受拉侧混凝土脱落,型钢局部屈服,受压区混凝土大量压碎,纵筋外鼓;箍筋受拉屈服,截面中部混凝土和型钢破坏较少。试验现象和滞回曲线综合分析表明,该组试件有良好的位移延性和耗能性能。

试件 T-7、T-8 的滞回环不够饱满,出现“捏缩”效应,呈反 S 形。主要发生剪切斜压破坏,表现为随着水平荷载的往复作用,初始水平裂缝扩展为 X 形交叉裂缝;在钢筋、型钢屈服前,混凝土棱柱体的压溃导致试件迅速破坏。该组试件的耗能性能及延性均较差。

总体来看,滞回曲线一般呈现以下规律:在加载初期,试件处于弹性阶段,其荷载和位移呈线性增加,卸载残余变形较少,滞回环对称;进入弹塑性阶段,荷载和位移呈非线性发展,卸载后出现残余变形,滞回环面积增大;屈服后每级位移下随着循环次数的增加,承载力和刚度逐渐退化。

T 形各试件极限荷载的试验值与计算值见表 1.4,计算曲线反映的试件各抗震性能指标与试验结果一致,表明有限元模拟与试验吻合度较好。结合滞回曲线分析可得,在其他条件相同的情况下,T-1 轴压比比试件 T-2 大,而极限荷载较小,极限位移较大,上升、下降段较为平缓;T-2 相对于试件 T-8 来说剪跨比更大,而极限承载力小,其对应的位移变大,试件 T-8 的极限荷载明显更大,但下降迅速。

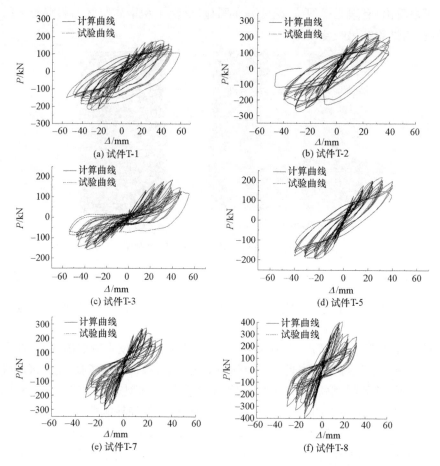

图 1.20   T 形配钢型钢混凝土框架柱试验曲线与有限元计算的滞回曲线对比

表 1.4   T 形各试件极限荷载试验值与计算值的比较

试件编号	极限荷载试验值 P_{max}/kN		极限荷载计算值 P_{max}/kN	
	正向	反向	正向	反向
T-1	221.19	181.55	222.87	220.05
T-2	275.27	224.66	206.09	200.77
T-3	180.12	158.03	169.61	154.51
T-4	257.49	217.69	241.52	227.41
T-5	220.49	192.46	199.81	187.21
T-6	247.08	179.03	253.49	218.64
T-7	296.05	273.98	301.47	263.60

续表

试件编号	极限荷载试验值 P_{max}/kN		极限荷载计算值 P_{max}/kN	
	正向	反向	正向	反向
T-8	407.82	306.21	395.97	398.80
T-11	388.07	361.46	399.68	365.46

注:以试件较宽翼缘侧受拉时为正加载方向,受压时为反加载方向;P_{max}为极限荷载。

1.5　本　章　小　结

（1）在恒定竖向荷载和水平低周反复荷载作用下,T形、L形配钢型钢混凝土框架柱的破坏形态主要有弯曲破坏、剪切黏结破坏、剪切斜压破坏、剪切复合破坏。剪跨比和试件内配的型钢主导破坏形态,剪跨比小的试件($\lambda=2.0$)都发生剪切破坏,内配不对称型钢使部分试件发生剪切黏结与剪切斜压共存的剪切复合破坏。

（2）T形、L形非对称配钢型钢混凝土框架柱具有较好的延性,但滞回环不对称现象明显。等效黏滞阻尼系数平均值在 0.26 以上,具有较好的耗能性能。

（3）随着剪跨比和配箍率的增加,试件的滞回曲线越来越丰满,极限变形能力越来越大,延性和耗能能力越来越大;随着轴压力的增加,试件的极限承载力增大,但极限荷载后的强度衰减较快,延性降低,且轴压力对 T 形配钢试件的影响比对 L 形配钢试件的影响更大;配置拉结筋对非对称配钢型钢混凝土框架柱的抗震性能有较大的改善。

（4）提高配箍率对 T 形配钢型钢混凝土框架柱的延性和耗能能力有较大提高,但对剪跨比小的 L 形配钢型钢混凝土框架柱延性改善不明显。

（5）剪跨比、轴压比和配箍率对非对称型钢高强混凝土框架柱的性能退化有显著影响。剪跨比越小,试件的强度和刚度衰减越明显,退化程度越大;轴压比越大,试件的强度退化越大;在一定范围内,提高轴压比可以减缓试件的刚度退化,当轴压比过大时,试件后期刚度退化严重;提高配箍率可以延缓试件的强度衰减,但对刚度退化影响不大。

（6）基于低周反复荷载试验结果,进行了 T 形配钢型钢混凝土框架柱在低周反复荷载作用下的数值分析。分析结果在弹塑性阶段均与试验结果较好吻合,表明有限元分析能较好地进行非对称配钢型钢混凝土柱的地震响应分析。

参 考 文 献

[1] Chen C C,Lin N J. Analytical model for predicting axial capacity and behavior of concrete

encased steel composite stub columns[J]. Journal of Constructional Steel Research,2006,62(5):424-433.

[2] Elghazouli A Y,Treadway J. Inelastic behaviour of composite members under combined bending and axial loading[J]. Journal of Constructional Steel Research,2008,64(9):1008-1019.

[3] Ellobody E,Young B,Lam D. Eccentrically loaded concrete encased steel composite columns[J]. Thin-Walled Structures,2011,49(1):53-65.

[4] Charalampakis A E,Koumousis V K. Ultimate strength analysis of composite sections under biaxial bending and axial load[J]. Advances in Engineering Software,2008,39(11):923-936.

[5] Dundar C,Tokgoz S,Tanrikulu A K,et al. Behaviour of reinforced and concrete-encased composite columns subjected to biaxial bending and axial load[J]. Building and Environment,2008,43(6):1109-1120.

[6] 李俊华,王新堂,薛建阳,等. 低周反复荷载下钢骨高强混凝土柱受力性能试验研究[J]. 土木工程学报,2007,40(7):11-18.

[7] 郭子雄,林煌,刘阳. 不同配箍形式钢骨混凝土柱抗震性能试验研究[J]. 建筑结构学报,2010,31(4):110-115.

[8] 叶英华,焦俊婷,陈惠满,等. 钢骨混凝土异形柱正截面的非线性分析[J]. 沈阳建筑大学学报:自然科学版,2011,27(3):425-429.

[9] 陈宗平,薛建阳,赵鸿铁,等. 钢骨混凝土异形柱抗震性能试验研究[J]. 建筑结构学报,2007,28(3):53-61.

[10] 李哲,张小峰,郭增玉,等. 钢骨混凝土 T 形截面短柱力学性能的试验研究[J]. 土木工程学报,2007,40(1):1-5.

[11] 中华人民共和国住房和城乡建设部. JGJ 138—2016　组合结构设计规范[S]. 北京:中国建筑工业出版社,2016.

[12] 中华人民共和国国家发展和改革委员会. YB 9082—2006　钢骨混凝土结构设计规程[S]. 北京:冶金工业出版社,2006.

[13] 中华人民共和国住房和城乡建设部. JGJ/T 101—2015　建筑抗震试验规程[S]. 北京:中国建筑工业出版社,2015.

[14] 曾磊,许成祥,郑山锁,等. 型钢高强高性能混凝土框架节点 P-Δ 恢复力模型[J]. 武汉理工大学学报,2012,34(9):104-108.

[15] 赵洁,聂建国. 钢板-混凝土组合梁的非线性有限元分析[J]. 工程力学,2009,26(4):105-112.

[16] 中华人民共和国住房和城乡建设部. GB 50010—2010　混凝土结构设计规范[S]. 北京:中国建筑工业出版社,2010.

[17] 廖小锋,姚谦峰,何明胜,等. 钢骨外框密肋复合墙体延性的非线性数值分析[J]. 建筑结构学报,2008,29(s1):32-35.

[18] 王新敏,李义强. ANSYS 结构分析单元与应用[M]. 北京:人民交通出版社,2011.

[19] Ellobody E,Young B. Numerical simulation of concrete encased steel composite columns[J]. Journal of Constructional Steel Research,2011,67(2):211-222.

第 2 章 非对称配钢型钢混凝土框架柱设计计算方法

2.1 正截面承载力计算方法

目前,在实际工程中对于较多采用的非对称配钢型钢混凝土构件的设计计算方法研究较少[1~3],本章基于塑性理论下限定理提出 T 形配钢型钢混凝土构件在压、弯复合受力状态下的正截面承载力计算方法[4,5]。首先将正截面承载力分为混凝土部分、钢筋部分和型钢部分,通过分析得出各部分的承载力方程,再采用叠加强度法建立 T 形配钢型钢混凝土构件的 N-M 相关曲线,最终给出相应计算公式,并与试验结果进行对比验证。

2.1.1 基本原理

在工程实践中,非对称 T 形配钢型钢混凝土构件主要用于建筑结构中受力状态不均匀的部位,如有吊车工业厂房的排架柱、框架边柱等构件,其受力形式为轴力和单向弯曲共同作用,其中弯矩绕强轴方向作用。

试验研究表明,型钢混凝土梁柱构件在压、弯复合受力状态下,正截面应变分布满足平截面假定,且极限状态时型钢板材不会出现局部屈曲[6,7]。本章在进行 T 形配钢型钢混凝土构件的正截面承载能力分析中有如下假定:

(1) 截面应变符合平截面假定。

(2) 不考虑型钢板材的局部屈曲。

(3) 不考虑混凝土的抗拉作用。

如图 2.1 所示,T 形配钢型钢混凝土构件正截面承载力由混凝土部分(C 部分)、钢筋部分(R 部分)和型钢部分(S 部分)组成,在轴力 N 和弯矩 M 的作用下,正截面受力应满足:

$$\begin{cases} N = N_c + N_r + N_s \\ M = M_c + M_r + M_s \end{cases} \tag{2.1}$$

式中,N_c 和 M_c 分别为混凝土部分承担的轴力和弯矩;N_r 和 M_r 分别为钢筋部分承担的轴力和弯矩;N_s 和 M_s 分别为型钢部分承担的轴力和弯矩。

由塑性理论下限定理可知,所有与静力容许应力场对应的荷载中的最大荷载称为极限荷载。若确定某一刚塑性体的极限荷载比较困难,则可假定一个静力可能的应力场,用相应于该应力场的最大荷载作为极限荷载的近似,且其计算结果是

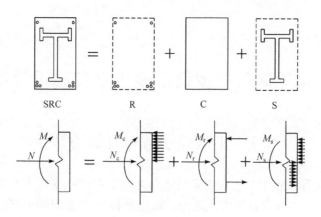

图 2.1　T 形配钢型钢混凝土柱截面受力分析

偏于安全的。

　　根据以上分析,假定材料为刚塑性的条件下,如果能够得到钢筋部分、混凝土部分和型钢部分的 $N\text{-}M$ 相关曲线,则可将三部分极限荷载叠加作为型钢混凝土构件的近似极限荷载,且叠加值小于其极限荷载,可以用于工程设计计算。

2.1.2　T 形配钢型钢混凝土构件 $N\text{-}M$ 相关曲线

1. 钢筋部分 $N_r\text{-}M_r$ 相关曲线

　　图 2.2(a)为轴力和弯矩作用下钢筋部分的正截面受力图,由平衡条件可得

$$N_r = f'_r A'_r - \sigma_r A_r \tag{2.2}$$

$$M_r = f'_r A'_r \left(\frac{h}{2} - a'_r \right) + \sigma_r A_r \left(\frac{h}{2} - a_r \right) \tag{2.3}$$

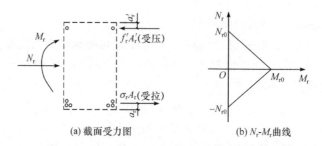

(a) 截面受力图　　　　　(b) $N_r\text{-}M_r$ 曲线

图 2.2　钢筋部分截面受力分析

将式(2.2)代入式(2.3)可得

$$M_r = -\left(\frac{h}{2} - a_r \right) N_r + f'_r A'_r (h - a_r - a'_r) \tag{2.4}$$

则 N_r-M_r 相关曲线如图 2.2(b)所示，其中，

$$N_{r0} = \frac{2f_r'A_r'(h - a_r - a_r')}{h - 2a_r} \tag{2.5}$$

$$M_{r0} = f_r'A_r'(h - a_r - a_r') \tag{2.6}$$

式中，f_r' 为受压侧钢筋的压应力；A_r' 为受压钢筋总面积；a_r' 为受压钢筋合力作用点到受压侧最外层纤维截面的距离；σ_r 为受拉钢筋的拉应力；A_r 为受拉钢筋总面积；a_r 为受拉钢筋合力作用点到受拉侧最外层纤维截面的距离。

2. 混凝土部分 N_c-M_c 相关曲线

不考虑混凝土的抗拉强度，则混凝土部分截面受力如图 2.3(a)所示，由平衡条件可得

$$N_c = \alpha_1 f_c bx \tag{2.7}$$

$$M_c = \alpha_1 f_c bx\left(\frac{h}{2} - \frac{x}{2}\right) \tag{2.8}$$

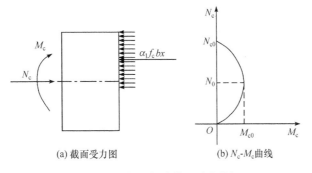

(a) 截面受力图　　　　(b) N_c-M_c曲线

图 2.3 混凝土部分截面受力分析

将式(2.7)代入式(2.8)得

$$M_c = -\frac{1}{2\alpha_1 f_c b}N_c^2 + \frac{h}{2}N_c \tag{2.9}$$

则 N_c-M_c 相应曲线如图 2.3(b)所示，其中，

$$N_{c0} = \alpha_1 f_c bh \tag{2.10}$$

$$N_0 = \frac{N_{c0}}{2} \tag{2.11}$$

$$M_{c0} = \frac{\alpha_1 f_c bh^2}{8} \tag{2.12}$$

式中，α_1 为混凝土等效矩形应力图系数；f_c 为混凝土轴心抗压强度；b 为构件截面宽度；h 为构件截面高度；x 为混凝土等效受压区高度。

3. T 形型钢部分 N_s-M_s 相关曲线

对于 T 形型钢截面，如图 2.4(a)所示，按中和轴所在的位置分为五种情况进行分析。假定 SRC 截面形心轴与型钢受压及受拉翼缘内边缘距离分别为 a_0、b_0，由平衡条件可得到型钢部分 N_s-M_s 相关方程。

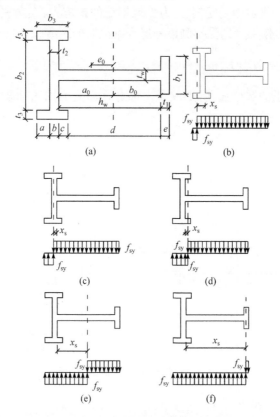

图 2.4　T 形型钢部分截面受力分析

(1) 图 2.4(b)所示中和轴位于长翼缘外侧时，有

$$\begin{cases} N_s = (2t_2t_3 - 4t_3x_s - b_2t_2 - h_wt_w - b_0t_1)f_{sy} \\ M_s = \big[b_1t_1(b_0 + 0.5t_1) - b_2t_2(a_0 + 0.5t_2) \\ \qquad + 2t_3(0.5b_3 + 0.5t_2 - x_s)(a_0 + 0.25b_3 + 0.25t_2 + 0.5x_s) \\ \qquad - 2t_3(0.5b_3 - 0.5t_2 + x_s)(a_0 - 0.25b_3 + 0.25t_2 + 0.5x_s) \\ \qquad - 0.5a_0^2t_w + 0.5b_0^2t_w\big]f_{sy} \end{cases} \quad (2.13)$$

(2) 图 2.4(c)所示中和轴通过长翼缘时，有

$$
\begin{cases}
N_s = (2t_2 t_3 - 4t_3 x_s + b_2 t_2 - 2b_2 x_s - h_w t_w - b_1 t_1) f_{sy} \\
M_s = [b_2(t_2 - x_s)(a_0 + t_2 - 0.5x_s) + b_1 t_1(b_0 + 0.5t_1) \\
\quad + 2t_3(0.5b_3 + 0.5t_2 - x_s)(a_0 + 0.25b_3 + 0.25t_2 + 0.5x_s) \\
\quad - 2t_3(0.5b_3 - 0.5t_2 + x_s)(a_0 - 0.25b_3 - 0.25t_2 + 0.5x_s) \\
\quad - 0.5a_0^2 t_w + 0.5b_0^2 t_w - x_s b_2(a_0 + 0.5x_s)] f_{sy}
\end{cases}
\tag{2.14}
$$

（3）图 2.4(d)所示中和轴位于长翼缘内侧时，有

$$
\begin{cases}
N_s = (2t_2 t_3 + 4t_3 x_s + b_2 t_2 - h_w t_w + 2x_s t_w - b_1 t_1) f_{sy} \\
M_s = [b_2 t_2(a_0 + 0.5t_2) + b_1 t_1(b_0 + 0.5t_1) \\
\quad + 2t_3(0.5b_3 + 0.5t_2 + x_s)(a_0 + 0.25b_3 + 0.25t_2 - 0.5x_s) \\
\quad - 2t_3(0.5b_3 - 0.5t_2 - x_s)(a_0 - 0.25b_3 + 0.25t_2 - 0.5x_s) \\
\quad - 0.5(a_0 - x_s)^2 t_w + 0.5b_0^2 t_w + t_w x_s(a_0 - 0.5x_s)] f_{sy}
\end{cases}
\tag{2.15}
$$

（4）图 2.4(e)所示中和轴通过腹板时，有

$$
\begin{cases}
N_s = (2t_3 b_3 + t_2 b_2 + 2x_s t_w - h_w t_w - b_1 t_1) f_{sy} \\
M_s = [(2t_3 b_3 + t_2 b_2)(a_0 + 0.5t_2) + b_1 t_1(b_0 + 0.5t_1) \\
\quad + t_w x_s(a_0 - 0.5x_s) + t_w(h_w - x_s)(b_0 - 0.5h_w + 0.5x_s)] f_{sy}
\end{cases}
\tag{2.16}
$$

（5）图 2.4(f)中和轴位于短翼缘时，有

$$
\begin{cases}
N_s = [2t_3 b_3 + t_2 b_2 + h_w t_w + (2x_s - 2h_w - t_1) b_1] f_{sy} \\
M_s = [(2b_3 t_3 + b_2 t_2)(a_0 + 0.5t_2) + 0.5a_0^2 t_w - 0.5b_0^2 t_w \\
\quad - b_1(x_s - h_w)(b_0 + 0.5x_s - 0.5h_w) \\
\quad + b_1(h_w + t_1 - x_s)(x_s + 0.5h_w + 0.5t_1 - 0.5x_s)] f_{sy}
\end{cases}
\tag{2.17}
$$

式中，f_{sy} 为型钢屈服强度；x_s 为中和轴至型钢翼缘内边缘的距离；e_0 为型钢截面形心偏离 SRC 截面形心的距离；其余符号含义如图 2.4(a)所示。

由式(2.13)～式(2.17)可得，图 2.5 所示的 T 形型钢部分 N_s-M_s 相关曲线（HIJ 连接的曲线）。其中弯矩最大时（I 点）的中和轴位置根据式(2.16)由 $\dfrac{\mathrm{d}M_s}{\mathrm{d}N_s} = 0$ 可得 $x_s = a_0$，即中和轴位于 SRC 截面形心轴处，型钢部分弯矩达到最大。最大轴力点（H 点、J 点）则对应于型钢全截面受压时的情况。由此可得，H、J、I 点处的相应轴力和弯矩为

$$
\begin{cases}
M_{s0} = [(2t_3 b_3 + t_2 b_2)(a_0 + 0.5t_2) + b_1 t_1(b_0 + 0.5t_1) + 0.5a_0^2 t_w + 0.5b_0^2 t_w] f_{sy} \\
N'_s = (2t_3 b_3 + t_2 b_2 + 2a_0 t_w - h_w t_w - b_1 t_1) f_{sy} \\
M'_s = N_{s0} e_s = f_{sy} A_s e_s \\
N_{s0} = f_{sy} A_s
\end{cases}
\tag{2.18}
$$

上述方程得到的曲线过于复杂,为简化计算,将曲线简化为图2.5中 H、I、J 三点所连虚线,其结果是偏于安全的。

4. 型钢混凝土构件 N_{src}-M_{src} 相关曲线

如前所述将钢筋部分、混凝土部分和型钢部分的 N-M 相关曲线进行叠加,可得如图2.6所示的型钢混凝土构件的 N_{src}-M_{src} 相关曲线。其具体叠加过程为:将钢筋部分 N_r^p-M_r^p 相关曲线的原点放在混凝土部分 N_c^p-M_c^p 相关曲线上平行移动一周,所得的外包线为极限状态时钢筋混凝土构件的 N_{rc}^p-M_{rc}^p 相关曲线,再将型钢部分的 N_s^p-M_s^p 相关曲线的原点放在 N_{rc}^p-M_{rc}^p 曲线上平行移动一周,所得的外包线即为极限状态时型钢混凝土构件的 N_{src}-M_{src} 相关曲线。

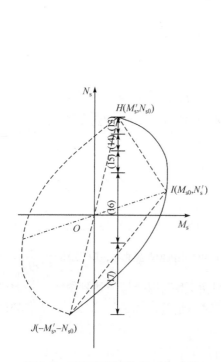

图2.5　T形型钢部分 N_s-M_s 曲线

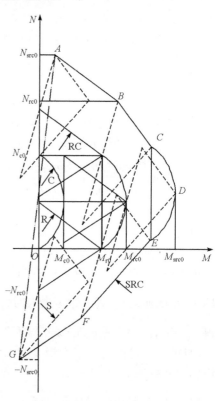

图2.6　T形配钢 SRC 构件 N-M 相关曲线

2.1.3　T形配钢型钢混凝土构件的正截面承载力计算公式

由图2.6中T形配钢型钢混凝土框架柱的 N-M 相关曲线可得其正截面承载力的计算公式如下:

(1) 当 $N_{rc0} \leqslant N \leqslant N_{src0}$，且 $M'_s \leqslant M \leqslant M_{r0} + M'_s$ 时，有

$$\begin{cases} N = N_{rc0} + N_r \\ M = M'_s + M_r \end{cases} \tag{2.19}$$

(2) 当 $N_{c0} + N'_s \leqslant N \leqslant N_{rc0}$，且 $M_{r0} + M'_s \leqslant M \leqslant M_{src0}$ 时，有

$$\begin{cases} N = N_{c0} + N_s \\ M = M_{r0} + M_s \end{cases} \tag{2.20}$$

(3) 当 $N'_s \leqslant N \leqslant N_{c0} + N'_s$，且 $M_{r0} \leqslant M \leqslant M_{src0}$ 时，有

$$\begin{cases} N = N'_s + N_c \\ M = M_{r0} + M_c \end{cases} \tag{2.21}$$

(4) 当 $-N_{rc0} \leqslant N \leqslant N'_s$，且 $M_{r0} - M'_s \leqslant M \leqslant M_{src0}$ 时，有

$$\begin{cases} N = N_s \\ M = M_{r0} + M_s \end{cases} \tag{2.22}$$

(5) 当 $-N_{src0} \leqslant N \leqslant -N_{s0}$，且 $-M'_s \leqslant M \leqslant M_{r0} - M'_s$ 时，有

$$\begin{cases} N = -N_{s0} + N_r \\ M = -M'_s + M_r \end{cases} \tag{2.23}$$

2.1.4　计算结果与试验结果对比

为了验证本章所建立的正截面承载力公式，以第 1 章中所述的试件 T-2 为例，由式（2.5）和式（2.6）可得

$$N_{r0} = \frac{2f'_r A'_r (h - a_r - a'_r)}{h - 2a_r} = 196.2 \text{kN}$$

$$M_{r0} = f'_r A'_r (h - a_r - a'_r) = 18.0 \text{kN} \cdot \text{m}$$

由式（2.10）和式（2.12）可得

$$N_{c0} = \alpha_1 f_c bh = 2772 \text{kN}$$

$$M_{c0} = \frac{\alpha_1 f_c bh^2}{8} = 103.95 \text{kN} \cdot \text{m}$$

由式（2.18）可得

$$M_{s0} = 82.9 \text{kN} \cdot \text{m}, \quad N'_s = 575.52 \text{kN}$$

$$M'_s = 14.78 \text{kN} \cdot \text{m}, \quad N_{s0} = 1504.0 \text{kN}$$

因 $N'_s \leqslant N \leqslant N_{c0} + N'_s$，由式（2.21）可得 $N_c = N - N'_s = 624.48 \text{kN}$。代入式（2.9）可得 $M_c = 59.72 \text{kN} \cdot \text{m}$。代入式（2.21）可得 $M = M_{r0} + M_c = 160.62 \text{kN} \cdot \text{m}$。

试验中实测试件 T-2 柱顶极限水平荷载为 224.66kN，相应的极限抗弯承载力为 168.50kN·m。表 2.1 为发生受弯破坏的试件 T-1、试件 T-2、试件 T-3 及试件 T-5 正截面承载力计算值与试验值的比较，平均精确度为 90.2%，可以看出计算值与试验值吻合较好。另外，本章所提出的计算公式中混凝土截面面积未扣除

型钢部分,简化后的误差为2%~3%。

表 2.1　正截面承载力计算结果与试验结果的比较

试件编号	T-1	T-2	T-3	T-5
计算值/(kN·m)	114.53	160.62	115.63	120.43
试验值/(kN·m)	136.17	168.50	118.21	144.35
精确度/%	84.1	95.3	97.8	83.4

2.2　受剪机理分析及承载力计算方法

由于非对称配钢型钢混凝土框架柱截面形式特殊,且处于建筑物中受力状态较复杂的部位,目前有关其受剪破坏机理和设计计算方法的研究较少。本章基于第1章对12榀T形配钢型钢混凝土框架柱低周反复荷载试验结果,分析混凝土、型钢、箍筋在非对称配钢型钢混凝土框架柱抵抗水平剪力中的作用,通过实测荷载-应变滞回曲线揭示了T形配钢型钢混凝土框架柱的受剪机理,推导了试件发生剪切斜压破坏和剪切黏结破坏时的受剪承载力计算公式,可为相关设计规范的进一步完善和工程应用提供参考依据。

2.2.1　受剪机理分析

基于第1章低周反复荷载作用下12榀T形配钢型钢混凝土框架柱试验结果,非对称配钢型钢混凝土框架柱在压、弯、剪复合受力状态下的破坏形态主要分为弯曲破坏、剪切斜压破坏和剪切黏结破坏,下面对这三种主要破坏形态的剪切机理进行描述。

(1)弯曲破坏。

以试件T-5为例,型钢腹板和箍筋的实测荷载-应变滞回曲线如图2.7(a)所示,柱顶水平荷载达到屈服荷载时,箍筋和纵向钢筋达到屈服应变,受拉屈服。当达到极限荷载时,截面中心区域的型钢腹板尚有部分未屈服。最后荷载下降至极限荷载的80%时,试件发生弯曲破坏,整个破坏过程较为缓慢,试件整体延性表现较好。

(2)剪切斜压破坏。

以试件T-9为例,型钢腹板和箍筋的实测荷载-应变滞回曲线如图2.7(b)所示,试件屈服前型钢、箍筋的剪应变呈线性变化,其后型钢和混凝土不再协同工作,主要由型钢腹板、箍筋来抵抗水平荷载的作用。当试件破坏时,箍筋均达到屈服应变,而型钢腹板并未屈服。

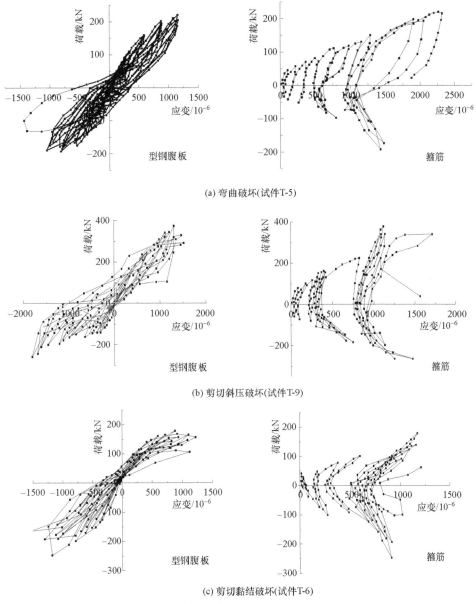

(a) 弯曲破坏(试件 T-5)

(b) 剪切斜压破坏(试件 T-9)

(c) 剪切黏结破坏(试件 T-6)

图 2.7　型钢腹板和箍筋的荷载-应变滞回曲线

（3）剪切黏结破坏。

以试件 T-6 为例,型钢腹板和箍筋的实测荷载-应变滞回曲线如图 2.7(c)所示,其破坏特征为型钢翼缘附近出现竖向劈裂裂缝,当水平荷载达到屈服荷载后,型钢和混凝土之间发生黏结破坏并最终形成一条贯穿整个柱高的主黏结裂缝,整个破坏过程发生突然,试件达到极限荷载时,型钢腹板和箍筋均未屈服。

2.2.2　受剪承载力计算

在实际工程中,型钢混凝土柱可能处于受压、压弯、压弯剪或压弯剪扭等单一或复合受力状态。但不论其受力状态如何复杂,存在轴向压力作用是其受力共同点。相关文献对如何确定型钢部分与钢筋混凝土部分所承担的轴力进行了研究探讨。结果表明,型钢和钢筋混凝土分别承担的轴力随着水平荷载不断变化,不易精确确定型钢部分和混凝土部分所承担的轴力,且轴力对截面的抗弯承载力影响较小[8,9]。本节在采用叠加法进行受剪承载力计算时,忽略轴力对非对称配钢型钢受剪承载力的影响,认为轴力主要由试件的混凝土部分承担。

T 形配钢型钢混凝土框架柱低周反复荷载试验表明,弯曲破坏主要是压、弯复合受力状态下的正截面破坏,而由剪切主导的斜截面破坏主要有剪切斜压破坏和剪切黏结破坏两种。本章忽略型钢与混凝土之间的共同作用,即 T 形配钢型钢混凝土柱试件受剪承载力由型钢受剪承载力和钢筋混凝土受剪承载力两部分组成,其斜截面承载能力 V_u 可表达为

$$V_u = V_s + V_{rc} \tag{2.24}$$

式中,V_s 为型钢部分的受剪承载力;V_{rc} 为剪切斜压破坏时钢筋混凝土部分的受剪承载力;V_u 为非对称配钢型钢混凝土柱的受剪承载力。

1. 型钢部分的受剪承载力

由于配钢形式的不对称,试件在轴力、弯矩和水平剪力的作用下其受力状态更为复杂,为了简化计算,本章在进行 T 形配钢型钢混凝土框架柱的斜截面承载力分析时作如下假定[10]:

(1) 翼缘和腹板厚度相对于整个截面很小。

(2) 腹板和短翼缘承担全部剪力,轴力和弯矩由腹板和翼缘共同承担。

(3) 型钢腹板中正应力 σ 和剪应力 τ 都均匀分布,且满足 von Mises 屈服条件。

$$\left(\frac{\sigma}{f_s}\right)^2 + 3\left(\frac{\tau}{f_s}\right)^2 = 1 \tag{2.25}$$

根据上述假定,如图 2.8 所示,在完全塑性状态下,按中和轴所处位置,型钢截面满足平衡方程和边界条件的应力场可分为五种情况。

在轴力恒定的情况下,型钢和钢筋混凝土分别承担的轴力随着水平荷载变化,不易精确确定型钢部分和混凝土部分所承担的轴力,且轴力对截面的抗弯承载力影响非常小。本章忽略轴力对型钢受剪承载力的影响,认为轴力主要由试件的混凝土部分承担。

下面以中和轴在腹板的情况为例,根据图 2.8(d)所示的型钢截面应变分布,由平衡条件可得

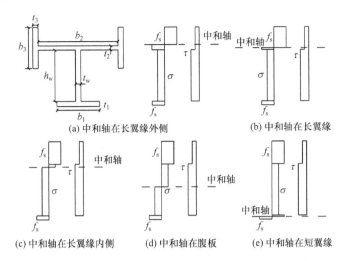

(a) 中和轴在长翼缘外侧　　　　　　　(b) 中和轴在长翼缘

(c) 中和轴在长翼缘内侧　(d) 中和轴在腹板　(e) 中和轴在短翼缘

图 2.8　T 形配钢 SRC 柱截面塑性状态下的受力分析

$$M_s=b_2t_2\frac{t_2+h_w}{2}f_s+b_3t_3\frac{t_2+h_w}{2}\sigma+b_1t_1\frac{t_1+h_w}{2}f_s+\frac{1}{4}t_wh_w^2\sigma \tag{2.26}$$

$$V_s=t_wh_w\tau+2b_3t_3\tau \tag{2.27}$$

同时,由于腹板和短翼缘承担全部的剪力,根据型钢截面受力的边界条件可得

$$M_s=V_s(h_w+2b_3) \tag{2.28}$$

由 von Mises 屈服条件可得

$$\sigma=f_s\sqrt{1-3\left(\frac{\tau}{f_s}\right)^2}=\sqrt{1-3\left[\frac{V_s}{f_s(t_wh_w+2b_3t_3)}\right]^2} \tag{2.29}$$

联立式(2.26)和式(2.28),将式(2.29)代入消去 σ,求解关于 V_s 的方程可得

$$V_s=\frac{-B+\sqrt{B^2-4AC}}{2A} \tag{2.30}$$

式中

$$A=(h_w+2b_3)^2+\frac{3\left(\frac{1}{4}t_wh_w^2+b_3t_3\frac{t_2+h_w}{2}\right)^2}{(t_wh_w+2b_3t_3)^2}f_s^2$$

$$B=-2\left(b_2t_2\frac{t_2+h_w}{2}+b_1t_1\frac{t_1+h_w}{2}\right)f_s$$

$$C=\left[\left(b_2t_2\frac{t_2+h_w}{2}+b_1t_1\frac{t_1+h_w}{2}\right)^2-\left(\frac{1}{4}t_wh_w^2+b_3t_3\frac{t_3+h_w}{2}\right)^2\right]f_s^2$$

式中,M_s 和 V_s 分别为型钢截面在塑性状态下承受的弯矩和剪力;f_s 为型钢抗拉屈服强度;其余符号意义如图 2.8 所示。

试验结果表明,对于发生剪切斜压破坏和剪切黏结破坏的试件,型钢部分并未完全屈服。当加载至极限荷载时,试件发生剪切斜压破坏,型钢应力约为屈服强度的80%,而当试件发生剪切黏结破坏时,型钢的应力仅为屈服强度的40%左右。因此,本章分别取 $0.8f_s$ 和 $0.4f_s$ 进行型钢部分受剪承载力的计算。

2. 剪切斜压破坏时钢筋混凝土的受剪承载力

非对称配钢型钢混凝土框架柱发生剪切斜压破坏时,影响钢筋混凝土部分受剪承载力的主要因素有剪跨比、轴压比以及配箍率等,这些因素的影响呈非线性耦合状态。参考《钢骨混凝土结构设计规程》(YB 9082—2006)的方法,考虑混凝土强度、配箍率和轴压比的影响得到非对称配钢型钢混凝土框架柱受剪承载力计算公式为

$$V_{rc} = \frac{0.2}{2\lambda + 1.0} f_t b h_0 + f_{yv} \frac{A_{sv}}{s} h_0 + 0.07N \tag{2.31}$$

式中,λ 为计算截面剪跨比,当 $\lambda > 2.5$ 时,取 $\lambda = 2.5$;f_t 为混凝土轴心抗拉强度;b 为试件截面宽度;h_0 为截面有效高度;f_{yv} 为箍筋的屈服强度;A_{sv} 为配置在同一截面内箍筋各肢的全部面积之和;s 为箍筋间距;N 为钢筋混凝土部分承担的轴力设计值,当 $N \geqslant 0.3(f_c A_c + f_y A_s)$ 时,取 $N = 0.3(f_c A_c + f_y A_s)$,$f_y$ 为纵筋的屈服强度,A_c 为混凝土净截面面积,A_s 为纵筋截面面积。

3. 剪切黏结破坏时钢筋混凝土的受剪承载力

1) 混凝土受剪承载力

剪切黏结破坏是由于低周反复荷载的作用使混凝土在主拉应力的作用下达到极限抗拉强度,从而产生贯穿于整个试件的竖向劈裂裂缝,导致型钢翼缘外侧与混凝土剥离而退出工作。取型钢翼缘外侧与混凝土的交界面进行分析,T形配钢型钢混凝土框架柱发生剪切黏结破坏的受力模型如图2.9所示。

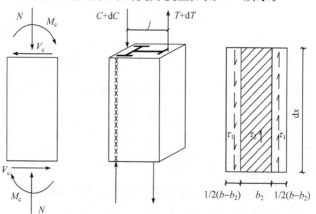

图 2.9　剪切黏结破坏下试件的受力模型

由剪切黏结破坏受力模型的微分关系可得

$$j \cdot dC = dM = V_c dx \tag{2.32}$$

$$dC = [(b-b_2)\tau_1 + b_2\tau_2]dx \tag{2.33}$$

将式(2.32)代入(2.33)可得混凝土受剪承载力为

$$V_c = [(b-b_2)\tau_1 + b_2\tau_2]j \tag{2.34}$$

式中,j 为型钢翼缘外侧受压区混凝土保护层中点与受拉侧混凝土保护层中点之间的距离。

取型钢翼缘两侧与混凝土黏结面上的混凝土单元体为对象,主应力由三部分组成:第一部分为交界面横向压应力 σ_x,主要由混凝土与箍筋之间的握裹力和摩擦阻力,以及箍筋对混凝土的约束力提供;第二部分为交界面纵向压应力 σ_y,主要由恒定的轴压力作用产生;第三部分为型钢翼缘两侧的短翼缘对混凝土的约束产生的压应力 σ_z。考虑到剪切黏结破坏为较突然的脆性破坏,且破坏时型钢部分应变较小未屈服,本章忽略压应变 σ_z,将混凝土的单元体简化成二向应力状态下的一般单元体,如图 2.10 所示。

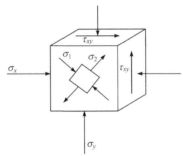

图 2.10　交界面上混凝土单元体的应力分析

假定箍筋的约束应力均匀分布在交界面上,则横向压应力 σ_x 可表示为

$$\sigma_x = \frac{A_{sv}}{bs}\sigma_s \tag{2.35}$$

式中,σ_s 为箍筋的应力;A_{sv} 为配置在水平受剪截面内箍筋各肢的全部面积之和;b 为试件水平受剪截面的宽度;s 为沿柱高方向上箍筋间距。

轴向压力引起的纵向压应力 σ_y 可表示为

$$\sigma_y = \frac{N}{A} \tag{2.36}$$

式中,N 为混凝土部分承担的轴力设计值;A 为轴力作用下试件的截面面积。

主应力 σ_1 和 σ_2 分别作用在互相垂直的主平面上,有

$$\sigma_2^1 = \frac{\sigma_x + \sigma_y}{2} \pm \sqrt{\left(\frac{\sigma_x - \sigma_y}{2}\right)^2 + \tau_{xy}^2} \tag{2.37}$$

本章规定 σ 以受压为正,受拉为负,τ 以使研究对象绕另一端做顺时针转动趋

势为正。当混凝土单元体上最大主应力达到其抗拉强度 f_t 时,试件出现劈裂裂缝,发生剪切黏结破坏。

$$-f_t = \frac{\sigma_x + \sigma_y}{2} \pm \sqrt{\left(\frac{\sigma_x - \sigma_y}{2}\right)^2 + \tau_{xy}^2} \quad (2.38)$$

将式(2.32)和式(2.33)代入式(2.35)中,交界面外侧混凝土的微元体所受剪应力 τ_1 为

$$\tau_1 = \sqrt{\left(\frac{A_{sv}}{2bs}\sigma_s + \frac{N}{2A} + f_t\right)^2 - \frac{1}{4}\left(\frac{A_{sv}}{bs}\sigma_s - \frac{N}{A}\right)^2} \quad (2.39)$$

型钢翼缘与混凝土之间的黏结应力 τ_2 取[11]

$$\tau_2 = \lambda_{cy}\left(0.2378 + 0.4480\frac{C_{ss}}{d}\right)f_t \quad (2.40)$$

式中,λ_{cy} 为反复荷载作用下试件的黏结应力退化系数,取值 0.83;C_{ss} 为型钢翼缘的混凝土保护层厚度;d 为型钢截面高度。

2) 箍筋受剪承载力

在非对称配钢型钢混凝土框架柱中,箍筋主要用来抵抗剪力,抑制斜裂缝的开展,提高斜截面承载力。箍筋受剪承载力为

$$V_{sv} = \sigma_s \frac{A_{sv}}{s}h_0 \quad (2.41)$$

根据试验实测结果,试件发生剪切黏结破坏时,实测箍筋应变约为钢材屈服应变的 60%,因此箍筋应力值为 $\sigma_s = 0.6f_{yv}$,式中符号意义与上述相同。

2.2.3 计算结果与试验结果对比

为与试验结果进行比较,以第 1 章试验研究中破坏形态为斜截面剪切斜压破坏和剪切黏结破坏的试件 T-4、T-6、T-7、T-8、T-9、T-10、T-11 为例。计算公式涉及剪跨比、轴压比、混凝土强度及配箍率的影响。验算结果见表 2.2,计算值与试验值之比的平均值为 0.980,方差为 0.082,说明试件计算结果与试验结果吻合较好,计算结果偏安全。

表 2.2 受剪承载力计算结果与试验结果对比

试件编号	计算值 V_u/kN	试验值 V/kN	V_u/V
T-4	247.30	217.69	1.136
T-6	161.84	179.03	0.904
T-7	259.04	273.98	0.945
T-8	287.60	306.21	0.939
T-9	284.50	264.32	1.076
T-10	362.26	389.11	0.931
T-11	335.07	361.46	0.927

对于剪跨比 $\lambda < 3$ 的非对称配钢型钢混凝土框架柱,建议分别进行剪切斜压破坏和剪切黏结破坏的斜截面受剪承载力验算以避免发生脆性的剪切破坏。

2.3　非对称配钢型钢混凝土框架柱轴压比限值研究

国内外对对称配钢型钢混凝土框架柱的轴压比限值进行了专门研究[12,13],但对非对称配钢型钢混凝土框架柱研究甚少,且我国关于型钢混凝土结构的两部现行规程也未给出相应的轴压比限值。本章通过 12 根 T 形配钢型钢混凝土框架柱的低周反复加载试验,研究其延性性能,并采用大小偏压界限破坏理论对轴压比限值进行探讨。

2.3.1　轴压比定义

型钢混凝土框架柱所承受的轴压力由混凝土和型钢两部分共同承担,基于强度叠加理论可得

$$N = n\left(f_c A_c + \frac{f_{ssy}}{A_{ss}}\right) \tag{2.42}$$

式中,n 为轴压比;f_c 为混凝土轴心抗压强度;f_{ssy} 为型钢抗压强度;A_c 和 A_{ss} 分别为混凝土和型钢截面面积。

设计轴压比 n_d 与试验轴压比 n_t 可表示为

$$n_d = \frac{N_d}{f_c A_c + f_{ssy} A_{ss}} \tag{2.43}$$

$$n_t = \frac{N_t}{f_c^t A_c + f_{ssy}^t A_{ss}} \tag{2.44}$$

式中,N_d 为设计轴压力;N_t 为试验轴压力;f_c^t 为混凝土轴心抗压强度试验值;f_{ssy}^t 为型钢屈服强度试验值。

依据混凝土抗压强度、型钢屈服强度的设计值与试验值的关系[14],有

$$f_c = \frac{0.88(1 - 1.645\delta_{f_c})f_c^t}{1.4} \tag{2.45}$$

$$f_{ssy} = \frac{(1 - 2\delta_{f_{ssy}})f_{ssy}^t}{1.1} \tag{2.46}$$

式中,实测混凝土立方体抗压强度和型钢抗拉强度的变异系数分别为 $\delta_{f_c} = 0.106$,$\delta_{f_{ssy}} = 0.063$,试验轴压比与设计轴压比的关系可表示为

$$\frac{n_t}{n_d} = \frac{0.519 f_c^t A_c + 0.795 f_{ssy}^t A_{ss}}{f_c^t A_c + f_{ssy}^t A_{ss}} = 0.519 + \frac{0.276}{1 + f_c^t A_c / f_{ssy}^t A_{ss}} \tag{2.47}$$

2.3.2　基于界限破坏理论的轴压比限值

1. 基本原理

关于型钢混凝土柱界限破坏存在两种不同的定义[15,16]，其主要区别在于受压区边缘混凝土达到极限压应变时，受拉区型钢翼缘是否屈服。试验中构件破坏时，无论短翼缘受拉还是长翼缘受拉，受拉区纵筋均达到屈服，而受拉区型钢翼缘未屈服。因此，定义受拉区纵筋屈服的同时，受压区边缘混凝土达到极限压应变为型钢混凝土框架柱的界限破坏。

本章在型钢混凝土柱轴压比限值推导过程中做如下假定：

（1）截面的应变分布符合平截面假定。

（2）混凝土应力-应变关系曲线：当压应变 $\varepsilon_c < 0.002$ 时为抛物线，$\varepsilon_c > 0.002$ 为水平线，极限压应变 ε_{cu} 取 0.0033，最大压应力取轴心抗压强度 f_c，不考虑混凝土受拉。

（3）纵筋及钢材应力均等于其弹性模量与应变的乘积，且不得大于其设计强度值。

（4）不考虑型钢板材的局部压曲。

材料的应力-应变关系如图 2.11 所示。

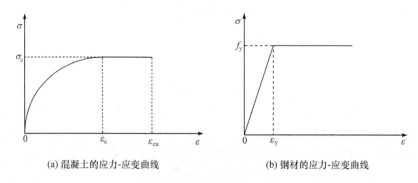

(a) 混凝土的应力-应变曲线　　　　　　　(b) 钢材的应力-应变曲线

图 2.11　混凝土和钢材的应力-应变曲线

为方便计算，将 T 形型钢混凝土柱截面拆分为三部分：钢筋混凝土部分、型钢一（呈工形）部分和型钢二（呈 T 形）部分，如图 2.12 所示。

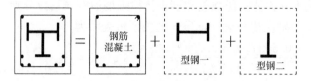

图 2.12　T 形型钢混凝土柱截面

2. 轴压比限值分析

型钢混凝土框架柱所承受的轴力合力可表示为

$$N = N_c + N_{s1} + N_{s2} \tag{2.48}$$

式中，N 为轴力合力；N_c、N_{s1}、N_{s2} 分别为钢筋混凝土、型钢一、型钢二所承受的轴力。以下分两种情况进行分析。

1) 短翼缘受拉时

当弯矩作用使型钢二翼缘受拉时，型钢与混凝土的应力-应变分布如图 2.13 所示。

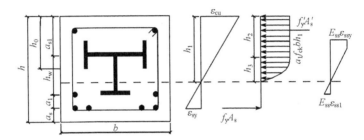

图 2.13 型钢和混凝土的应力-应变分布（短翼缘受拉）

由应力-应变图形可得，$h_3/h_1 = 0.002/\varepsilon_{cu}$，取 $\varepsilon_{cu} = 0.0033$，则 $h_3 = 0.606h_1$。则钢筋混凝土部分所受总压力为

$$
\begin{aligned}
N_c &= b(h_1 - h_3)f_{ck} + b\int_0^{h_3} 1000\varepsilon_c(1 - 250\varepsilon_c)f_{ck}\mathrm{d}h_x + f_y^t(A_s' - A_s) - f_{ck}A_{ss}' \\
&= b(h_1 - h_3)f_{ck} + \frac{2}{3}bf_{ck}h_3 + f_y^t(A_s' - A_s) - f_{ck}A_{ss}' \\
&= 0.798bf_{ck}h_1 + f_y^t(A_s' - A_s) - f_{ck}A_{ss}'
\end{aligned}
\tag{2.49}
$$

式中，h_1 为中性轴到混凝土受压区边缘的距离；h_3 为混凝土应变 $\varepsilon_c < 0.002$ 的部分到中性轴的距离；f_{ck} 为实测混凝土立方体抗压强度标准值；f_y^t 为实测纵筋屈服强度；A_s' 为纵筋受压区面积；A_s 为纵筋受拉区面积；A_{ss}' 为受压区型钢面积。

$$h_1 = \frac{\varepsilon_{cu}}{\varepsilon_{cu} + \varepsilon_{sy}}(h - a_s), \quad h_2 = h_1 - h_3, \quad h_3 = \frac{0.002}{\varepsilon_{cu}}h_1 \tag{2.50}$$

其中，a_s 为混凝土保护层厚度；ε_{sy} 为受拉区纵筋屈服应变；h_2 为混凝土应变为直线的部分到混凝土受压区边缘的距离。

短翼缘受拉时，型钢部分的应变分布如图 2.14 所示。

型钢一腹板全部处于受压状态，翼缘的应变沿截面高度发生变化（部分屈服），型钢一的合力 N_{s1} 为

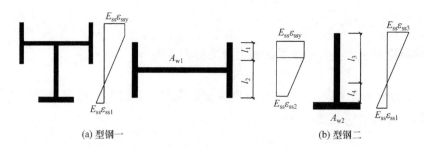

(a) 型钢一　　　　　　　　　　　　　　　　　(b) 型钢二

图 2.14　型钢应变分布(短翼缘受拉)

$$N_{s1} = A_{w1}\varepsilon_{ss3}E_{ss} + 2\varepsilon_{ssy}E_{ss}l_1 t_{y1} + (\varepsilon_{ss2} + \varepsilon_{ss3})E_{ss}l_2 t_{y1} \qquad (2.51)$$

式中，A_{w1} 为型钢一腹板的面积；E_{ss} 为实测钢材的弹性模量；l_1 为型钢一翼缘的屈服长度；l_2 为型钢一翼缘未屈服的长度；t_{y1} 为翼缘的厚度；ε_{ss2} 为型钢一翼缘下边缘的应变；ε_{ss3} 为型钢一腹板的应变；ε_{ssy} 为型钢翼缘的屈服应变。其中，

$$\varepsilon_{ss1} = \frac{a_s}{h - h_1 - a_s}\varepsilon_{sy}, \quad \varepsilon_{ss2} = \frac{h_1 - h_0}{h_1}\varepsilon_{cu}, \quad \varepsilon_{ss3} = \frac{h_1 - a_{s1}}{h_1}\varepsilon_{cu}$$

$$l_1 = 3h_0 + h_1\left(\frac{\varepsilon_{ssy}}{\varepsilon_{cu}} - 1\right) - a_{s1}, \quad l_2 = 2h_0 - a_{s1} - l_1 \qquad (2.52)$$

型钢二的受拉和受压部分均未屈服，其合力 N_{s2} 为

$$N_{s2} = \frac{1}{2}(\varepsilon_{ss3}l_3 - \varepsilon_{ss1}l_4)E_{ss}t_{f2} - \varepsilon_{ss1}E_{ss}A_{w2} \qquad (2.53)$$

式中，l_3 为型钢二腹板受压区高度；l_4 为型钢二腹板受拉区高度；t_{f2} 为型钢二腹板厚度；ε_{ss1} 为型钢二翼缘的应变；A_{w2} 为型钢二翼缘的面积。其中，

$$l_3 = \frac{\varepsilon_{ss3}f_s}{\varepsilon_{ss1} + \varepsilon_{ss3}}h_w, \quad l_4 = h_w - l_3 \qquad (2.54)$$

2) 长翼缘受拉时

当弯矩作用使型钢一翼缘受拉时，型钢与混凝土的应力-应变分布如图 2.15 所示。

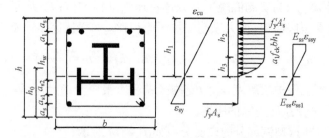

图 2.15　型钢和混凝土的应力-应变分布(长翼缘受拉)

同第一种情况,可以得出混凝土部分的合力 N_c 为

$$N_c = 0.798 b f_{ck} h_1 + f_y (A_s' - A_s) - f_{ck} A_{ss}' \tag{2.55}$$

长翼缘受拉时,型钢部分的应变分布如图 2.16 所示。

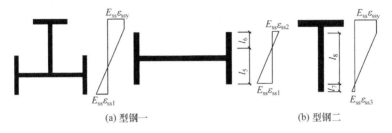

(a) 型钢一　　　　　　　　　　　　　(b) 型钢二

图 2.16　型钢的应变分布(长翼缘受拉)

型钢一大部分受拉,小部分受压,且均未屈服,其合力可以用受压部分合力减去受拉部分合力算出,合力 N_{s1} 为

$$N_{s1} = A_{w1} \varepsilon_{ss3} E_{ss} + \frac{1}{2} (\varepsilon_{ss2} l_5 - \varepsilon_{ss1} l_6) E_{ss} t_{w1} \tag{2.56}$$

式中,l_5 为型钢一翼缘受拉区高度;l_6 为型钢一翼缘受压区高度。其中,

$$\varepsilon_{ss1} = \frac{h - h_1 - 2a_s - a_{s1}}{h_1} \varepsilon_{cu}, \quad \varepsilon_{ss2} = \frac{h_0 + h_1 - h + a_s}{h_1} \varepsilon_{cu}$$

$$\varepsilon_{ss} = \frac{a_1 + a_s + h_w - h_0}{h_1} \varepsilon_{cu}, \quad l_5 = \frac{\varepsilon_{ss1}}{\varepsilon_{cu}} h_1, \quad l_6 = \frac{\varepsilon_{ss2}}{\varepsilon_{cu}} h_1 \tag{2.57}$$

型钢二腹板大部分处于受压状态,且部分屈服,型钢二的合力 N_{s2} 为

$$N_{s2} = \frac{1}{2} (\varepsilon_{ss4} l_8 - \varepsilon_{ss3} l_7) E_{ss} t_{f2} + (h_w - l_5 - l_6 - t_{w2}) \varepsilon_{ssy} t_{f2} + E_{ss} A_{w2} \tag{2.58}$$

式中,l_7 为型钢二腹板受拉区高度;l_8 为型钢二腹板受压区未屈服部分的高度。其中,

$$l_7 = \frac{\varepsilon_{ss3}}{\varepsilon_{cu}} h_1, \quad l_8 = \frac{\varepsilon_{ssy}}{\varepsilon_{cu}} h_1 \tag{2.59}$$

考虑构件的几何尺寸和型钢与混凝土的材料性质参数,按现行规程构造措施将型钢正中配置并取钢材的配钢率为 5%,可以得出界限破坏时其相应的轴压比限值,具体见表 2.3。

表 2.3　界限破坏时 T 形配钢型钢混凝土框架柱轴压比限值

界限破坏形式	第一种破坏形式	第二种破坏形式
试验轴压比限值	0.46	0.45
设计轴压比限值	0.70	0.69

2.3.3　轴压比限值建议值

综合试验的设计轴压比、延性系数和基于界限破坏理论得到的轴压比限值,并考虑到保证 95% 的可靠度,给出 T 形配钢型钢混凝土框架柱轴压比限值,见表 2.4。该取值参考《组合结构设计规范》(JGJ 138—2016)规定,二级抗震等级是采用理论计算的轴压比限值,一级和三级分别减少和增加 0.1;对于剪跨比 $2.0 \leqslant \lambda \leqslant 2.5$ 的构件,在 $\lambda \geqslant 2.5$ 的构件的轴压比限值的基础上减小 0.05。

表 2.4　T 形配钢型钢混凝土框架柱轴压比限值(设计值)

剪跨比	抗震等级		
	一级	二级	三级
$\lambda \geqslant 2.5$	0.55	0.65	0.75
$2.0 \leqslant \lambda \leqslant 2.5$	0.50	0.60	0.70

2.4　非对称配钢型钢混凝土框架柱恢复力模型

恢复力模型是由试验获得的荷载-位移关系曲线分析而得到的实用数学模型,是结构非线性地震响应分析的基础[17,18]。本章基于试验实测获得的 T 形配钢型钢混凝土框架柱滞回曲线和骨架曲线建立其恢复力模型,并进行以下简化:①骨架曲线采用考虑弹性阶段、弹塑性阶段和刚度退化阶段的三折线形式,取最大弹性荷载为屈服荷载;②荷载-位移骨架曲线的控制点基于试验结果分六个阶段拟合而来;③屈服前不考虑试件刚度退化,屈服后加卸载刚度逐步退化。

2.4.1　骨架曲线模型

在确定骨架曲线模型时,由于各试件具有不同的设计参数,所得到的试验骨架曲线中荷载和位移相差较大,因此将试验骨架曲线试验点以 Δ/Δ_u 为横坐标,P/P_u 为纵坐标进行无量纲化,进行线性回归后得到刚度退化的三折线模型,如图 2.17 所示。回归得到的三折线骨架曲线模型各阶段表达式见表 2.5。

表 2.5　三折线骨架曲线模型数学表达式

区段	回归方程
OA	$P/P_u^+ = 1.51\Delta/\Delta_u^+$
AB	$P/P_u^+ = 0.63\Delta/\Delta_u^+ + 0.39$
BC	$P/P_u^+ = -0.628\Delta/\Delta_u^+ + 1.63$
OA'	$P/P_u^- = 1.72\Delta/\Delta_u^-$
$A'B'$	$P/P_u^- = 0.43\Delta/\Delta_u^- - 0.59$
$B'C'$	$P/P_u^- = -0.39\Delta/\Delta_u^- - 1.35$

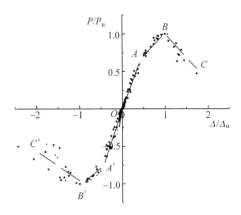

图 2.17 三折线骨架曲线模型

图 2.17 中,控制点 $A(A')$、$B(B')$ 分别为正(反)向屈服点、荷载极值点,坐标分别为(P_y,Δ_y),(P_u,Δ_u)。其中,OA 和 OA' 段由试验骨架曲线中屈服前的试验点回归得到,其斜率反映了相对弹性刚度;AB 和 $A'B'$ 段由试件骨架曲线中屈服点和荷载极值点之间的试验点回归得到,其斜率反映了试件屈服后的塑性刚度;BC 和 $B'C'$ 段分别由试件极限荷载后强度退化阶段的试验点回归得到。

2.4.2 刚度退化规律

由试验所得的框架柱试件滞回曲线和骨架曲线可以看出,在正、负向加载和卸载过程中,试件的加载刚度和卸载刚度均随荷载和位移的增大而呈逐渐退化趋势。如图 2.18 所示,忽略滞回曲线的"捏缩效应",本章给出试件在水平往复荷载作用下的刚度退化规律。其中,K_1 为正向卸载刚度,K_2 为反向加载刚度,K_3 为反向卸载刚度,K_4 为正向加载刚度。

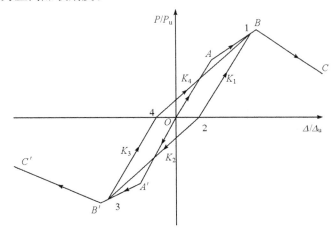

图 2.18 框架柱试件的刚度退化规律

1) 正向卸载刚度 K_1 的退化规律

将各滞回环中正向屈服后的卸载点 1 与荷载卸载到 0 的点 2 之间的所有数据点进行非线性回归,得到直线 12 的斜率,即该滞回环的正向相对卸载刚度,将各个滞回环的正向相对卸载刚度通过回归分析,即可得到用 K_1/K_0^+ 和 Δ_1/Δ_u^+ 表示的正向卸载刚度 K_1 的退化规律曲线,如图 2.19 所示。其中 K_0^+ 表示三折线骨架曲线模型中的正向相对弹性刚度,Δ_1 表示卸载点的位移值,Δ_u^+ 表示正向极限位移值。回归可得正向卸载刚度的数学表达式为

$$K_1/K_0^+ = 0.95\mathrm{e}^{(-1.97\Delta_1/\Delta_u^+)} + 0.69 \tag{2.60}$$

2) 反向加载刚度 K_2 的退化规律

将各滞回环中反向加载点 2 与荷载加载到该滞回环反向最大荷载点 3 之间的所有数据点进行非线性回归,得到直线 23 的斜率即为该滞回环的反向相对加载刚度,将各滞回环的反向相对加载刚度通过回归分析,即可得到用 K_2/K_0^- 和 Δ_1'/Δ_u^+ 表示的反向加载刚度 K_2 的退化规律曲线,如图 2.20 所示。其中,K_0^- 表示三折线骨架曲线模型中的反向相对弹性刚度,Δ_1' 表示加载点的位移值。回归可得反向加载刚度的数学表达式为

$$K_2/K_0^- = 0.91\mathrm{e}^{(-9.01\Delta_1'/\Delta_u^+)} + 0.28 \tag{2.61}$$

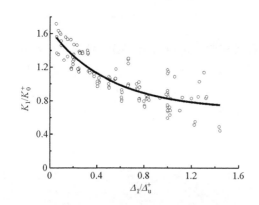

图 2.19　正向卸载刚度退化规律

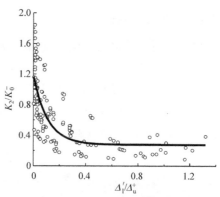

图 2.20　反向加载刚度退化规律

3) 反向卸载刚度 K_3 的退化规律

将各滞回环中反向加载点 3 与荷载卸载到 0 的点 4 之间的所有数据点进行非线性回归,得到的直线 34 的斜率即为该滞回环的反向相对卸载刚度,将各滞回环的反向相对卸载刚度通过回归分析,即可得到用 K_3/K_0^- 和 Δ_2/Δ_u^- 表示的反向卸载刚度 K_3 的退化规律曲线,如图 2.21 所示。其中,Δ_2 表示卸载点的位移值,Δ_u^- 表示反向极限位移值。回归可得反向卸载刚度的数学表达式为

$$K_3/K_0^- = 1.49\mathrm{e}^{(-0.73\Delta_2/\Delta_u^-)} + 0.01 \tag{2.62}$$

4）正向加载刚度 K_4 的退化规律

将各滞回环中反向卸载点 4 与荷载加载到该滞回环正向最大荷载点 1 之间的所有数据点进行非线性回归,得到的直线 41 的斜率即为该滞回环的正向相对加载刚度,将各滞回环的正向相对加载刚度通过回归分析,即可得到用 K_4/K_0^+ 和 Δ_2'/Δ_u^- 表示的正向加载刚度 K_4 的退化规律曲线,如图 2.22 所示。其中,Δ_2' 表示正向加载点位移。回归可得正向加载刚度的数学表达式为

$$K_4/K_0^+ = 0.77867 \mathrm{e}^{(-4.80133\Delta_2'/\Delta_u^-)} + 0.31767 \tag{2.63}$$

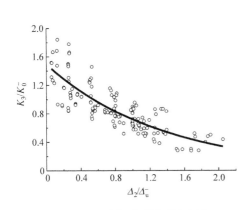

图 2.21　反向卸载刚度退化规律　　　　　图 2.22　正向加载刚度退化规律

2.4.3　滞回规则

为研究 T 形配钢型钢混凝土框架柱的恢复力特性,将滞回曲线、三折线骨架曲线模型以及刚度退化规律结合,建立如图 2.23 所示的既考虑试件滞回特性,又最大限度简化了考虑刚度退化三折线恢复力模型。以下对模型进行说明:

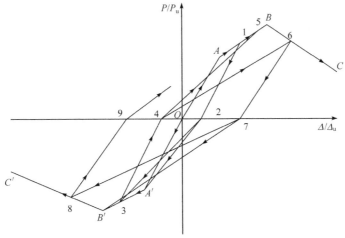

图 2.23　刚度退化三折线恢复力模型

（1）模型采用无量纲坐标系，结合试验回归得到的特征点（屈服点、极值点、破坏点）和滞回曲线的形状拟合而成。

（2）OA、OA' 分别为正向和反向弹性阶段；AB、$A'B'$ 分别为正向和反向屈服阶段；BC、$B'C'$ 分别为正向和反向破坏阶段。

（3）对 T 形配钢型钢混凝土框架柱进行加载时，正、反两个方向的荷载和位移分别沿骨架曲线模型中的 $OABC$ 和 $OA'B'C'$ 进行。当正向加载到弹性段 OA 卸载时，卸载路线沿 AO 进行；当加载到屈服段 AB 卸载时，卸载路径沿 12 进行，12 段正向卸载刚度按照式（2.60）计算；当正向卸载到点 2 处再反向加载时，若反向未屈服，则加载路径指向反向屈服点 A'，即沿 $2A'B'C'$ 进行，若反向已屈服，则加载路径指向点 3，即沿 $23B'C'$，23 段反向加载刚度 K_2 按式（2.61）计算；当在反向屈服段 $A'B'$ 卸载时，卸载路线 34 进行，反向卸载刚度按式（2.62）计算；当反向卸载到 4 处再加载时，若正向未达到极限荷载，加载路径沿着 $45BC$ 进行，若正向已达到极限荷载，则沿着 $46C$ 进行，45 段和 46 段的正向加载刚度 K_4 均按式（2.63）计算；当在正向破坏段 BC 进行卸载时，卸载路径沿 67 进行，正向卸载刚度按式（2.60）计算。若反向加载时未达到反向极限荷载，则加载路径沿 $7B'C'$ 进行，若已达到极限荷载，则加载路径按 78 进行，78 段反向加载刚度按式（2.61）计算；当在反向破坏段 $B'C'$ 进行卸载时，其原理同正向破坏段 BC。

综上所述，恢复力模型的滞回规则表述如下：在低周反复荷载作用下，T 形配钢型钢混凝土框架柱在屈服之前的加载和卸载都能沿着骨架曲线的弹性段进行；屈服后，其加载刚度与初始刚度的比值随着水平位移的增大而逐渐减小，且减小的速率与加载循环次数及卸载时的位移值有关。

2.4.4　恢复力模型对比

图 2.24 给出了部分试件的恢复力模型骨架曲线与试验骨架曲线的对比结果。可以看出，模型骨架曲线与试验骨架曲线吻合较好，表明所提出的恢复力模型可用于 T 形非对称配钢型钢混凝土框架柱的弹塑性反应分析。

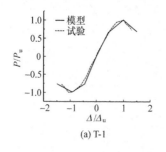

(a) T-1

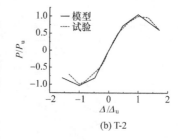

(b) T-2

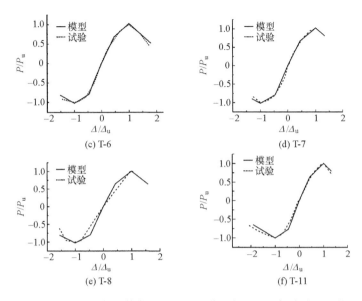

图 2.24　部分试件的恢复力模型骨架曲线与试验骨架曲线的比较

2.5　本章小结

（1）本章基于塑性理论下限定理，研究了轴力和弯矩共同作用下 T 形配钢型钢混凝土构件正截面承载能力设计计算方法，建立了采用最大叠加强度法的 T 形配钢型钢混凝土压弯构件正截面承载力计算公式和相关曲线，并通过试验研究对计算方法进行了验证，结果表明该方法简单可行，可用于实际工程设计。

（2）非对称配钢型钢混凝土框架柱受剪承载力可由型钢和钢筋混凝土两部分叠加，本章提出的剪切斜压破坏和剪切黏结破坏的受剪承载力计算公式，计算结果偏于安全，为非对称配钢型钢混凝土框架柱更好地应用于实际工程中提供了试验理论依据。

（3）在试验研究的基础上，分析了 T 形配钢型钢混凝土框架柱的滞回特性和恢复力特性，得到了无量纲化骨架曲线模型、正负向加载和卸载刚度退化规律及其滞回规则，建立了适合 T 形配钢型钢混凝土框架柱的刚度退化三折线恢复力模型，拟合模型与试验结果吻合较好。

参 考 文 献

[1] Munoz P R, Hsu C T. Behavior of biaxially loaded concrete encased composite columns[J]. Journal of Structural Engineering, 1997,123(9):1163-1171.

[2] Mirza S, Lacroix E. Comparative strength analyses of concrete-encased steel composite col-

umns[J]. Journal of Structural Engineering,2004,130(12):1941-1953.

[3] Dundar C,Tokgoz S. Behaviour of reinforced and concrete-encased composite columns subjected to biaxial bending and axial load[J]. Building and Environment, 2008, 43 (6): 1109-1120.

[4] 赵世春. 型钢混凝土组合结构计算原理[M]. 成都:西南交通大学出版社,2004.

[5] 曾磊,涂祥,吴园园. T形配钢型钢混凝土构件正截面承载力计算方法[J]. 工程力学,2013, 30(10):115-121,132.

[6] Dundar C. Behaviour of reinforced and concrete-encased composite columns subjected to biaxial bending and axial load[J]. Building and Environment,2008,43(6):1109-1120.

[7] Fong M,Liu Y P,Chan S L. Second-order analysis and design of imperfect composite beam-columns[J]. Engineering Structures,2010,32(6):1681-1690.

[8] 叶列平,方鄂华. 钢骨混凝土构件的受力性能研究综述[J]. 土木工程学报,2000,33(5): 1-12.

[9] 李惠,刘克敏,吴波. 钢骨高强混凝土叠合柱轴压比限值的分析[J]. 建筑结构学报,2001, 22(2):66 70.

[10] 徐秉业,刘信声. 应用弹塑性力学[M]. 北京:清华大学出版社,1995.

[11] 杨勇. 型钢混凝土黏结滑移基本理论及应用研究[D]. 西安:西安建筑科技大学,2003.

[12] 叶列平,方鄂华,周正海,等. 型钢混凝土柱的轴压力限值[J]. 建筑结构学报,1997,18(5): 43-50.

[13] 邵永健,陈宗平,薛建阳,等. 型钢混凝土异形柱轴压力系数限值的试验与理论分析[J]. 建筑结构学报,2007,28(6):153-159.

[14] 杜喜凯,王铁成,张建辉,等. 方钢管混凝土柱轴压比限值的研究[J]. 河北农业大学学报, 2006,29(2):112-114.

[15] 日本建筑学会. 型钢钢筋混凝土结构计算标准及解说[M]. 冯乃谦,叶列平,陈延年,等译. 北京:原子能出版社,1998.

[16] 程文瀼,陈忠范,江东,等. 型钢混凝土柱轴压比限值的试验研究[J]. 建筑结构学报, 1999,23(2):51-59.

[17] 寇佳亮,梁兴文,邓明科. 纤维增强混凝土剪力墙恢复力模型试验与理论研究[J]. 土木工程学报,2013,46(10):58-70.

[18] 殷小溦,吕西林,卢文胜. 配置十字型钢的型钢混凝土柱恢复力模型[J]. 工程力学,2014, 31(1):97-103.

第 3 章　型钢混凝土组合梁柱单元精细化建模理论及方法研究

随着有限元分析理论中引入纤维模型法,基于柔度法的非线性纤维梁柱单元成为研究热点,其研究方向之一为考虑不同材料界面黏结滑移问题,即向宏观有限元精细化建模理论延伸。

鉴于目前所建立的基于柔度法的纤维梁柱单元分析模型主要用于钢筋混凝土框架结构的静力分析、拟动力分析,而针对型钢混凝土组合结构分析的该类单元模型尚不多见。本章借鉴杆系梁柱单元的研究成果,基于有限元柔度法和纤维模型法的基本思想,通过双平截面假定,合理地在截面层次考虑黏结滑移效应,进而提出一种适用于分析型钢混凝土梁柱构件的纤维梁柱单元。根据型钢混凝土梁微段自由体的受力特点,建立考虑界面黏结滑移的单元控制微分方程和变形协调方程。根据最小余能原理,推导单元柔度矩阵,研究确定单元状态的方法。最后,在 OpenSees 软件非线性梁柱单元的基础上,依据本章思路进行程序化方法的探索,通过对比框架柱试件的数值模拟计算结果与试验结果,对本章所提的梁柱单元的适用性和准确性进行验证,对该单元的不足之处进行剖析。

本章的研究内容包括以下五个方面:

(1) 以均布荷载作用下的型钢混凝土梁为研究对象,从力学角度将黏结力和滑移定义为特殊的内力和变形,建立考虑黏结滑移时型钢混凝土梁微段自由体的平衡关系和变形协调关系。

(2) 根据纤维模型法的基本思想,提出双平截面假定,建立截面层次的广义力-变形关系。

(3) 按照杆系有限元的基本理论和方法推导有限元方程和单元柔度矩阵。

(4) 采用增量形式表述单元的状态,通过选用成熟的迭代法实现非线性分析过程。

(5) 在 OpenSees 软件非线性梁柱单元的基础上进行单元程序化方法的探索研究,通过数值模拟结果与试验结果的对比分析,讨论单元的不足之处,评估其适用性与准确性。

3.1　型钢混凝土单元截面的本构关系

计算模型的准确性取决于材料本构关系的准确性,而使用纤维模型法简化了对截面材料本构关系的选择,只需采用单轴受力条件下的材料本构关系。本节根据已有的研究资料,确定混凝土、型钢、钢筋及黏结滑移的本构关系。

3.1.1　约束混凝土本构关系

在型钢混凝土组合结构中,混凝土受到的约束分别来自于型钢和箍筋对其内部混凝土的约束。对于箍筋的约束作用研究最早也是最成熟的[1~4],而型钢对于混凝土的约束作用,目前研究较少且尚无统一认识,也无广泛认可的表述。为了更具有普遍性,本节按照常规的认识和一般的处理方法,对于约束混凝土的本构关系,仅考虑箍筋的约束作用,确定采用经 Scott 等修正的 Kent-Park 模型。

3.1.2　型钢、钢筋的材料本构关系

根据已有型钢混凝土组合结构数值模拟分析结果,结合作者在数值模拟过程中的体会,认为型钢与钢筋本构关系通常一致,故采用经 Filippou 等修改的 Menegotto-Pinto 模型统一作为型钢与钢筋的本构关系[5]。该模型考虑了等向应变硬化的影响,在表达形式上采用显函数,因而具有较高的计算效率,是在使用 OpenSees软件时通常采用的一种钢材本构关系。

3.1.3　黏结滑移本构关系

根据作者及其课题组前期对型钢与混凝土界面黏结滑移效应的研究,基于 12 榀型钢高强高性能混凝土简支梁试验,提出了型钢与混凝土界面的黏结应力与滑移量关系,具有表达式简单,参数较少的优点[6]。该关系式的数学表达式为

$$\tau(x,y)=\begin{cases} \tau_{\mathrm{u}}\sqrt{\dfrac{s(x,y)}{s_0}}, & 0<s<s_0 \\[2mm] \tau_{\mathrm{u}}\exp\left(-\alpha\sqrt{\dfrac{s(x,y)}{s_0}-1}\right), & s_0\leqslant s\leqslant s_{\mathrm{r}} \\[2mm] \tau_{\mathrm{r}}, & s>s_{\mathrm{r}} \end{cases} \tag{3.1}$$

式中,s_0 为界面局部黏结强度达到最大值时所对应的滑移量,其回归公式为

$$s_0=0.0574\lambda-0.0578 \tag{3.2}$$

其中,λ 为试件剪跨比;α 为配箍率对 τ-s 曲线下降段的影响系数,按式(3.3)计算。

$$\alpha=0.015\times\frac{\rho_{\mathrm{sv,min}}}{\rho_{\mathrm{sv}}}+0.01 \tag{3.3}$$

式中,$\rho_{\mathrm{sv,min}}$ 取 0.3%[7],且当 $\rho_{\mathrm{sv}}>0.6\%$ 时取 $\rho_{\mathrm{sv}}=0.6\%$;τ_{r} 为残余黏结应力,$\tau_{\mathrm{r}}=0.6\tau_{\mathrm{u}}$;$s_{\mathrm{r}}$ 为 τ_{r} 对应的滑移量,按式(3.4)计算:

$$s_{\mathrm{r}}=\left(\frac{0.26}{\alpha^2}+1\right)s_0 \tag{3.4}$$

　　黏结滑移卸载刚度根据作者课题组前期完成的 4 榀型钢混凝土推拉反复试验结果确定[8]，卸载刚度取 30N/mm。τ_u 为型钢与混凝土界面的黏结强度，按式(3.5)计算：

$$\tau_u = 0.0479 f_{cu} + 1.1831 \tag{3.5}$$

式中，f_{cu} 为混凝土的立方体抗压强度。应该指出，该模型仅适用于高强度混凝土，且混凝土保护层厚度和配箍率必须满足《组合结构设计规范》(JGJ 138—2016)。当构件混凝土保护层厚度或配箍率不足时，型钢与混凝土界面的局部黏结强度可按文献[9]推荐公式计算。

　　根据界面黏结应力与黏力的关系对式(3.1)等号两侧曲线进行积分，从而得到滑移量与界面黏结力的关系，具体表达式为

$$\int_l \tau(x,y)\,ds_c = \begin{cases} \tau_u \int_l \sqrt{\dfrac{s(x,y)}{s_0}}\,ds_c, & 0 < s < s_0 \\[3mm] \tau_u \int_l \exp\left(-\alpha\sqrt{\dfrac{s(x,y)}{s_0}-1}\right)ds_c, & s \geqslant s_0 \end{cases} \tag{3.6}$$

式中，$\displaystyle\int_l \tau(x,y)\,ds_c = \xi(x)$ 为界面黏结力；l 为型钢截面周长。

3.2　考虑黏结滑移效应的型钢混凝土 纤维梁柱单元的理论推导

　　真正将纤维模型法作为主要的截面离散化处理方法(图 3.1)应用于有限元分析并成功实现程序化的标志是加利福尼亚大学伯克利分校开发的 OpenSees 软件，该软件的绝大部分单元在截面层次上的处理方式均采用纤维模型法，且随着推广应用已趋于成熟。采用的纤维模型法遵循如下假定：

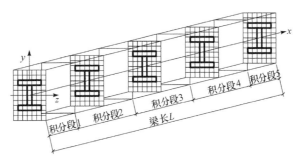

图 3.1　基于纤维模型法的梁柱单元

　　(1) 不考虑扭转效应和剪切效应对截面变形的影响，即认为在整个单元变形期间梁柱的任一横截面均保持为平面并与纵轴正交。

(2) 每根纤维处于单轴状态,即截面力与变形之间的关系完全由相应材料单轴下的本构关系确定。为更好地考虑截面实际受力,可以通过对单轴应力-应变关系进行适当修正,如箍筋对混凝土的约束效应。

以上为早期纤维模型法应用的基本假定,但是随着对这一方法的推广应用,国外一些科研人员已经开始探索将纤维模型法作为一种广义的截面离散化方法,突破理论上严格的平截面假定,引入受力导致的不同材料(钢与混凝土)接触界面错动,也就是通常所说的不同材料间的界面滑移,这方面的研究成果多夹杂于宏观杆系模型的建模分析理论。

基于目前此领域研究的现状,本节将型钢混凝土组合结构作为研究对象,将界面滑移的形成机理抽象简化为混凝土体与型钢体间的切向变形错动,因而将其截面区分为两部分:钢筋混凝土体和型钢体。认为梁柱任一截面的钢筋混凝土体和型钢体两部分分别遵循平截面假定,即截面的变形相对独立,在此思路下将混凝土与型钢界面的滑移效应在截面变形层面体现出来,即双平截面假定。本节以此为突破口,侧重于型钢与混凝土界面间的黏结滑移效应抽象模型的理论推导,将纵向钢筋和混凝土视为完全黏结,即不考虑钢筋与混凝土间的黏结滑移问题,统称为钢筋混凝土体。

3.2.1　考虑黏结滑移的单元控制方程

1. 平衡方程

由于钢筋与混凝土之间的黏结锚固作用(钢筋螺纹与混凝土之间的机械咬合作用)远远高于型钢与混凝土,因此忽略了钢筋与混凝土之间的黏结滑移,认为钢筋与混凝土充分锚固。型钢混凝土微段的自由体受力,如图 3.2 所示。对型钢与混凝土界面性能的研究结果表明[10,11],型钢与混凝土界面主要是切向的黏结应力影响两种材料的协同工作,因此仅考虑沿锚固长度方向的切向黏结应力,忽略垂直于界面的法向黏结应力。基于小变形假定,再考虑界面的平衡条件便可以得到平衡方程。根据型钢和混凝土微段的轴力平衡及第一类曲线积分的概念,可以得到

$$\frac{dN_s(x)}{dx} + \int_l \tau(x,y)ds_c = 0 \tag{3.7}$$

$$\frac{dN_c(x)}{dx} - \int_l \tau(x,y)ds_c = 0 \tag{3.8}$$

式中,$N_c(x)$ 为混凝土轴力;$N_s(x)$ 为型钢轴力;$\tau(x,y)$ 为型钢与混凝土界面的黏结应力;l 为型钢截面的周长。

若将单元截面离散为纤维截面,如图 3.3 和图 3.4 所示,则式(3.8)可变为

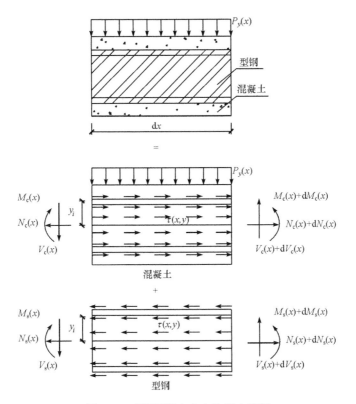

图 3.2　型钢混凝土自由体受力简图

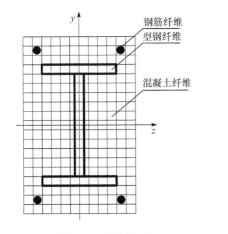

图 3.3　纤维截面

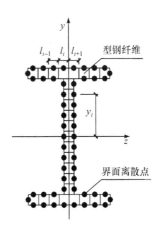

图 3.4　界面离散化

$$\sum_{i=1}^{n}\frac{\mathrm{d}N_{\mathrm{s},i}(x)}{\mathrm{d}x}+\sum_{i=1}^{n}\tau_i(x,y)l_i=0 \tag{3.9}$$

$$\sum_{i=1}^{n} \frac{\mathrm{d}N_{c,i}(x)}{\mathrm{d}x} - \sum_{i=1}^{n} \tau_i(x,y) l_i = 0 \tag{3.10}$$

联立式(3.9)和式(3.10)求和得到

$$\sum_{i=1}^{n} \frac{\mathrm{d}N_{s,i}(x)}{\mathrm{d}x} + \sum_{i=1}^{n} \frac{\mathrm{d}N_{c,i}(x)}{\mathrm{d}x} = 0 \tag{3.11}$$

式(3.11)说明混凝土部分承担的轴力与型钢部分承担的轴力相互平衡,与型钢混凝土截面的实际受力情况相符。

考虑微段纵向的剪力平衡,可以得到

$$\frac{\mathrm{d}V(x)}{\mathrm{d}x} - p_y(x) = 0 \tag{3.12}$$

式中,$V(x)$为杆端截面剪力;$p_y(x)$为均布外荷载。

考虑微段弯矩平衡,可以得到

$$\frac{\mathrm{d}M_s(x)}{\mathrm{d}x} - V_s - \sum_{i=1}^{n} y_i \left[\frac{\mathrm{d}N_{s,i}(x)}{\mathrm{d}x} \right] = 0 \tag{3.13}$$

$$\frac{\mathrm{d}M_c(x)}{\mathrm{d}x} - V_c - \sum_{i=1}^{n} y_i \left[\frac{\mathrm{d}N_{c,i}(x)}{\mathrm{d}x} \right] = 0 \tag{3.14}$$

将式(3.9)、式(3.10)代入式(3.13)、式(3.14)后联立,可以得到

$$\frac{\mathrm{d}M_s(x)}{\mathrm{d}x} + \frac{\mathrm{d}M_c(x)}{\mathrm{d}x} = V_s + V_c + 2\sum_{i=1}^{n} y_i \tau_i(x,y) l_i \tag{3.15}$$

对于型钢-混凝土组合截面,有如下关系式:

$$\begin{cases} M(x) = M_c(x) + M_s(x) \\ V(x) = V_c(x) + V_s(x) \end{cases} \tag{3.16}$$

因此,式(3.15)可整理为

$$\frac{\mathrm{d}M(x)}{\mathrm{d}x} - V(x) - 2\sum_{i=1}^{n} y_i \tau_i(x,y) l_i = 0 \tag{3.17}$$

本节忽略剪切变形及扭转变形的影响,需要指出的是,这一假定对跨高比较大的梁和长细比较大的柱是合理的,而对小跨高比和小长细比的短梁短柱并不适用。将式(3.12)代入式(3.17)并进一步微分消除杆端截面剪力$V(x)$,得到

$$\frac{\mathrm{d}^2 M(x)}{\mathrm{d}^2 x} - p_y(x) - 2\sum_{i=1}^{n} y_i l_i \frac{\mathrm{d}\tau_i(x,y)}{\mathrm{d}x} = 0 \tag{3.18}$$

将式(3.7)、式(3.8)、式(3.18)统一为矩阵形式,即

$$[A]\{q(x)\} + \{B\}\xi(x) - \{p(x)\} = 0 \tag{3.19}$$

式中,$\{q(x)\}$为截面力矢量;$\xi(x)$为界面黏结力;$\{p(x)\}$为外荷载;$[A]$为截面微分运算矩阵;$\{B\}$为黏结力微分运算向量;$\{q(x)\}$、$\xi(x)$、$\{p(x)\}$、$[A]$和$\{B\}$的具体表达式为

$$\{q(x)\} = \begin{bmatrix} N_s(x) & N_c(x) & M(x) \end{bmatrix}^T \tag{3.20}$$

$$\xi(x) = \int_l \tau(x, y) ds_c = \sum_{i=1}^n \tau_i(x, y) l_i \tag{3.21}$$

$$\{p(x)\} = \begin{bmatrix} 0 & 0 & p(x) \end{bmatrix}^T \tag{3.22}$$

$$[A] = \begin{bmatrix} \dfrac{d}{dx} & 0 & 0 \\[2mm] 0 & \dfrac{d}{dx} & 0 \\[2mm] 0 & 0 & \dfrac{d^2}{dx^2} \end{bmatrix} \tag{3.23}$$

$$\{B\} = \begin{bmatrix} 1 & -1 & y\dfrac{d}{dx} \end{bmatrix}^T \tag{3.24}$$

2. 变形协调方程

本节仅考虑沿锚固长度方向的切向黏结应力,忽略垂直于界面的法向黏结应力,且纵向钢筋的受力及变形对单元分析影响较小,故在二维平面状态下,忽略剪切变形及扭转变形,则截面的变形包括:将单元 x 向变形分别表示为型钢 x 向应变 $\varepsilon_s(x)$、混凝土 x 向应变 $\varepsilon_c(x)$、单元 y 向变形曲率 $\kappa(x)$,与之对应的截面力分别为型钢轴力 $N_s(x)$、混凝土轴力 $N_c(x)$、截面弯矩 $M(x)$。截面变形矢量为

$$\{d(x)\} = \begin{bmatrix} \varepsilon_s(x) & \varepsilon_c(x) & \kappa(x) \end{bmatrix}^T \tag{3.25}$$

截面 x 向变形分别由离散化的型钢纤维与混凝土纤维表示,即

$$\varepsilon_s(x) = \begin{bmatrix} \varepsilon_1(x) & \cdots & \varepsilon_i(x) & \cdots & \varepsilon_n(x) \end{bmatrix}^T \tag{3.26}$$

$$\varepsilon_c(x) = \begin{bmatrix} \varepsilon_1(x) & \cdots & \varepsilon_j(x) & \cdots & \varepsilon_n(x) \end{bmatrix}^T \tag{3.27}$$

截面变形与相应单元位移关系微分表达式,即

$$\varepsilon_s(x) = \frac{du_s(x)}{dx} \tag{3.28}$$

$$\varepsilon_c(x) = \frac{du_c(x)}{dx} \tag{3.29}$$

$$\kappa(x) = \frac{d^2 \upsilon(x)}{dx^2} \tag{3.30}$$

式中,$u_s(x)$、$u_c(x)$、$\upsilon(x)$ 分别为单元任意点处型钢 x 向位移、混凝土 x 向位移、单元 y 向位移。

将截面变形矢量和单元位移场矢量统一为矩阵形式,即

$$\{d(x)\} = [A]\{u(x)\} \tag{3.31}$$

式中

$$\{u(x)\}=\left[u_s(x)\quad u_c(x)\quad v(x)\right]^{\mathrm{T}} \tag{3.32}$$

界面相对滑移量定义为型钢纤维与混凝土之间的位移差值,即

$$s(x,y)=u_s(x)-u_c(x)+y\frac{\mathrm{d}v(x)}{\mathrm{d}x} \tag{3.33}$$

相对滑移与单元位移场矢量的关系也可表达为矩阵形式,即

$$S(x)=\{B\}\{u(x)\} \tag{3.34}$$

3. 广义截面力与变形的关系

当控制方程与变形协调方程已知时,需要推导截面力与截面变形的关系,这其中还包括了黏结力与相对滑移的关系。截面力和截面变形关系建立于纤维模型法原理的基础之上,即用不同材料(混凝土、型钢)的单轴应力-应变本构关系描述截面上单根纤维的特性,然后通过截面积分计算得到截面的力与变形的关系。将单元沿 x 轴向分段,即设置积分段,每一段的特性由中间截面反映,如图 3.1 所示。在已知单元截面力与变形关系的情况下,沿单元 x 轴向积分(采用 Gauss-Lobatto 积分法)得到单元杆端力与位移的关系。在理论上通过对单轴应力、应变关系曲线的适当修正可以更好地考虑截面实际受力状态,如箍筋对核心区混凝土的约束作用、钢筋和型钢的屈曲、混凝土的压溃等。

界面的黏结力与滑移量的非线性关系也可借鉴纤维模型法的思路,即由型钢纤维与混凝土界面的黏结应力与滑移量的已知函数关系沿型钢边缘曲线积分得到黏结力与滑移量的关系,式(3.6)简化为如下表达式:

$$\xi(x)=\alpha S(x) \tag{3.35}$$

式中,α 为单元任意截面处界面黏结力与对应滑移量的相关系数,将其作为广义截面力与变形关系,最终形成于单元柔度矩阵中,界面离散化如图 3.4 所示。

以下将对广义截面力与变形关系采用线性化增量形式表示(公式中带有上角标"0"的变量为迭代过程的初始值)。

$$\{q(x)\}=\{q^0(x)\}+[k^0(x)]\{\Delta d(x)\} \tag{3.36}$$

$$\{d(x)\}=\{d^0(x)\}+[f^0(x)]\{\Delta q(x)\} \tag{3.37}$$

$$\xi(x)=\xi^0(x)+k_b^0(x)\Delta S(x) \tag{3.38}$$

$$S(x)=S^0(x)+f_b^0(x)\Delta\xi(x) \tag{3.39}$$

式中,$[k^0(x)]$、$[f^0(x)]$、$k_b^0(x)$、$f_b^0(x)$ 分别为初始迭代时截面刚度矩阵、截面柔度矩阵、黏结刚度、黏结柔度。

4. 柔度矩阵的推导

有限元柔度法基于最小余能原理,由已知的单元节点力向量通过力的插值函数表示未知的截面力矢量 $\{q(x)\}$、黏结力 $\xi(x)$。

由有限元基本理论——最小余能原理,可得

$$\int_L \delta\{q(x)\}^{\mathrm{T}}[\{d(x)\} - [A]\{u(x)\}]\mathrm{d}x + \int_L \delta\xi(x)[S(x) - \{B\}\{u(x)\}]\mathrm{d}x = 0$$

$$(3.40)$$

将式(3.37)和式(3.39)代入式(3.40)并整理成矩阵形式,即

$$\int_L \left\{ \begin{matrix} \delta\{q(x)\} \\ \delta\xi(x) \end{matrix} \right\}^{\mathrm{T}} \left[\begin{matrix} [f^0(x)] & 0 \\ 0 & [f_b^0(x)] \end{matrix} \right] \left\{ \begin{matrix} \Delta\{q(x)\} \\ \Delta\xi(x) \end{matrix} \right\} \mathrm{d}x$$

$$+ \int_L \left\{ \begin{matrix} \delta\{q(x)\} \\ \delta\xi(x) \end{matrix} \right\}^{\mathrm{T}} \left\{ \begin{matrix} \delta\{d^0(x)\} \\ \delta S^0(x) \end{matrix} \right\} \mathrm{d}x - \delta\{Q\}^{\mathrm{T}}\{U\} = 0 \qquad (3.41)$$

式中,$\delta\{Q\}^{\mathrm{T}}$ 为杆端力的一阶变分;$\{U\}$ 为不包括刚体平动情况下的杆端位移。

截面力$\{q(x)\}$、黏结力 $\xi(x)$ 由杆端力$\{Q\}$、Q_b 通过力的插值函数矩阵表达如下:

$$\left\{ \begin{matrix} \{q(x)\} \\ \xi(x) \end{matrix} \right\} = \left[\begin{matrix} [\beta_{11}(x)] & [\beta_{12}(x)] \\ [\beta_{21}(x)] & [\beta_{22}(x)] \end{matrix} \right] \left\{ \begin{matrix} \{Q\} \\ Q_b \end{matrix} \right\} \qquad (3.42)$$

式中,$[\beta_{11}(x)]$、$[\beta_{12}(x)]$、$[\beta_{21}(x)]$、$[\beta_{22}(x)]$ 分别为力的插值函数矩阵。

将式(3.42)代入式(3.41)整理,即

$$\left[\begin{matrix} [\chi_{11}^0] & [\chi_{12}^0] \\ [\chi_{21}^0] & [\chi_{22}^0] \end{matrix} \right] \left\{ \begin{matrix} \{\Delta Q\} \\ \Delta Q_b \end{matrix} \right\} = \left\{ \begin{matrix} \{U\} \\ 0 \end{matrix} \right\} - \left\{ \begin{matrix} \{r^0\} \\ r_b^0 \end{matrix} \right\} \qquad (3.43)$$

式中

$$[\chi_{11}^0] = \int_L ([\beta_{11}(x)]^{\mathrm{T}}[f^0(x)][\beta_{11}(x)] + [\beta_{21}(x)]^{\mathrm{T}}f_b^0(x)[\beta_{21}(x)])\mathrm{d}x$$

$$(3.44)$$

$$[\chi_{12}^0] = [\chi_{21}^0] = \int_L ([\beta_{11}(x)]^{\mathrm{T}}[f^0(x)][\beta_{12}(x)] + [\beta_{21}(x)]^{\mathrm{T}}f_b^0(x)[\beta_{22}(x)])\mathrm{d}x$$

$$(3.45)$$

$$[\chi_{22}^0] = \int_L ([\beta_{12}(x)]^{\mathrm{T}}[f^0(x)][\beta_{12}(x)] + [\beta_{22}(x)]^{\mathrm{T}}f_b^0(x)[\beta_{22}(x)])\mathrm{d}x$$

$$(3.46)$$

$$\{r^0\} = \int_L ([\beta_{11}(x)]^{\mathrm{T}}\{d^0(x)\} + [\beta_{21}(x)]^{\mathrm{T}}S^0(x))\mathrm{d}x \qquad (3.47)$$

$$r_b^0 = \int_L ([\beta_{12}(x)]^{\mathrm{T}}\{d^0(x)\} + [\beta_{22}(x)]^{\mathrm{T}}S^0(x))\mathrm{d}x \qquad (3.48)$$

由式(3.43)消去 ΔQ_b 整理,得

$$\{F^0\}\{\Delta Q\} = \{U\} - \{U_B^0\} - \{U_b^0\} \qquad (3.49)$$

式中

$$\{U_B^0\} = \int_L ([\beta_{11}(x)]^{\mathrm{T}} - [\chi_{12}^0][\chi_{22}^0]^{-1}[\beta_{12}(x)]^{\mathrm{T}})\{d^0(x)\}\mathrm{d}x \qquad (3.50)$$

$$\{U_{\text{b}}^0\} = \int_L ([\beta_{21}(x)]^{\text{T}} - [\chi_{12}^0][\chi_{22}^0]^{-1}[\beta_{22}(x)]^{\text{T}}) S^0(x) \mathrm{d}x \qquad (3.51)$$

则单元柔度矩阵为

$$[F^0] = [\chi_{11}^0] - [\chi_{12}^0][\chi_{22}^0]^{-1}[\chi_{21}^0] \qquad (3.52)$$

　　根据线性代数的运算法则及单元柔度矩阵[F]与单元刚度矩阵[K]的物理关系,单元刚度矩阵可以由单元柔度矩阵求逆得到。但是,根据单元刚度矩阵的特性可知,单元刚度矩阵是奇异矩阵,即$[K]^{-1}$不存在。其物理意义表示为由节点位移可以唯一确定杆端力;反之,则不然,此性质是因为可能存在刚体位移。因此,前述的推导过程要求在无刚体位移的前提下进行,这样才可以从理论上实现$[F]^{-1} = [K]$,由于存在此问题,因此在后续编程实现时必须进行进一步的处理,也就是通常所说的约束处理或者强加位移边界条件。

　　另外,[K]仅与杆元的刚度特性有关,与外荷载及支撑条件无关,具有通用性,所以本章选取均布荷载 p_y 作用下的型钢混凝土梁微段 $\mathrm{d}x$ 作为分析对象进行后续的理论推导,最终得到单元刚度矩阵[K],同样适用于其他外荷载形式。

3.2.2　单元状态的确定

　　单元状态的确定即确定在给定节点位移条件下相应的单元刚度矩阵和单元抗力,这是基于柔度法形成的梁柱单元中较难处理的一个环节,曾长期制约单元的发展和应用。此过程通常采用两种方法:Newton 迭代的增量法和具有修正 Newton 迭代的增量法。上述两种常用方法是目前结构非线性分析过程的标准方法,各有优缺点,需综合考虑计算精度和计算效率两方面的因素,根据具体问题的特点而定。

　　下面主要讨论在此基础上进行的单元状态确定的迭代过程。上标"0"表示单元内迭代过程的开始,当前的单元杆端变形为 $U_k = U_{k-1} + \Delta U$。对于单元的初始切线刚度矩阵$[F^0]^{-1} = [F_{k-1}]^{-1}$和给定的单元杆端变形增量为 $\Delta U = \Delta U_k$,相应的单元杆端力的增量为 $\Delta\{Q\} = [K^0]\Delta\{U\}$ 和 ΔQ_{b},则此时的截面力可以由单元杆端力和力的插值函数关系求得。结合前步求得的 $f^0(x)$、$f_{\text{b}}^0(x)$ 和截面上的力及变形关系可以得到截面上的变形 $d(x)$、$d_{\text{b}}(x)$。基于截面上的变形 $d(x)$、$d_{\text{b}}(x)$,确定截面和黏结滑移状态,得到更新后的 $f(x)$、$f_{\text{b}}(x)$ 和截面上的抗力 $q_{\text{R}}(x)$、$\xi_{\text{R}}(x)$,此时截面上的残余变形 $d_{\text{r}}(x)$、$S_{\text{r}}(x)$ 由截面上的不平衡力 $q(x) - q_{\text{R}}(x)$、$\xi(x) - \xi_{\text{R}}(x)$ 产生。由更新后的 $f(x)$、$f_{\text{b}}(x)$ 即可得到更新后的单元柔度 F。由于截面上的残余变形由两部分组成,因此单元的残余变形由两部分组成:$U_{\text{r}} = U_{\text{Br}} + U_{\text{br}}$。上述过程完成后单元杆端力得到更新,截面力也随之得到更新。由上述过程可知,单元内状态的确定是一个比较复杂的迭代过程,这一过程详细的叙述可参见文献[12]和[13],最终单元的残余变形在多次迭代过程后趋于 0,也就是满足单元的变形协调条件,单元状态增量数学表达式见表 3.1。

表 3.1 单元状态增量数学表达式

单元状态增量	方程
杆端力增量	$\Delta Q = K^0 \Delta U$ $\Delta Q_b = (-\chi_{22}^{-1}\chi_{12})^0 \Delta Q - (\chi_{22})^{-1} r_b^0$
截面力/黏结力及其增量	$\Delta q = \beta_{11}\Delta Q + \beta_{12}\Delta Q_b$ $\Delta\xi = \beta_{21}\Delta Q + \beta_{22}\Delta Q_b$ $q = q^0 + \Delta q$ $\xi = \xi^0 + \Delta\xi$
截面/滑移变形	$d = d^0 + f^0 \Delta q$ $d_b = d_b^0 + f_b^0 \Delta\xi$
截面/滑移状态确定	$f = k^{-1}(d), q_R = q_R(d)$ $f_b = k_b^{-1}(s), \xi_R = \xi_R(s)$
截面/滑移残余变形	$d_r = f(q - q_R)$ $S_r = f_b(\xi - \xi_R)$
单元刚度	$F = \chi_{11} - \chi_{12}\chi_{22}^{-1}\chi_{21}$ $K = (F)^{-1}$
单元残余变形	$U_r = U_{Br} + U_{br}$
杆端力	$Q = Q^0 + \Delta Q - KU_r$ $Q_b = Q_b^0 + \Delta Q_b + (\chi_{22}^{-1}\chi_{12})KU_r$
截面/黏结力	$q = q^0 - \beta_{12}KU_r$ $\xi = \xi^0 - \beta_{22}KU_r$
截面/滑移变形	$d = d^0 + d_r - f^0\beta_{12}KU_r$ $S = S^0 + S_r - f_b^0\beta_{22}KU_r$

注:①表中截面状态的力与变形的表示均省略(x),例如,$d = d(x)$;②表中的物理量均为矩阵形式。

迭代过程的收敛性由确定的收敛准则判定,常用的收敛准则有三种:位移收敛准则、平衡收敛准则和能量收敛准则[14],OpenSees 软件提供上述三种收敛准则。

位移收敛原则是基于位移增量,然后利用近似解偏差的一种范数作为迭代收敛的判断标准。理论上认为作为收敛依据的可以是近似解偏差的任意一种范数,但是实际应用中,为了便于控制,通常采用"偏差"的"∞"范数和"2"范数,即

$$\| \Delta x^{(n)} \|_\infty = \max_{1\leqslant i\leqslant N} | \Delta x_i^{(n)} | \leqslant \alpha_1 \| x^{(n+1)} \|_\infty \tag{3.53}$$

$$\| \Delta x^{(n)} \|_2 = [(\Delta x_i^{(n)})^T \cdot \Delta x^{(n)}]^{1/2} \leqslant \alpha_2 \| x^{(n+1)} \|_2 \tag{3.54}$$

式中，α_1、α_2 为容许误差，一般取大于 0 的小数。值得注意的是，式(3.53)和式(3.54)对应的收敛标准不同，即使在相同容许误差条件下，需要的迭代次数也可能相差很多。

平衡收敛准则基于不平衡力，对于每个迭代步的近似值 $x^{(n)}$，可以求得

$$\psi^{(n)} = K(x^{(n)}) - f \tag{3.55}$$

通常，$\psi^{(n)} \neq 0$ 为不平衡力，表示对平衡点偏离的一种度量。此准则就是利用这一不平衡力的一种范数作为判断标准，平衡收敛准则与位移收敛准则近似，在实际应用中一般取"偏差"的"∞"范数和"2"范数，即

$$\| \psi^{(n)} \|_\infty \leqslant \beta_1 \| f \|_\infty \tag{3.56}$$

$$\| \psi^{(n)} \|_2 \leqslant \beta_2 \| f \|_2 \tag{3.57}$$

式中，β_1、β_2 为不平衡力的容许误差，通常取大于 0 的小数。

能量收敛准则的表达形式目前尚不统一，其基本原则是当结构后一次迭代的能量增量值与前一次迭代时($j=1$)的能量相比较满足式(3.58)，即认为能量收敛满足绝对误差限 Tol。

$$\frac{\left[\Delta\{\delta\}_i^j\right]^\mathrm{T}\left[K\right]_i^{j-1}\Delta\{\delta\}_i^j}{\left[\Delta\{\delta\}_i^{j=1}\right]^\mathrm{T}\left[K\right]_i^{j=0}\Delta\{\delta\}_i^{j=1}} \leqslant \mathrm{Tol}, \quad j > 1 \tag{3.58}$$

在非线性有限元分析中，一般不使用位移收敛准则。主要原因是，在实际操作过程中如果容许误差设定得过小，极易导致迭代不收敛的现象。平衡收敛准则和能量收敛准则较为常用，且在分别使用两种收敛准则时尚未比较出两者优劣，故分析时根据习惯选用能量收敛准则。

3.3 考虑黏结滑移效应的型钢混凝土纤维梁柱单元的编程方法研究

目前，绝大多数面向对象的结构分析程序的分析求解部分并未很好地体现面向对象技术的特点，即继承、多态和程序重用。针对具体结构问题的所属类型，编程者往往分别编制分析求解类及其实例对象。从长远来看，相关的程序无法实现代码重用，不利于处理新的对象，同时不能直接调用一些具有通用性的程序，从而不利于提高扩展程序的效率。

OpenSees 软件较好地克服了上述绝大多数采用面向对象技术结构分析程序的缺点。它在有限元分析求解过程中巧妙地运用和体现面向对象编程的思想，真正体现了面向对象技术的优势，即类继承和程序重用，从而使得程序应用的灵活性和伸展性得到了最大程度的改善。

混凝土和钢材的本构模型是 OpenSees 软件的材料库中应用最广泛的两种单轴材料本构模型，而黏结力与滑移量的关系不包含于 OpenSees 程序[15~17]。根据

OpenSees 软件材料库的材料模型分类,黏结滑移本构模型不属于单轴或多轴材料本构模型的范畴,由其物理意义可知,其应归为截面力-变形子类,下面介绍添加新材料的步骤。

在 SectionForceDeformation 类的构造函数中有两个参数 tag 和 classTag。tag 用来识别该模型的唯一性,而 classTag 则用于并行处理及关联数据库。classTag 在 classTag. h 文件中定义,随后参数 tag 和 classTag 将传递给基类 Material 的构造函数,然后通过 Material 分别传递给 TaggedObject 类和 MovableObject 类的构造函数。

添加材料本构模型的源程序遵循以下结构,以便接入接口:

```
void matFuncName(matObj * thisObj,modelState * model,double * strain,
double * tang,double * stress,int * isw,int * result)
```

matObj 可在 elementAPI. h 文件中定义,其模板如下:

```
stuct matObject {
int tag;
int nParam;
int nState;
double * the Param;
double * cState;
double * tState;
matFunct mat FunctPtr;
void * matObjectPtr;
}
```

在源程序中完成新材料本构的编译后,还需在 Tcl Moel Builder 中把新单元定义在 Tcl script 文件中,命令格式为

```
SectionForceDeformationType tag〈specific material parameters〉
```

对于 OpenSees 软件的非线性梁柱单元(nonlinear beam-column element)进行二次开发,也就是在其原有单元类下添加新的单元子类,此过程在步骤上分为两个部分,分别为创建新文件和修改原文件,需创建的文件为 NewElement. h、NewElement. cpp 和 TclNewElement. cpp;需修改的文件为 TclElementCommands. cpp 和 FEM_ObjectBroker. c。其中 NewElement. h 用于定义子类的成员函数和与父类有关的实例变量的相关信息;NewElement. cpp 用于定义类的成员函数的执行程序;TclNewElement. cpp 用于定义 Tcl 命令 NewElement 被调用时所调用的程序。新单元类包含以下成员函数:

```
int getNumExternalNodes(void)const;
const ID&getExternalNodes(void);
```

```
Node* * getNodePtrs(void);

int getNumDOF(void);

void setDomain(Domain* theDomain);

int commitState(void);

int revertToLastCommit(void);

int revertToStart(void);

int update(void);

const Matrix&getTangentStiff(void);

const Matrix&getInitialStiff(void);

const Matrix&getMass(void);

void zeroLoad();

int addLoad(ElementalLoad* theLoad,double loadFactor);

int addInertiaLoadToUnbalance(const Vector&accel);

const Vector&getResistingForce(void);

const Vector&getResistingForceIncInertia(void);

int sendSelf(int commitTag,Channel&theChannel);

int recvSelf(int commitTag,Channel&theChannel,FEM_ObjectBroker
&theBroker);

int displaySelf(Renderer&theViewer,int displayMode,float fact);

void Print(OPS_Stream&s,int flag= 0);

Response* setResponse(const char* * argv,int argc,OPS_Stream&s);

int getResponse(int responseID,Information&eleInfo);
```

　　在上述工作的基础上,需验证程序模块中纤维模型截面类的成员函数,程序运行时只要顺利完成截面状态的确定,那么后续单元状态的确定将按照原程序的执行程序运行。实现过程为在源代码上将 FiberSection2d 的成员函数 SetTrialSectionDeformation 进行修改。然后在进行程序执行时,为保证修改后的成员函数得到顺利调用,还需向单元类的构造函数中增加 OPT 参数,当调用定义的类对象时 OpenSees 软件将按照改造后截面类的成员函数进行截面状态确定。

　　根据前面对程序结构的介绍,程序使用 C++语言实时动态联编技术和数据封装技术实现了单元库和材料库对象各自的执行函数和执行程序相互分离。也就是说,新加入的组件(材料本构模型或者单元)不会影响程序原有代码的执行和运行,且在需要时可以调用原有基类的代码,即新加入的本构模型可以被单元顺利调用,而不需要重新对调用新加入本构模型的单元的执行代码进行改动。总而言之,OpenSees 软件凭借其面向对象设计方法的原则允许新的材料本构模型或者新的单元类型无缝加入程序中[15~17]。

3.4　模拟分析与试验结果的对比

3.4.1　试验概述

本章选取作者及其课题组前期做的一批试件中的 4 榀框架柱试件,其截面参数设计如下[18,19]:

截面尺寸($b \times h$)均为 150mm×210mm,高强混凝土强度等级为 C80,标准养护 28 天后,混凝土轴心抗压强度平均值 $f_c = 75.49$MPa,弹性模量 $E_c = 42042$MPa。钢材的材料性能见表 3.2。试件具体尺寸和截面配筋形式如图 3.5 所示,试件的其他设计参数见表 3.3。

表 3.2　钢材的材料性能

钢材种类		屈服强度/MPa	极限强度/MPa	弹性模量/MPa
型钢	翼缘	319.7	491.5	2.07×10^5
	腹板	312.4	502.5	2.07×10^5
纵筋	Φ10	386.3	495.7	2.06×10^5
箍筋	Φ6	397.5	438.0	2.07×10^5
	Φ8	354.5	457.3	2.07×10^5

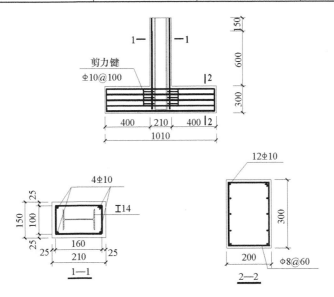

图 3.5　构件几何尺寸及截面配筋形式(单位:mm)

表 3.3　型钢高强高性能混凝土柱试件参数

试件编号	轴压比	含钢率/%	型钢规格	配箍率/%	箍筋配置
试件 I	0.40	6.8	I14	0.8	Φ6@110
试件 II	0.52	6.8	I14	0.8	Φ6@110
试件 III	0.40	6.8	I14	1.1	Φ6@80
试件 IV	0.52	6.8	I14	1.4	Φ8@120

　　本节试验在西安建筑科技大学结构实验室进行。采用悬臂梁式加载方法,在加载过程中,用液压千斤顶施加竖向轴力为 606.4kN,选用 50T 电液伺服作动器施加水平荷载,加载装置如图 3.6 所示。在试验过程中,试件外部附着式应变仪、电子位移计,试件内部的应变片等与 TSD 数据自动采集仪连接,随时采集数据。

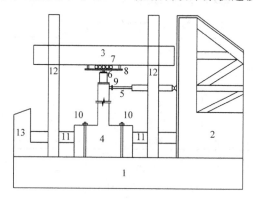

图 3.6　加载装置示意图
1.基座;2.反力架;3.反力梁;4.试件;5.力传感器;
6.千斤顶;7.滚珠;8.钢板;9.加载垫板;10.小丝杠;
11.支撑钢梁;12.支架;13.挡板

　　试件 I 采用单调静力加载制度:每级荷载的增加幅度为屈服荷载的 20%,加载级间间歇时间为 600s,在加载至 80% 的屈服荷载时,每级荷载的增加幅度不大于屈服荷载的 5%,超过屈服荷载后,每级荷载的增加幅度为屈服荷载的 20%,直到试件破坏;试件 II、III、IV 采用低周反复加载制度,每一级位移幅值下连续循环三次。

　　试验前,上述试件均先进行预加反复荷载试验两次,以消除试件内部的不均匀性并检查试验装置及各测量仪表的反应是否正常。预加反复荷载不应超过屈服荷载理论计算值的 30%。

　　破坏准则均为框架柱的恢复力下降到最大值的 85% 时即认为框架柱完全破坏。

3.4.2　数值模型

如前所述,基于柔度法的纤维梁柱单元具有较好的模拟效果,在进行模拟的过程中通常按照自然杆件离散化,即采用一构件一单元的模拟方式,也就是将单根梁柱构件设定为一个单元,而无须在构件内部再划分单元。对于本章选用的单一梁柱构件按照上述模拟方式进行数值模拟。

根据物理试验构件的几何尺寸,将其简化为一端固定一端自由的悬臂杆,选用一个单元,两节点即为悬臂杆的两端部,节点之间的距离等于试件柱的有效长度。

文献[13]和[20]指出,对于单根常规矩形截面的钢筋混凝土梁柱构件,采用基于柔度法的两节点梁柱单元进行分析,沿杆长设置 3～5 个积分点,即可满足分析精度的需要,积分点不宜过多,否则易导致计算结果病态失真。因此,结合本章具体试验资料,建模分析时积分点设置为 5 个,设置方式为单元两端各设置 1 个,沿柱轴向均匀分布 3 个。

竖向荷载设定为物理试验的竖向荷载,采用分步加载的方式,加载步数为 10,通过设置虚拟时间间隔,加载过程独立于水平荷载作用之前完成施加。水平荷载的加载方式对应于物理试验时采用的加载方式,即设定为力控制模式或者位移控制模式,计算分析方法设定为 Newton 迭代法(程序默认设置为 Newton 迭代法和修正的 Newton 迭代法结合运行的方式),收敛准则采用能量准则,自由度数目控制选项设为 RCM,分析方式为静力分析。

相关资料及 OpenSees 软件算例研究表明[21],截面纤维划分的数量需设定在一定范围,过少或者过多均会导致程序计算失败,具体原因目前尚不清楚,作者依据使用经验结合本章所选取的试件截面尺寸,将型钢翼缘划分为 14 根纤维,每根纤维的尺寸均为 5mm×9.1mm;型钢腹板划分为 25 根纤维,前 24 根纤维网格为 5.5mm×5mm,第 25 根纤维网格为 5.5mm×1.8mm;型钢翼缘范围内的约束混凝土水平方向划分为 16 根纤维,竖向划分为 25 根纤维。

箍筋约束区混凝土沿水平方向将其划分为 20 根纤维,沿竖直方向将其划分为 32 根纤维,每根纤维网格近似为 5mm×5mm。OpenSees 软件默认单根钢筋设定为一条纤维。箍筋外侧为无约束区混凝土,沿其水平方向划分为 30 根纤维,沿其竖直方向划分为 42 根纤维,每根纤维尺寸近似为 5mm×5mm。

3.4.3　结果对比与误差分析

图 3.7(a)为框架柱试件 I 在单调荷载作用下的试验及模拟所得荷载-位移曲线。其中图 3.7(a1)为试验荷载-位移曲线,图 3.7(a2)为模拟荷载-位移曲线;图 3.7(b)～(d)为柱试件 II、III、IV 在低周反复荷载作用下的试验及模拟所得滞回曲线,其中图 3.7(b1)、(c1)和(d1)为试验滞回曲线,图 3.7(b2)、(c2)和(d2)为模

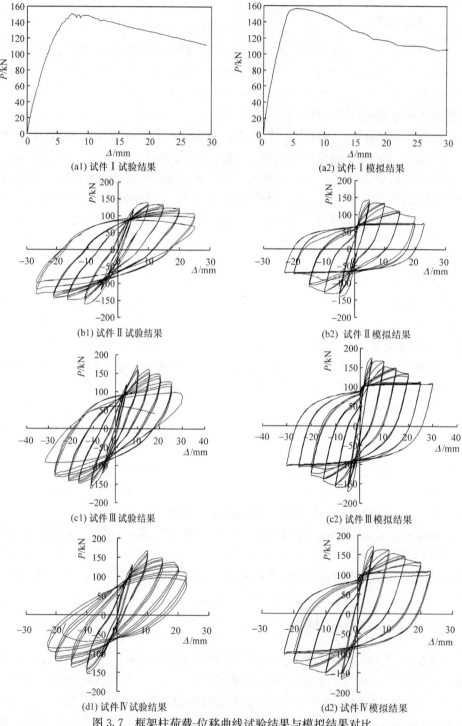

(a1) 试件Ⅰ试验结果　　　　　　　　　(a2) 试件Ⅰ模拟结果

(b1) 试件Ⅱ试验结果　　　　　　　　　(b2) 试件Ⅱ模拟结果

(c1) 试件Ⅲ试验结果　　　　　　　　　(c2) 试件Ⅲ模拟结果

(d1) 试件Ⅳ试验结果　　　　　　　　　(d2) 试件Ⅳ模拟结果

图 3.7　框架柱荷载-位移曲线试验结果与模拟结果对比

拟滞回曲线。由图可以看出,模拟曲线与试验曲线的规律基本相似,曲线轮廓基本相同,程序运行过程基本顺利,证明新单元调试基本成功,验证了前述理论推导的正确性。下面对试验结果与模拟结果存在的差异进行具体分析,并总结新单元存在的不足:

(1) 从图 3.7(a)可以看出,加载初期所得曲线基本相同,随着荷载的增加,模拟曲线比试验曲线的峰值荷载高,峰值荷载作用下对应的位移相差较大,模拟曲线峰值荷载下的位移比试验曲线所得的偏小。由图 3.7(b2)、(c2)和(d2)可以看出,模拟所得滞回环比试验所得滞回环形状略显饱满,在试件受力后期承载力的衰减比试验所得曲线略缓。

作者及其课题组的已有试验结果表明,试件在受力后期,由于试件柱根部混凝土的压溃及剥落导致了纵筋的屈曲。因此在失去了混凝土的环向约束后型钢翼缘也出现了不同程度的屈曲。纵筋和型钢的屈曲都发生在构件进入软化阶段以后,从而对构件的承载能力以及受力初期的性能没有明显影响,但会影响构件的再加载刚度和卸载刚度,使滞回曲线出现捏拢,降低构件的耗能能力。由于数值模拟中采用的钢材本构关系并未客观反映出钢材的屈曲效应,因此模拟所得的滞回环比试验滞回环丰满,从而高估了构件的耗能能力。另外,由于箍筋及型钢对核心混凝土的约束作用是一个复杂的效应,目前缺少这方面的数据资料,具体采用的约束混凝土本构关系很难符合实际情况。上述原因直接影响纤维模型法的准确性,进而影响最终的模拟效果。因此,确定合理的材料本构关系是保证基于纤维模型法构建的单元准确性的一个重要方面。

此外,在试验过程中基础梁出现了不同程度的开裂,导致柱脚型钢不能完全锚固于基础梁而出现了滑移。而在建模时,假定悬臂杆下端完全固定,自由度完全约束,没能反映基础梁的影响。

试件的柱顶位移是由多方面因素综合造成的,其中包括构件的弯曲变形、剪切变形、钢筋与混凝土及型钢与混凝土的黏结滑移、钢筋和型钢翼缘屈曲引起的柱脚转动以及柱脚型钢的拔出等,而单元只考虑了弯曲变形和型钢与混凝土的黏结滑移,未考虑剪切变形、钢筋与混凝土界面的黏结滑移以及由钢筋和型钢翼缘屈曲导致的柱脚转动,这种对数值模型的简化处理也是造成高估构件耗能能力的差异之一。

(2) 模拟计算所得的构件初始刚度和承载力均高于试验结果。

造成该差异的主要原因可能是构件在浇筑成型过程中存在初始缺陷。由于构件的截面尺寸较小,浇筑混凝土时造成的初始缺陷和试件在制作过程中不可避免的人为误差,对试件受力性能的影响较大。

结构荷载-位移曲线上的特征点(屈服点、峰值点、破坏点)反映了结构的承载能力和变形能力。通过物理模型试验和数值模型分析得到的框架柱在不同受力阶段的水平荷载见表 3.4。表中 P_y、P_{max}、P_u 分别为框架柱的屈服荷载、峰值荷载和破坏荷载，Δ_y、Δ_{max}、Δ_u 依次为框架柱顶点的相应水平位移。可以看出，试验值与模拟值吻合较好，位移相差较大，基本能客观地反映结构的实际承载能力与变形能力。

表 3.4　试件水平荷载与相应位移的试验值与模拟值

试件编号	加载类型		屈服荷载		峰值荷载		破坏荷载		位移延性系数
			P_y/kN	Δ_y/mm	P_{max}/kN	Δ_{max}/mm	P_u/kN	Δ_u/mm	$\mu=\Delta_u/\Delta_y$
试件Ⅰ	单调	试验值	112.00	4.39	150.79	7.27	128.17	17.19	3.91
		模拟值	122.16	2.87	156.37	5.08	132.91	15.06	5.25
试件Ⅱ	滞回	试验值	112.00	4.98	137.92	7.20	117.23	22.24	4.47
		模拟值	124.37	3.44	141.63	5.68	120.38	13.46	3.91
试件Ⅲ	滞回	试验值	120.50	4.99	150.70	9.98	128.10	20.02	4.01
		模拟值	126.01	3.14	173.30	6.20	147.31	16.48	5.25
试件Ⅳ	滞回	试验值	124.50	4.98	155.60	9.99	132.26	20.12	4.04
		模拟值	132.14	3.59	169.32	6.18	143.92	16.52	4.60

结果表明，依据前述理论建立的考虑型钢与混凝土界面的黏结滑移的纤维梁柱单元，虽然存在很多不足和有待完善的方面，但是从曲线形状及特征点对比来看均基本能满足要求，可以实现对单个梁柱构件的模拟，完成了现阶段的研究任务。针对单元的不足，进行了讨论和深入分析，为今后该单元指出了改进方向。另外，新单元还需进一步调试，目前由于时间有限，算例太少，还需补充大量算例，以提高单元的稳定性，为下一步工作奠定坚实基础。

3.5　本章小结

本章基于杆系单元有限元的应用及发展现状，提出了适用于型钢混凝土梁柱构件的基于杆系有限元基本理论的精细化建模分析方法。依据当前杆系有限元发展趋势，结合有限元柔度法和纤维模型法，建立了考虑界面滑移效应的型钢混凝土纤维梁柱单元并探索了程序化的方法。主要结论如下：

（1）本章提出的双平截面假定，可以有效描述型钢与混凝土之间的变形差异，进而反映其黏结滑移效应，从而在截面层次实现了黏结滑移问题的表述。

（2）通过深入研究有限元柔度法和纤维模型法的基本原理，将界面黏结力作为结构内力，结合截面层次的变形假定，完成了梁柱单元控制方程的推导，并确定了单元状态的方法。

（3）本章提出的纤维梁柱单元可以准确模拟型钢混凝土梁柱构件在压弯荷载作用下的受力反应,模拟结果与试验结果吻合较好。

（4）由于材料本构关系的不完善,同时本章提出的模型未考虑构件的初始损伤及剪切、扭转效应等的影响,模拟结果与试验结果存在一定偏差,尤其是在构件加载后期,模拟滞回环比试验滞回环略显饱满,试件的耗能能力有所高估。

参 考 文 献

[1] Park R,Kent D C,Sampson R A. Reinforced concrete members with cyclic loading[J]. Journal of the Structural Division,ASCE,1972,98(7):1341-1359.

[2] Scott B D,Park R,Priestley M J N. Stress-strain behavior of concrete confined by overlapping hoops at low and high strain rates[J]. ACI Structural Journal,1982,79(2):13-27.

[3] Cusson D,Paultre P. Stress-strain model for confined high-strength concrete[J]. Journal of Structural Engineering,ASCE,1995,121(3):468-477.

[4] Madas P,Elnashai A S. A new passive confinement model for the analysis of concrete structures subjected to cyclic and transient dynamic loading[J]. Earthquake Engineering and Structural Dynamics,1992,21(5):409-431.

[5] Zeris C A,Mahin S A. Behavior of reinforced concrete structures subjected to biaxial excitation[J]. Journal of Structural Engineering,ASCE,1991,117(9):2657-2673.

[6] 李磊. 型钢与高强高性能混凝土界面黏结滑移行为研究[D]. 西安:西安建筑科技大学,2007.

[7] 中华人民共和国住房和城乡建设部. JGJ 138—2016　组合结构设计规范[S]. 北京:中国建筑工业出版社,2016.

[8] 邓国专,郑山锁. 型钢混凝土结构黏结滑移性能的对比试验研究Ⅱ[J]. 哈尔滨工业大学学报,2005,37(s):520-523.

[9] 郑山锁,邓国专,杨勇,等. 型钢混凝土结构黏结滑移性能试验研究[J]. 工程力学,2003,20(5):63-69.

[10] 郑山锁,李磊,邓国专,等. 型钢高强高性能混凝土梁黏结滑移行为研究[J]. 工程力学,2009,26(1):104-112.

[11] 李磊,郑山锁,王斌. 断裂力学在钢与混凝土界面黏结中的应用[J]. 工程力学,2009,26(12):52-57.

[12] Neuenhofer A,Filippou F C. Evaluation of nonlinear frame finite-element models[J]. Journal of Structural Engineering,ASCE,1997,123(7):958-966.

[13] Spacone E,Filippou F C,Taucer F. Fiber beam-column model for non-linear analysis of R/C frames:Part Ⅰ. Formulation[J]. Earthquake Engineering and Structural Dynamics,1996,25(7):711-725.

[14] 凌道盛. 非线性有限元及程序[M]. 杭州:浙江大学出版社,2004.

[15] McKenna F,Fenves G L. Introducing a new element into OpenSees[R]. Berkeley:University of California,2000.

[16] McKenna F, Fenves G L. Introducing a new material into OpenSees[R]. Berkeley: University of California, 2000.

[17] Scott M H, Fenves G L. Plastic hinge intergration methods for force—based beam-column element[J]. Journal of structural Engineering, ASCE, 2006, 132(2):244-252.

[18] 郑山锁,王斌,候丕吉,等. 低周反复荷载作用下型钢高强高性能混凝土框架柱损伤试验研究[J]. 土木工程学报,2011,44(9):1-10.

[19] 王斌,郑山锁,国贤发,等. 型钢高强高性能混凝土框架柱地震损伤分析[J]. 工程力学,2012,29(2):61-69.

[20] Spacone E, Filippou F C, Taucer F F. Fiber beam-column model for non-linear analysis of R/C frames: Part Ⅱ. Applications[J]. Earthquake Engineering and Structural Dynamics, 1996,25(7):727-742.

[21] 张传超,郑山锁,李磊,等. 基于柔度法的纤维梁柱单元及其参数分析[J]. 工业建筑,2010,40(12):90-94.

第4章 基于延性与造价的型钢混凝土框架柱多目标优化设计

目前,型钢混凝土框架柱已在国内外高层及超高层建筑中得到广泛应用,但针对该类结构构件的优化设计研究与应用还相对匮乏,实际工程中常造成结构受力不甚合理以及材料的浪费。基于上述情况,本章结合已有型钢混凝土框架柱设计计算理论研究成果以及设计规程中的相关要求,通过合理地选取设计变量并设置约束条件,构造以位移延性和工程造价为指标的优化目标函数,最终建立型钢混凝土框架柱多目标优化数学模型。将优化目标设定为工程造价最小化和位移延性最大化,采用线性加权法构造评价函数。设计变量取为柱截面尺寸、型钢截面尺寸、型钢翼缘截面中心至相近截面边缘的距离、纵向受力钢筋的数量和直径以及箍筋的直径和间距。约束条件设置为型钢混凝土框架柱的承载力要求以及现行设计规程中所规定的设计基本要求与构造措施。基于复形法的优化原理,利用MATLAB编程求解该有约束条件的非线性优化问题。优化设计实例表明,建立的型钢混凝土框架柱多目标优化数学模型是合理的,采用的优化计算方法和求解过程是可行的、有效的,可为组合结构构件的优化设计及工程应用提供参考。

4.1 型钢混凝土框架柱位移延性系数研究

为了系统地研究型钢混凝土框架柱的延性,本节基于80根混凝土设计强度等级为C60~C80的实腹式型钢混凝土框架柱的低周反复加载试验结果,对其位移延性系数进行研究。对位移延性系数的定义同第1章。采用MATLAB建立4-6-1型反向传播法(back propagation,BP)神经网络模型,同时基于该神经网络模型分析混凝土强度、轴压比、配箍率和剪跨比等设计参数对型钢混凝土框架柱位移延性的影响规律与机理,进而建立该类构件的位移延性系数计算模型。通过对转换后试验数据和网络预测数据的多元非线性回归分析,得到考虑多影响因素的型钢混凝土框架柱位移延性系数经验公式,为后续型钢混凝土框架柱多目标优化数学模型的研究提供基础。

4.1.1　影响型钢混凝土框架柱位移延性的因素分析

1. BP 神经网络学习与预测

本节采用三层 BP 神经网络来建立预测型钢混凝土框架柱位移延性系数的网络模型。输入层的节点为型钢混凝土框架柱位移延性的主要影响因素,因此输入层 4 个节点 x_1、x_2、x_3、x_4 分别为混凝土强度、轴压比、配箍率和剪跨比。输出层含有 1 个节点 Y,即位移延性系数。隐藏层节点数根据组间均方差(MSA)最小的原则进行调整。经试算,当隐藏层节点数为 6 时,MSA 为 0.009,达到最小,则建立 4-6-1 型 BP 网络模型,如图 4.1 所示。输入层和隐藏层激活函数采用 tansig(),输出层采用 purelin(),网络训练函数采用 MATLAB 7.0 中的自带函数 trainlm()。

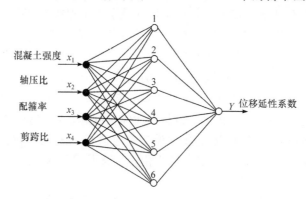

图 4.1　4-6-1 型 BP 神经网络结构

为了训练 BP 神经网络对型钢混凝土框架柱位移延性系数的预测能力,选用文献[1]~[6]中的 52 组试验数据和作者及其课题组的 28 组试验数据,共计 80 组试验数据作为网络训练样本。随机抽取 60 个样本作为学习样本,用于构建网络预测能力所必需的学习和训练;将剩余的 20 个样本作为检测样本,用于检测训练完成后网络的预测功能。给网络输入 60 个学习样本数据供其学习和训练,直至系统误差小于预先设定的阈值。表 4.1 列出了网络的学习结果。其中,$f_{cu,k}$、n^t、ρ_v、λ、μ_{exp}、μ' 和 ζ 分别为混凝土立方体抗压强度标准值、试验轴压比、配箍率、剪跨比、位移延性系数试验值、位移延性系数预测值和预测值与试验值的比值。图 4.2 为学习样本的位移延性系数预测值散点图,图 4.3 为预测值的残差散点图。根据表 4.1 可得,学习样本中位移延性系数的预测值与试验值之比 ζ 的均值 $\bar{\zeta}=0.9824$,标准差 $S=0.0699$,两者符合度较好,表明网络达到预期学习效果。

表 4.1　BP 神经网络学习结果

编号	$f_{cu,k}$/MPa	n^t	ρ_v/%	λ	μ_{exp}	μ'	ζ
1	67.50	0.46	2.20	2.00	4.71	4.82	1.023
2	67.50	0.42	2.20	2.00	5.41	4.93	0.911
3	66.40	0.36	0.80	1.00	2.36	2.50	1.059
4	69.00	0.36	2.20	2.00	6.26	6.18	0.987
5	67.50	0.46	1.60	2.00	4.18	4.21	1.007
6	79.58	0.28	1.38	3.27	3.62	3.55	0.981
7	67.40	0.36	1.60	2.00	5.50	5.36	0.975
8	67.50	0.52	1.20	2.00	2.96	3.49	1.179
9	66.40	0.36	0.80	2.50	3.00	3.06	1.020
10	81.61	0.23	1.72	2.54	3.32	2.94	0.886
11	67.50	0.46	0.80	2.00	3.11	3.18	1.023
12	65.30	0.36	0.80	2.00	4.29	4.01	0.935
13	65.30	0.36	1.20	2.50	3.27	3.06	0.936
14	67.50	0.46	2.20	1.50	4.44	4.28	0.964
15	68.60	0.42	2.20	1.50	4.88	4.23	0.867
16	79.38	0.28	1.38	2.18	3.12	3.41	1.093
17	67.50	0.36	2.20	1.50	5.53	4.47	0.808
18	64.50	0.46	1.60	1.50	3.81	3.81	1.000
19	67.30	0.36	1.20	1.50	3.10	2.87	0.926
20	64.50	0.36	1.60	1.50	4.95	4.42	0.893
21	64.50	0.42	1.20	1.50	3.75	3.61	0.963
22	78.49	0.22	1.38	1.32	2.69	2.59	0.963
23	67.50	0.36	1.20	1.50	4.32	4.22	0.977
24	68.40	0.42	0.80	1.50	3.21	3.16	0.984
25	80.19	0.22	1.38	1.64	3.14	3.16	1.006
26	64.50	0.30	0.80	1.50	4.57	4.40	0.963
27	64.50	0.46	1.60	1.50	4.01	3.92	0.978
28	79.42	0.36	1.38	1.64	2.77	2.54	0.917
29	67.50	0.46	1.60	1.50	4.32	4.06	0.940
30	68.60	0.30	1.60	1.50	3.30	3.21	0.973

编号	$f_{cu,k}$/MPa	n^t	ρ_v/%	λ	μ_{exp}	μ'	ζ
31	81.07	0.28	1.38	1.64	3.05	3.06	1.003
32	64.50	0.30	1.60	1.50	4.40	4.95	1.125
33	80.70	0.23	1.70	2.18	3.19	2.84	1.025
34	67.50	0.30	1.60	1.50	4.78	4.69	0.981
35	69.75	0.26	1.38	3.27	3.68	3.61	0.981
36	81.80	0.20	0.80	2.00	3.94	3.73	0.947
37	81.80	0.20	1.20	2.00	4.23	4.03	0.953
38	81.80	0.28	1.20	2.00	3.41	3.40	0.997
39	83.10	0.20	1.60	2.00	4.66	4.55	0.976
40	84.90	0.28	1.60	2.00	3.88	3.80	0.979
41	77.65	0.24	1.26	2.18	3.11	3.06	0.984
42	66.40	0.36	0.80	1.00	2.36	2.28	0.966
43	67.30	0.36	1.20	1.00	2.48	2.42	0.976
44	80.69	0.23	1.72	2.18	3.19	3.04	0.953
45	70.40	0.36	1.60	1.00	2.62	2.70	1.031
46	67.30	0.36	1.20	1.50	3.10	3.16	1.019
47	84.40	0.36	1.20	2.00	2.94	2.91	0.990
48	70.40	0.36	1.60	1.50	3.26	3.21	0.985
49	82.16	0.31	1.38	2.73	3.63	3.39	0.934
50	66.40	0.36	0.80	2.50	3.00	3.07	1.023
51	75.68	0.21	1.26	2.18	3.08	3.07	0.997
52	65.30	0.36	1.20	2.50	3.27	3.04	0.930
53	73.10	0.36	1.60	2.50	3.73	3.79	1.016
54	77.52	0.28	1.26	3.27	3.34	3.20	0.958
55	84.90	0.36	0.80	2.00	2.30	2.16	0.939
56	84.40	0.36	1.20	2.00	2.94	2.82	0.959
57	84.14	0.31	1.26	2.73	3.46	3.24	0.936
58	84.40	0.36	1.20	1.00	2.13	2.76	1.296
59	70.50	0.40	0.66	1.75	3.29	3.32	1.009
60	77.38	0.28	1.38	2.73	3.32	3.12	0.940

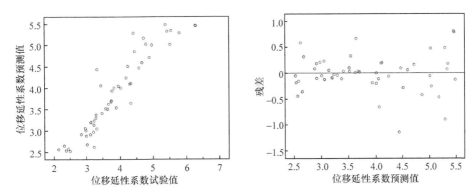

图 4.2　学习样本的位移延性系数预测值散点图　图 4.3　位移延性系数预测值的残差散点图

　　网络完成训练后,向网络输入 20 个检验样本数据,进行位移延性系数预测功能的检测,所得结果见表 4.2。由表 4.2 可得,测试样本中位移延性系数的预测值与试验值之比 ζ 的均值 $\bar{\zeta}=0.9782$,标准差 $S=0.0528$,两者符合度较好,表明型钢混凝土框架柱位移延性系数的 BP 神经网络模型的预测效果良好,可用来分析各因素变化对位移延性系数的影响。通过给该 BP 网络模型输入相应的假定参数,分析混凝土强度、轴压比、配箍率和剪跨比等参数变化对型钢混凝土框架柱位移延性系数的影响,从而得到位移延性系数与各因素的相关曲线。根据 BP 神经网络的学习特性可知,在学习样本空间范围内,网络的预测结果具有较高的可靠度,因此本节所给定的假定参数均处于学习样本空间范围内。

表 4.2　BP 神经网络预测结果

编号	$f_{cu,k}$/MPa	n^t	ρ_v/%	λ	μ_{exp}	μ'	ζ
1	67.10	0.20	1.32	1.75	5.36	5.45	1.017
2	67.50	0.40	0.66	1.75	3.21	3.05	0.950
3	69.04	0.26	1.26	3.27	3.22	3.37	1.047
4	70.60	0.60	0.66	3.00	2.43	2.31	0.951
5	73.10	0.40	1.32	3.00	3.72	3.51	0.944
6	84.90	0.36	0.80	2.00	2.30	2.48	1.078
7	68.70	0.20	1.32	3.00	5.22	5.36	1.027
8	67.40	0.52	1.60	2.00	3.45	3.57	1.035
9	79.59	0.22	1.38	2.73	3.74	3.61	0.965
10	67.40	0.46	1.20	2.00	3.56	3.22	0.904
11	67.40	0.42	0.80	2.00	3.64	3.56	0.978
12	80.11	0.28	1.26	1.64	2.65	2.58	0.974

续表

编号	$f_{cu,k}$/MPa	n^t	ρ_v/%	λ	μ_{exp}	μ'	ζ
13	67.50	0.30	2.20	1.50	6.27	6.15	0.981
14	64.50	0.30	1.60	1.50	5.78	5.64	0.976
15	78.41	0.28	1.38	1.32	2.47	2.32	0.939
16	83.10	0.28	0.80	2.00	3.20	3.44	1.075
17	66.40	0.36	0.80	1.50	2.97	2.78	0.936
18	77.53	0.24	1.38	2.18	3.61	3.30	0.914
19	84.40	0.36	1.60	2.00	3.62	3.52	0.972
20	84.90	0.36	1.60	1.50	2.82	2.54	0.901

2. 影响位移延性的各因素分析

1) 混凝土强度的影响

本节讨论混凝土设计强度等级为 C60~C80 的型钢混凝土框架柱的位移延性系数与混凝土强度的关系。试验研究表明,随着混凝土强度的提高,试件的延性逐渐变差。主要表现为混凝土轴心受压应力-应变曲线上的峰值应变增大,同时相应的极限应变减小,曲线下降趋势更陡。当给定其他假定参数时,通过给已训练好的网络输入变化的混凝土强度和配箍率,可得到不同配箍率时位移延性系数与混凝土强度的关系曲线。

图 4.4 为 BP 神经网络预测得到的型钢混凝土框架柱位移延性系数 μ 随混凝土立方体抗压强度标准值 $f_{cu,k}$ 的变化曲线。由图可知,位移延性系数随混凝土强度的增大而降低。

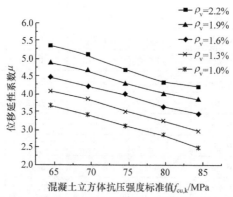

图 4.4　位移延性系数与混凝土强度的关系曲线

2) 轴压比的影响

轴压比对型钢混凝土框架柱延性的影响主要体现在两个方面:首先,试件截面边缘混凝土的主压应变及主压应力随着轴压比的增加而增大,从而导致试件的变形能力变差;其次,轴压比增大到一定程度后,由竖向荷载引起的 P-Δ 效应较明显,致使试件产生较大的附加变形,故达到最大荷载后,试件的稳定性与延性变差。当给定其他假定参数时,通过给已训练好的网络输入变化的轴压比和配箍率,可得到不同配箍率时位移延性系数与轴压比的关系曲线。

图 4.5 为 BP 神经网络预测得到的型钢混凝土框架柱位移延性系数 μ 随试验轴压比 n^{t} 的变化曲线。可以看出,位移延性系数随试验轴压比的增大而降低,但试验轴压比增加到 0.40 后,随着试验轴压比的增加位移延性系数的变化幅值减小。

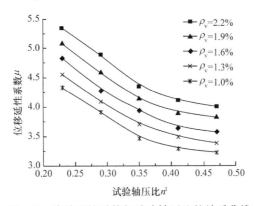

图 4.5　位移延性系数与试验轴压比的关系曲线

3) 配箍率的影响

已有研究表明,配箍率的增大对型钢混凝土框架柱的延性产生积极作用。一方面,试件的核心区混凝土在箍筋的有效约束作用下,处于多向受力状态,使其极限变形能力得到提高;另一方面,型钢外围的混凝土处于箍筋的直接作用下,可避免试件的混凝土保护层过早脱落。当给定其他假定参数时,通过给已训练好的网络输入变化的配箍率和轴压比,可得到不同轴压比时位移延性系数与配箍率的关系曲线,如图 4.6 所示。可以看出,位移延性系数随配箍率的增大而提高,但配箍率增大到 1.8% 后位移延性系数的增长缓慢。

4) 剪跨比的影响

剪跨比对型钢混凝土框架柱延性的影响也不可忽视,主要表现为其对试件破坏形态的影响。结合国内外试验结果可知,随着剪跨比的增大,型钢混凝土框架柱试件依次发生剪切斜压破坏、剪切黏结破坏和弯曲破坏。随着试件破坏形态由剪切型向弯曲型过渡,其所表现出的延性越来越好。当给定其他假定参数时,通过向已训练好的网络输入变化的剪跨比,可得到位移延性系数与剪跨比的关系曲线,如图 4.7 所示。预测结果显示,位移延性系数随剪跨比的增大而提高,但剪跨比增大到 1.6 时位移延性系数增长减缓。

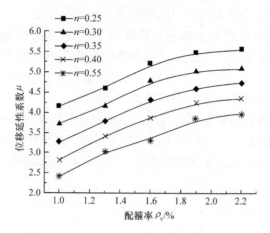

图 4.6　位移延性系数与配箍率的关系曲线

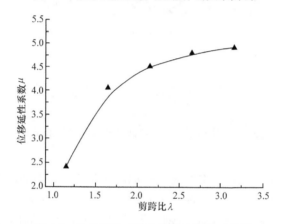

图 4.7　位移延性系数与剪跨比的关系曲线

4.1.2　数据整理与回归公式

1. 试验值与设计值的转换

由于试验设计参数均采用材料强度标准值与荷载标准值,不便于设计计算,因此应将材料强度标准值和荷载标准值转换为设计值。混凝土的材料分项系数为1.35,型钢的材料分项系数为1.1,轴向力的荷载分项系数为1.35,则混凝土轴心抗压强度设计值 f_c、标准值 f_{ck} 和立方体抗压强度标准值 $f_{cu,k}$ 按式(4.1)换算[7];型钢的强度设计值 f_s 和标准值 f_{sk} 按式(4.2)换算;轴向荷载设计值 N 和标准值 N_k 按式(4.3)换算。

$$f_c = \frac{kf_{ck}}{1.35} = \frac{kf_{cu,k}(0.704 - 0.748)}{1.35} \tag{4.1}$$

$$f_s = \frac{f_{sk}}{1.1} \tag{4.2}$$

$$N = 1.35N_k \tag{4.3}$$

式中,k 为高强混凝土的强度折减系数。对于 C60、C70、C80 等级的高强混凝土,强度折减系数 k 分别取 0.900、0.850、0.825[7],则轴压比设计值 $n = N/(f_cA_c + f_sA_s)$、试验轴压比 $n^t = N_k/(f_{ck}A_c + f_{sk}A_s)$,两者按式(4.4)换算。

$$\frac{n}{n^t} = \frac{1.35(f_{ck}A_c + f_{sk}A_s)}{f_cA_c + f_sA_s} \tag{4.4}$$

式中,A_c、A_s 分别为混凝土截面面积和型钢截面面积。

经过以上转换,将原试验数据和由神经网络预测所得数据中的标准值转换为设计值,并对转换后的数据进行多元非线性回归分析,得到考虑多因素的型钢混凝土框架柱位移延性系数经验公式。由于公式中各参数均采用设计值,可为型钢混凝土框架柱的抗震与优化设计提供参考。

2. 公式回归

结合以上对影响型钢混凝土框架柱位移延性的因素分析可知,型钢混凝土框架柱位移延性系数 μ 与混凝土轴心抗压强度设计值 f_c、轴压比 n 和配箍率 ρ_v 基本符合线性变化规律;与剪跨比 λ 基本符合二次曲线变化规律。因此,构造如式(4.5)所示的函数形式来反映以上因素对位移延性系数 μ 的影响。

$$\mu = \frac{\xi(a\rho_v + b)(c\lambda^2 + d\lambda + e)}{(f_c + f)(n + g)} \tag{4.5}$$

式中,a、b、c、d、e、f、g 和 ξ 均为待回归系数。

利用 MATLAB 进行多元非线性回归分析,各回归系数的权重根据 BP 神经网络分析得到的各影响因素的显著性程度由程序迭代确定。经计算确定各回归系数,则型钢混凝土框架柱的位移延性系数可表达为

$$\mu = \frac{0.168(2.489\rho_v + 3.737)(-4.072\lambda^2 + 18.17\lambda - 3.14)}{(f_c - 25.46)(n + 0.278)} \tag{4.6}$$

根据 BP 神经网络的学习特性可知,在学习样本空间范围内,网络的预测精度较高。转换后的学习样本数据和相应的位移延性系数回归结果见表 4.3,由表中数据可确定各参数设计值范围,即式(4.6)满足一定计算精度的范围:29.4MPa$\leqslant$ $f_c \leqslant$38.8MPa、0.28$\leqslant n \leqslant$0.86、0.66%$\leqslant \rho_v \leqslant$2.20%、1.00$\leqslant \lambda \leqslant$3.27。

表 4.3　位移延性系数回归结果

编号	$f_{cu,k}$/MPa	n	ρ_v/%	λ	μ_{exp}	μ'	ζ
1	30.81	0.76	2.20	2.00	4.71	4.65	0.987
2	30.81	0.70	2.20	2.00	5.41	5.27	0.974
3	30.31	0.60	0.80	1.00	2.36	2.51	1.064
4	31.50	0.60	2.20	2.00	6.26	6.17	0.986
5	30.81	0.86	1.60	2.00	4.18	4.35	1.041
6	36.33	0.46	1.38	3.27	3.62	3.78	1.044
7	30.77	0.76	1.60	2.00	5.50	5.39	0.980
8	30.81	0.60	1.20	2.00	2.96	3.12	1.054
9	30.31	0.60	0.80	2.50	3.00	2.64	0.880
10	37.25	0.38	1.72	2.54	3.32	2.88	0.867
11	30.81	0.86	0.80	2.00	3.11	3.36	1.080
12	29.81	0.76	0.80	2.00	4.29	4.44	1.035
13	29.81	0.60	1.20	2.50	3.27	3.34	1.021
14	30.81	0.70	2.20	1.50	4.44	4.49	1.011
15	31.32	0.70	2.20	1.50	4.88	5.01	1.027
16	36.24	0.46	1.38	2.18	3.12	2.98	0.955
17	30.81	0.60	2.20	1.50	5.53	5.83	1.054
18	29.44	0.76	1.60	1.50	3.81	3.93	1.031
19	30.72	0.60	1.20	1.50	3.10	3.32	1.071
20	29.44	0.70	1.60	1.50	4.95	4.77	0.964
21	29.44	0.60	1.20	1.50	3.75	3.85	1.027
22	35.83	0.28	1.38	1.32	2.69	2.78	1.033
23	30.81	0.50	1.20	1.50	4.32	4.28	0.991
24	31.22	0.70	0.80	1.50	3.21	3.17	0.988
25	36.61	0.28	1.38	1.64	3.14	3.27	1.041
26	29.44	0.60	0.80	1.50	4.57	4.69	1.026
27	29.44	0.70	1.60	1.50	4.01	4.28	1.067
28	36.26	0.60	1.38	1.64	2.77	2.65	0.957
29	30.81	0.50	1.60	1.50	4.32	4.29	0.993
30	31.32	0.76	1.60	1.50	3.30	3.43	1.039
31	37.01	0.46	1.38	1.64	3.05	3.17	1.039
32	29.44	0.60	1.60	1.50	4.40	4.43	1.007
33	34.09	0.51	1.70	2.18	3.19	2.87	1.036
34	30.81	0.33	1.60	1.50	4.78	4.97	1.040
35	31.84	0.43	1.38	3.27	3.68	3.56	0.967
36	37.34	0.33	0.80	2.00	3.94	4.15	1.053

续表

编号	$f_{cu,k}$/MPa	n	ρ_v/%	λ	μ_{exp}	μ'	ζ
37	37.34	0.33	1.20	2.00	4.23	4.38	1.035
38	37.34	0.46	1.20	2.00	3.41	3.68	1.079
39	37.94	0.46	1.60	2.00	4.66	4.51	0.968
40	38.76	0.46	1.60	2.00	3.88	3.95	1.018
41	35.45	0.40	1.26	2.18	3.11	3.36	1.080
42	30.31	0.46	0.80	1.00	2.36	2.44	1.034
43	30.72	0.59	1.20	1.00	2.48	2.73	1.101
44	36.83	0.38	1.72	2.18	3.19	3.11	0.975
45	32.14	0.59	1.60	1.00	2.62	2.77	1.057
46	30.72	0.59	1.20	1.50	3.10	3.20	1.032
47	38.53	0.60	1.20	2.00	2.94	2.97	1.010
48	32.14	0.59	1.60	1.50	3.26	3.18	0.975
49	37.51	0.51	1.38	2.73	3.63	3.61	0.994
50	30.31	0.59	0.80	2.50	3.00	3.19	1.063
51	34.55	0.35	1.26	2.18	3.08	3.03	0.984
52	29.81	0.59	1.20	2.50	3.27	3.54	1.083
53	33.37	0.59	1.60	2.50	3.73	3.67	0.984
54	35.39	0.46	1.26	3.27	3.34	3.53	1.057
55	38.76	0.46	0.80	2.00	2.30	2.26	0.983
56	38.53	0.59	1.20	2.00	2.94	3.21	1.092
57	38.41	0.51	1.26	2.73	3.46	3.58	1.035
58	38.53	0.59	1.20	1.00	2.13	1.87	0.878
59	32.18	0.59	0.66	1.75	3.29	3.43	1.043
60	35.32	0.46	1.38	2.73	3.32	3.49	1.051

根据表 4.3 可知,位移延性系数的计算值与试验值之比 ζ 的均值 $\bar{\zeta}=1.0174$,标准差 $S=0.0494$,两者符合度较好,说明本节提出的计算位移延性系数的公式(4.6)可较好地反映型钢混凝土框架柱位移延性与各影响因素之间的关系,计算精度较高,可为型钢混凝土框架柱的抗震与优化设计提供参考。

4.2 型钢混凝土框架柱的优化设计

根据初始偏心距是否为 0,可将型钢混凝土框架柱分为轴心受压柱和偏心受压柱两类。当对此两种受力状态下的柱进行优化设计时,所建立的各自的优化数学模型有所差异。在实际工程中,由于实腹式型钢混凝土构件的强度和刚度大、延性好,且多数框架柱处于偏心受压状态,极少出现轴心受压的情况,故本节仅对处于偏心受压状态的实腹式型钢混凝土框架柱的受力性能及优化设计进行研究。

结合型钢混凝土框架柱设计计算理论的研究成果以及《组合结构设计规范》(JGJ 138—2016)中的相关要求,对型钢混凝土框架柱在地震荷载作用下的多目标优化设计方法进行较为深入的研究,并提出基于延性与造价的型钢混凝土框架柱多目标优化设计方法。通过合理地选取设计变量并设置约束条件,构造以工程造价和位移延性为指标的优化目标函数,建立型钢混凝土框架柱多目标优化数学模型。基于复形法的优化原理,利用 MATLAB 编制计算程序,对工程实例进行优化设计及分析。

4.2.1　偏心受压柱正截面承载力计算

已有试验研究表明[8],在型钢混凝土偏心受压构件的加载后期,混凝土与型钢之间发生了较大的黏结滑移。此时混凝土开始出现裂缝并逐渐剥落,且在型钢上、下翼缘处混凝土与型钢发生了应变突变,应力重分布,此时已不再符合平截面假定。但是为了简化计算,研究人员将多折线的截面应变以一个修正的平截面代替,即认为当构件达到承载能力极限状态时,型钢、钢筋和混凝土的应变沿截面高度方向依然处于同一平面。混凝土受压区高度及合力保持不变是选取修正平截面的原则[9]。构件截面的真实应变及其修正平截面如图 4.8 所示。

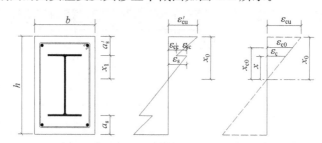

图 4.8　型钢混凝土柱截面的真实应变及其修正平截面

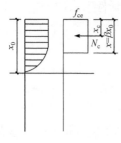

图 4.9　混凝土的等效应力分布

根据课题组前期研究成果,修正平截面的混凝土极限压应变按式(4.7)计算[9]:

$$\varepsilon_{cu} = 0.0031 - (f_{cu,k} - 50) \times 10^{-5} \qquad (4.7)$$

混凝土的等效应力分布如图 4.9 所示。根据修正前后受压区混凝土应力合力大小及作用位置不变的原则可得

$$N_c = f_{ce}b\beta x_0 = \gamma f_c \beta b x_0, \quad x_c = x/2 = \beta x_0/2 \qquad (4.8)$$

式中,N_c 为受压区混凝土合力;x_c 为合力作用点至受压区边缘的距离;$\beta = x/x_0$;$\gamma = f_{ce}/f_c$;x、x_0 分别为混凝土受压

区的等效高度和实际高度；f_{ce}、f_c 分别为受压区混凝土的等效矩形应力值及混凝土轴心抗压强度。在试验及分析的基础上，文献[9]给出了等效矩形应力图参数 γ、β 的取值。当混凝土强度等级低于 C50 时，取 $\gamma=0.99$、$\beta=0.81$；当混凝土强度等级为 C80 时，取 $\gamma=0.92$、$\beta=0.75$；当混凝土强度等级为 C120 时，取 $\gamma=0.84$、$\beta=0.68$；当介于以上强度等级之间时采用线性内插法对 γ、β 取值。

试验研究表明，当型钢混凝土柱发生材料破坏时，位于破坏截面处的型钢腹板一般达到部分屈服。型钢混凝土柱发生大偏心受压破坏时，型钢受拉翼缘首先屈服，然后受压区混凝土达到极限压应变。图 4.10 为大偏心受压柱发生破坏时的型钢应力、应变图；型钢混凝土柱发生小偏心受压破坏时，一般型钢受拉（或受压较小侧）翼缘达不到屈服。图 4.11 为小偏心受压柱发生破坏时的型钢应力、应变图。a 为型钢腹板未屈服高度，大偏压和小偏压型钢混凝土框架柱处于承载力极限状态时，由图 4.8 和图 4.10 及图 4.11 中几何相似条件可得 $a/x_0=\varepsilon_y/\varepsilon_{cu}$，即

$$a=\frac{\varepsilon_y x_0}{\varepsilon_{cu}}=\frac{(f_s/E_s)(x/\beta)}{\varepsilon_{cu}} \tag{4.9}$$

式中，f_s、E_s 分别为型钢的屈服强度及弹性模量。

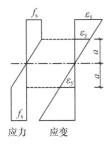

图 4.10　型钢混凝土柱大偏心受压
破坏时的型钢应力、应变图

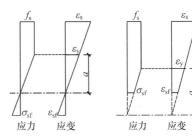

图 4.11　型钢混凝土柱小偏心受压
破坏时的型钢应力、应变图

型钢混凝土柱发生界限破坏时，受拉区型钢翼缘达到屈服，同时受压区边缘混凝土达到极限压应变。由修正平截面假定和几何相似条件可得

$$\frac{x_{b0}}{h-a_s}=\frac{x_{b0}}{h_0}=\frac{\varepsilon_{cu}}{\varepsilon_{cu}+\varepsilon_y} \tag{4.10}$$

则界限受压区高度 x_b 及相对界限受压区高度 ξ_b 为

$$x_b=\beta x_{b0}=\frac{\beta h_0}{1+(\varepsilon_y/\varepsilon_{cu})}, \quad \xi_b=\frac{x_b}{h_0}=\frac{\beta}{1+(\varepsilon_y/\varepsilon_{cu})} \tag{4.11}$$

当 $\xi\leqslant\xi_b$（$x\leqslant\xi_b h_0$）时，型钢混凝土柱发生大偏心受压破坏；当 $\xi>\xi_b$（$x>\xi_b h_0$）时，型钢混凝土柱发生小偏心受压破坏。

1. 大偏心受压柱承载力计算

型钢混凝土柱发生大偏心受压破坏(拉压破坏)时,型钢受拉翼缘先屈服,然后受压区混凝土达到极限压应变而压碎。大偏心受压破坏时截面的应力、应变图如图 4.12 所示。

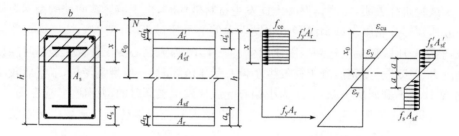

图 4.12   型钢混凝土柱大偏心受压破坏时截面的应力、应变图

由截面力的平衡条件可得

$$N=\gamma f_{c}bx+f'_{y}A'_{r}+f'_{s}A'_{sf}+f'_{s}\left(\frac{x}{\beta}-a'_{s}-a\right)t_{w}-f_{y}A_{r}-f_{s}A_{sf}$$

$$-f_{s}\left(h-\frac{x}{\beta}-a_{s}-a\right)t_{w} \tag{4.12}$$

由式(4.12)可求得等效受压区高度 x,为确保柱发生破坏时型钢受拉翼缘屈服,需满足 $x \leqslant x_{b}$;为确保型钢受压翼缘屈服,需满足 $x \geqslant 1.2a'_{s}$。由等效受压区高度 x 处力矩平衡条件可得

$$N\left(\eta e_{0}-\frac{h}{2}+x\right)=\frac{1}{2}\gamma f_{c}bx^{2}+f'_{y}A'_{r}(x-a'_{r})+f'_{s}A'_{sf}(x-a'_{s})+f_{y}A_{r}(h-a_{r}-x)$$

$$+f_{s}A_{sf}(h-a_{s}-x)+\frac{1}{2}f_{s}h_{s}^{2}t_{w}-\frac{2}{3}f_{s}a^{2}t_{w} \tag{4.13}$$

当型钢和钢筋对称布置时,有 $a'_{s}=a_{s}$,$f'_{y}=f_{y}$,$A'_{r}=A_{r}$,$f'_{s}=f_{s}$,$A'_{sf}=A_{sf}$,则式(4.12)、式(4.13)可简化为

$$N=\gamma f_{c}bx+f_{s}t_{w}\left(\frac{2x}{\beta}-h\right) \tag{4.14}$$

$$N\left(\eta e_{0}-\frac{h}{2}+x\right)=\frac{1}{2}\gamma f_{c}bx^{2}+f_{y}A_{r}(h-2a_{r})+f_{s}A_{sf}h_{s}+\frac{1}{2}f_{s}h_{s}^{2}t_{w}-\frac{2}{3}f_{s}a^{2}t_{w} \tag{4.15}$$

由式(4.15)可求得型钢混凝土柱所能承受的极限弯矩为

$$M_{u}=N\left(\frac{h}{2}-x\right)+\frac{1}{2}\gamma f_{c}bx^{2}+f_{y}A_{r}(h-2a_{r})+f_{s}A_{sf}h_{s}+\frac{1}{2}f_{s}h_{s}^{2}t_{w}-\frac{2}{3}f_{s}a^{2}t_{w} \tag{4.16}$$

型钢混凝土框架柱正截面抗弯承载力应满足

$$\eta(M+Ne_{\mathrm{a}})\leqslant M_{\mathrm{u}} \tag{4.17}$$

式中,b、h 分别为型钢混凝土柱截面的宽度和高度;h_{s}、t_{w} 分别为型钢高度和型钢腹板厚度;A'_{r}、A_{r} 分别为受压和受拉钢筋的面积;f'_{y}、f_{y} 分别为受压和受拉钢筋的屈服强度;A'_{sf}、A_{sf} 分别为受压和受拉型钢翼缘的面积;f'_{s}、f_{s} 分别为型钢受压和受拉翼缘的屈服强度;a'_{r}、a_{r} 分别为受压及受拉钢筋合力至相近截面边缘的距离;a'_{s}、a_{s} 分别为型钢受压及受拉翼缘合力至相近截面边缘的距离;e_0 为竖向荷载偏心距,$e_0 = M/N$;e_{a} 为附加偏心距,取 20mm 与 1/30 偏心方向截面最大尺寸中的较大者[10];η 为偏心距增大系数,通过式(4.18)计算:

$$\eta = 1 + \frac{(l_0/h)^2 K_1 K_2}{1400(e_0/h)} \tag{4.18}$$

式中,$K_1 = 3e_0/h \leqslant 1.0$,为偏心率影响系数;$K_2 = 1.15 - (0.01 l_0/h) \leqslant 1.0$,为长细比影响系数,当 $l_0/h \leqslant 15$ 时,取 $K_2 = 1.0$,即不考虑其影响;对于型钢混凝土柱的大偏心受压情况,由于界限曲率和极限曲率十分相近,可忽略偏心率的影响,即取 $K_1 = 1.0$。

若求得 $x < 1.2 a'_{\mathrm{s}}$,表明型钢混凝土柱在极限状态下型钢受压翼缘未屈服,此时按不考虑型钢受压翼缘的作用进行计算,且认为型钢腹板全部屈服。此时截面的应力、应变计算简图如图 4.13 所示。

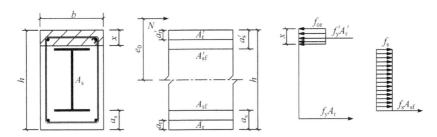

图 4.13　型柱混凝土柱大偏心受压 $x < 1.2 a'_{\mathrm{s}}$ 时截面的应力、应变图

根据轴向力的平衡及等效受压区高度 x 处力矩平衡条件可得

$$N = \gamma f_{\mathrm{c}} b x + f'_{\mathrm{y}} A'_{\mathrm{r}} - f_{\mathrm{s}} h_{\mathrm{s}} t_{\mathrm{w}} - f_{\mathrm{s}} A_{\mathrm{sf}} - f_{\mathrm{y}} A_{\mathrm{r}} \tag{4.19}$$

$$M_{\mathrm{u}} = N\left(\frac{h}{2} - x\right) + \frac{1}{2} r f_{\mathrm{c}} b x^2 + f'_{\mathrm{y}} A'_{\mathrm{r}}(x - a'_{\mathrm{r}}) + f_{\mathrm{s}} h_{\mathrm{s}} t_{\mathrm{w}}\left(h - a_{\mathrm{s}} - \frac{h_{\mathrm{s}}}{2} - x\right)$$
$$+ f_{\mathrm{y}} A_{\mathrm{r}}(h - a_{\mathrm{r}} - x) + f_{\mathrm{s}} A_{\mathrm{sf}}(h - a_{\mathrm{s}} - x) \tag{4.20}$$

当型钢和钢筋对称布置时,式(4.19)和式(4.20)可简化为

$$N = \gamma f_{\mathrm{c}} b x - f_{\mathrm{s}} h_{\mathrm{s}} t_{\mathrm{w}} - f_{\mathrm{s}} A_{\mathrm{sf}} \tag{4.21}$$

$$M_{\mathrm{u}} = N\left(\frac{h}{2} - x\right) + \frac{1}{2} r f_{\mathrm{c}} b x^2 + f_{\mathrm{s}} h_{\mathrm{s}} t_{\mathrm{w}}\left(h - a_{\mathrm{s}} - \frac{h_{\mathrm{s}}}{2} - x\right)$$
$$+ f_{\mathrm{y}} A_{\mathrm{r}}(h - 2 a_{\mathrm{r}}) + f_{\mathrm{s}} A_{\mathrm{sf}}(h - a_{\mathrm{s}} - x) \tag{4.22}$$

若求得 $x<2a'_r$,表明型钢混凝土柱在极限状态下型钢受压翼缘和受压钢筋均未屈服,此时按不考虑受压区型钢翼缘及钢筋的作用进行计算,且认为型钢腹板全部屈服,即将 $A'_r=0$ 代入式(4.19)和式(4.20)可得

$$N=\gamma f_c bx - f_s h_s t_w - f_s A_{sf} - f_y A_r \tag{4.23}$$

$$M_u = N\left(\frac{h}{2}-x\right) + \frac{1}{2} r f_c bx^2 + f_s h_s t_w \left(h-a_s-\frac{h_s}{2}-x\right)$$

$$+ f_y A_r (h-a_r-x) + f_s A_{sf}(h-a_s-x) \tag{4.24}$$

若求得 $x>x_b(x_b=\xi_b h_0)$,则按照小偏心受压破坏计算。

2. 小偏心受压柱承载力计算

若按型钢混凝土柱大偏心受压情况求得 $x>x_b(x_b=\xi_b h_0)$,表明在承载力极限状态下,型钢受拉(或受压较小侧)翼缘达不到屈服,属于小偏心受压破坏(受压破坏)。小偏心受压破坏时截面的应力、应变图如图 4.14 所示。

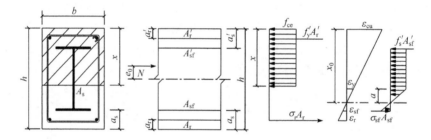

图 4.14　型钢混凝土柱小偏心受压破坏时截面的应力、应变图

由截面力的平衡条件可得

$$N = \gamma f_c bx + f'_y A'_r + f'_s A'_{sf} + f'_s \left(\frac{x}{\beta}-a'_s-\frac{a}{2}\right)t_w - \sigma_r A_r - \sigma_{sf} A_{sf}$$

$$-\frac{\sigma_{sf}}{2}\left(h-\frac{x}{\beta}-a_s\right)t_w \tag{4.25}$$

根据中和轴 x_0 处力矩平衡条件可得

$$M_u = N\left(\frac{h}{2}-\frac{x}{\beta}\right) + \gamma f_c bx\left(\frac{x}{\beta}-\frac{x}{2}\right) + f'_y A'_r\left(\frac{x}{\beta}-a'_r\right) + f'_s A'_{sf}\left(\frac{x}{\beta}-a'_s\right)$$

$$+ \sigma_r A_r\left(h-a_r-\frac{x}{\beta}\right) + \sigma_{sf} A_{sf}\left(h-a_s-\frac{x}{\beta}\right) + \frac{1}{2}f_s\left(\frac{x}{\beta}-a'_s\right)^2 t_w$$

$$-\frac{1}{6}f_s a^2 t_w + \frac{1}{3}\sigma_{sf}\left(h-a_s-\frac{x}{\beta}\right)^2 t_w \tag{4.26}$$

式中,σ_r、σ_{sf} 分别为受拉(或受压较小侧)钢筋和型钢翼缘的应力,根据平截面假定,可按式(4.27)计算:

$$\sigma_r = \varepsilon_{cu} E_r \left(\frac{h-a_r}{x_0} - 1 \right), \quad \sigma_{sf} = \varepsilon_{cu} E_s \left(\frac{h-a_s}{x_0} - 1 \right) \tag{4.27}$$

当采用式(4.25)和式(4.26)计算时,需满足 $\beta h \geqslant x \geqslant x_b$。若求得 $x > \beta h$(即 $x_0 > h$),则表明型钢混凝土柱全截面受压,此时应力、应变图如图 4.15 所示。

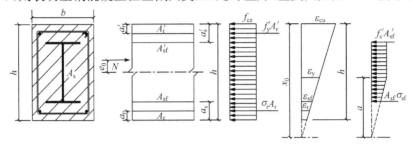

图 4.15 型钢混凝土柱全截面受压的应力、应变图

由截面力的平衡条件可得

$$N = \gamma f_c bh + f_y' A_r' + f_s' A_{sf}' + f_s' \left(\frac{x}{\beta} - a_s' - a \right) t_w + \sigma_r A_r$$
$$+ \sigma_{sf} A_{sf} + \frac{(f_s + \sigma_{sf})}{2} \left(a + h - a_s - \frac{x}{\beta} \right) t_w \tag{4.28}$$

根据受压较小侧型钢翼缘中心的力矩平衡条件可得

$$M_u = N \left(a_s - \frac{h}{2} \right) + \gamma f_c bh \left(\frac{h}{2} - a_s \right) + f_y' A_r' (h - a_r' - a_s) + f_s' A_{sf}' (h - a_s' - a_s)$$
$$+ \frac{1}{2} f_s h_s^2 t_w - \frac{1}{3}(f_s - \sigma_{sf}) \left(a + h - a_s - \frac{x}{\beta} \right)^2 t_w - \sigma_r A_r (a_s - a_r) \tag{4.29}$$

式中,σ_r、σ_{sf} 按式(4.30)计算:

$$\sigma_r = \varepsilon_{cu} E_r \left(1 - \frac{h-a_r}{x_0} \right), \quad \sigma_{sf} = \varepsilon_{cu} E_s \left(1 - \frac{h-a_s}{x_0} \right) \tag{4.30}$$

若小偏心受压时按式(4.25)和式(4.26)计算的 $x > \beta h$,而用式(4.28)和式(4.29)计算的 $x < \beta h$,那么取 $x = \beta h$,将 $x = \beta h$ 代入式(4.27),可得受压较小侧钢筋和型钢翼缘的应力为

$$\sigma_r = \varepsilon_{cu} E_r \left(\frac{a_r}{h} \right), \quad \sigma_{sf} = \varepsilon_{cu} E_s \left(\frac{a_s}{h} \right) \tag{4.31}$$

然后将式(4.31)及 $x = \beta h$ 代入式(4.25)和式(4.26)得到柱的承载力为

$$N = \gamma \beta f_c bh + f_y' A_r' + f_s' A_{sf}' + f_s' \left(h - a_s' - \frac{a}{2} \right) t_w - \varepsilon_{cu} E_r \left(\frac{a_r}{h} \right) A_r$$
$$- \varepsilon_{cu} E_s \left(\frac{a_s}{h} \right) A_{sf} + a_s \varepsilon_{cu} E_s \left(\frac{a_s}{2h} \right) t_w \tag{4.32}$$

$$M_u = -\frac{h}{2}N + r\beta\left(1-\frac{\beta}{2}\right)f_c b h^2 + f_y' A_r'(h-a_r') + f_s' A_{sf}'(h-a_s')$$

$$-a_r\varepsilon_{cu}E_r\left(\frac{a_r}{h}\right)A_r - a_s\varepsilon_{cu}E_s\left(\frac{a_s}{h}\right)A_{sf} + \frac{1}{2}f_s(h-a_s')^2 t_w$$

$$-\frac{1}{6}f_s a^2 t_w + \frac{1}{3}\varepsilon_{cu}E_s\left(\frac{a_s^3}{h}\right)t_w \tag{4.33}$$

3. 界限破坏时承载力计算

当等效受压区高度 $x=x_b=\xi_b h_0$ 时,型钢混凝土柱发生界限破坏,此时型钢受拉翼缘达到屈服,同时受压区混凝土由于达到极限压应变而发生破坏。当出现以下情况时,可认为型钢混凝土柱发生界限破坏。

(1) 按大偏心受压计算时,得 $x=x_b$ 或 $x\approx x_b$。

(2) 按小偏心受压计算时,得 $x=x_b$ 或 $x\approx x_b$。

(3) 按大偏心受压计算时,得 $x>x_b$;而按小偏心受压计算时,得 $x<x_b$。

型钢混凝土柱发生界限破坏时的应力、应变图如图 4.16 所示。

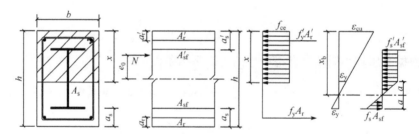

图 4.16　型钢混凝土柱界限破坏时的应力、应变图

根据力的平衡条件可得

$$N_b = \gamma f_c b x_b + f_y' A_r' + f_s' A_{sf}' + f_s'\left(\frac{x_b}{\beta}-a_s'-a\right)t_w - f_y A_r - f_s A_{sf} \tag{4.34}$$

根据型钢受拉翼缘中心处的力矩平衡条件可得

$$M_u = N_b\left(a_s - \frac{h}{2}\right) + \gamma f_c b x_b\left(h-\frac{x_b}{2}-a_s\right) + f_y' A_r'(h-a_r'-a_s) + f_s' A_{sf}' h_s$$

$$+ f_s'\left(\frac{x_b}{\beta}-a_s'-a\right)t_w\left(h-a_s-\frac{x_b}{2\beta}+\frac{a}{2}-\frac{a_s'}{2}\right) + \frac{2}{3}f_s a^2 t_w + f_y A_r(a_s-a_r)$$

$$\tag{4.35}$$

无论型钢混凝土柱处于大偏心受压、小偏心受压还是界限破坏状态,设计时均必须满足式(4.17)。

4.2.2　斜截面承载力计算

作者及其课题组前期已开展了型钢混凝土框架柱抗剪及斜截面承载力的试验研究,分析了各设计参数对型钢混凝土框架柱抗剪承载力的影响机理[9]。基于试验结果对型钢混凝土框架柱的抗剪机理进行了分析,并建立了适当的计算模型以考虑各试验设计参数对型钢混凝土框架柱抗剪承载力的影响,提出了型钢混凝土框架柱的斜截面抗剪承载力计算公式。

1. 斜截面承载力影响因素

1) 剪跨比

在其他试验设计参数基本相近的情况下,型钢混凝土框架柱斜截面抗剪承载力随着剪跨比 λ 的增大而逐渐减小,并且当剪跨比较小时,这种影响表现得较为明显。试验现象表明,剪跨比 λ 对型钢混凝土框架柱斜截面承载力的影响主要体现在其对柱破坏形态的影响:当试件剪跨比较小($\lambda=1.32\sim1.64$)时,主要发生剪切斜压破坏;当剪跨比适中($\lambda=2.18$ 左右)时,主要发生剪切黏结破坏;当剪跨比较大($\lambda=2.73\sim3.27$)时,主要发生弯曲破坏。一般而言,型钢混凝土框架柱的抗剪承载力随着破坏形态由剪切型向弯曲型转变而逐渐降低,而延性变形能力逐渐增强。

2) 轴压比

试验研究表明,当轴压比较小时,型钢混凝土框架柱斜截面承载力随轴压比的增大而增大;当轴压比增大至一定程度后,承载力随轴压比的变化曲线趋于平缓,甚至降低。造成以上现象的原因主要是:当轴压比不大时,轴向力对细微裂缝的发展起到一定的抑制作用;而当轴压力提高至某一值后,导致试件混凝土出现微裂缝,而轴压比继续增大会加快裂缝的发展,加速框架柱破坏进程,抗剪承载力降低。

3) 混凝土强度

随着混凝土强度的提高,型钢混凝土框架柱的抗剪承载力明显增大,且剪跨比越小的试件其承载力随混凝土增长的速率越快。柱抗剪承载力与混凝土强度有如此密切的关系,是因为试件的破坏主要是由混凝土达到相应受力状态下的极限强度而造成的。

4) 配箍率及含钢率

随着配箍率及含钢率的增大,型钢混凝土框架柱的抗剪承载力提高,且这种影响在配箍率较小时表现得更为明显。这是因为当配箍率较小时,其为抗剪承载力所做的直接贡献较明显,破坏时箍筋可达到屈服应力。而当配箍率增加至某一值后,抗剪承载力随其提高的速率减缓。这是因为此时箍筋为抗剪承载力所做的直接贡献减弱,破坏时箍筋普遍难以屈服。型钢腹板是型钢混凝土框架柱的主要抗侧力元件;另外,型钢翼缘可为混凝土提供多向约束力,因而增加含钢率可显著增大型钢混凝土框架柱的抗剪承载力。

2. 斜截面承载力计算公式

根据型钢混凝土框架柱抗剪承载力试验研究结果,作者及其课题组前期提出了考虑地震的型钢混凝土框架柱抗剪承载力计算公式:

$$V_u = \frac{1}{\gamma_{RE}}\left[\frac{0.14}{2\lambda+0.5}\alpha_c f_c b h_0 + \frac{1.49}{\lambda+1.5}f_s t_w h_w + \frac{\lambda+2}{2(\lambda+1)}f_{yv}\frac{A_{sv}}{s}h_0 + 0.06N\right]$$

(4.36)

抗震设计时,型钢混凝土框架柱斜截面抗剪承载力应满足

$$V \leqslant V_u$$

(4.37)

式中,$\lambda = M/Vh_0$,为构件的计算剪跨比,当 $\lambda < 1$ 时,取 $\lambda = 1$,当 $\lambda > 3$ 时,取 $\lambda = 3$;M、V 分别为柱上、下端弯矩设计值的较大者和相应的剪力设计值;α_c 为混凝土强度折减系数,$\alpha_c = \sqrt{23.5/f_c}$;$f_c$ 为混凝土轴心抗压强度设计值;b 为构件截面宽度;h_0 为截面有效高度,$h_0 = h - a_r$,h、a_r 分别为构件截面高度和受拉钢筋合力至相近截面边缘的距离;f_s 为型钢强度设计值;h_w、t_w 分别为型钢腹板高度和厚度;f_{yv} 为箍筋强度设计值;A_{sv} 为截面内各肢箍筋的截面面积之和;s 为箍筋间距;N 为考虑地震作用组合的轴向荷载设计值,当 $N > 0.3 f_c A_c$ 时,取 $N = 0.3 f_c A_c$,其中,$A_c = A - A_s$,A 为构件横截面面积,A_c、A_s 分别为混凝土及型钢的截面面积;γ_{RE} 为承载力抗震调整系数,可按《组合结构设计规范》(JGJ 138—2016)取值。

4.2.3　型钢混凝土框架柱优化数学模型

1. 设计变量

基于概念优化的理念,同时考虑减小设计空间维度以简化数学模型,降低求解难度,则规定沿构件截面对称布置型钢和纵向受力钢筋。对称配钢和配筋的实腹式型钢混凝土偏心受压柱多目标优化数学模型中,已知参数为:柱的计算长度 l_0,所承受轴力 N、弯矩 M 及剪力 V,混凝土和钢材的单价等。混凝土轴心抗压强度设计值需满足 29.4MPa $\leqslant f_c \leqslant$ 38.8MPa。型钢、纵向受力钢筋和箍筋的钢材牌号依据工程经验给定,相应的型钢强度设计值 f_s、钢筋强度设计值 f_y 和箍筋强度设计值 f_{yv} 不考虑为设计变量。柱的箍筋加密区长度及其间距、加密区的箍筋直径等参考《组合结构设计规范》(JGJ 138—2016)取值,纵向受力钢筋的混凝土保护层厚度 c 依据《混凝土结构设计规范》(GB 50010—2010)[11]取值,均不作为设计变量。故纵筋合力作用点至相近截面边缘的距离 a_r 可根据混凝土保护层厚度求得,也不

考虑为设计变量。

型钢混凝土框架柱的设计变量取为柱截面尺寸、型钢截面尺寸、型钢翼缘截面中心至相近截面边缘的距离、纵向受力钢筋的直径和数量，以及箍筋的直径和间距。设计变量如图 4.17 所示。

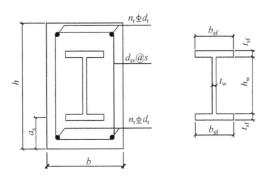

图 4.17　型钢混凝土框架柱设计变量示意图

图 4.17 中，h、b 为框架柱的截面尺寸；b_{sf}、t_{sf} 分别为型钢翼缘的宽度和厚度；h_w、t_w 分别为型钢腹板的高度和厚度；a_s 为型钢翼缘中心至相近截面边缘的距离；n_r、d_r 分别为一侧纵向受力钢筋的数量和直径；d_{sv}、s 分别为非加密区箍筋的直径和间距，则型钢混凝土框架柱的 11 个设计变量（单位均为 mm）可写成向量形式，即

$$X=\begin{bmatrix}b,h,b_{sf},t_{sf},h_w,t_w,a_s,n_r,d_r,d_{sv},s\end{bmatrix}^T \tag{4.38}$$

2. 目标函数

将型钢混凝土框架柱的单位长度（每米）造价与柱的位移延性作为优化目标，采用线性加权法构造新的目标函数。各优化目标在量纲上存在差异，通过引入各目标的初始值来消除其影响。通过以上方法，将多目标优化转换为求解成熟的单目标优化[12]，则目标函数表达式如下：

$$\min F(x)=\alpha\left[\frac{C(x)}{C_0}\right]+\beta\left[-\frac{\mu(x)}{\mu_0}\right] \tag{4.39}$$

式中，$C(x)$ 为柱单位长度的造价；$\mu(x)$ 为柱的位移延性系数；C_0、μ_0 分别为单位长度造价和位移延性系数的初始值；α、β 均为加权系数（$\alpha,\beta>0,\alpha+\beta=1$）。

1）加权系数的取值

加权系数体现了两个优化目标在优化中的重要程度。在实际工程中需要同时考虑柱的造价和延性，两者的重要性则由设计人员根据工程实际情况来权衡。当 $\alpha=1$、$\beta=0$ 时，多目标优化转化为仅以构件造价为目标的单目标优化，与延性相关的约束失去作用；当 $\alpha=0$、$\beta=1$ 时，多目标优化转化为仅以构件延性为目标的单目标优化,与造价相关的约束即失去作用。文献[13]对多目标优化线性加权法中的加权系数的取值得出如下结论:当 $0 \leqslant \alpha \leqslant 0.35$ 时,仅 β 相关目标得到显著优化;当 $0.65 \leqslant \alpha \leqslant 1.0$ 时,仅 α 相关目标得到显著优化;而当 $0.35 < \alpha < 0.65$ 时,α、β 相关目标均得到较显著的优化。同时考虑造价与延性两个优化目标,结合工程实际,以兼顾构件的经济性、抗震性能为原则,取 $\alpha = 0.45, \beta = 0.55$。

2) 造价目标的数学表达式

型钢混凝土框架柱单位长度的造价不考虑劳动力费用及施工模版造价,只考虑工程材料造价,故单位长度的造价由四部分构成,即混凝土造价 C_c、型钢造价 C_s、纵向钢筋造价 C_r 和箍筋造价 C_{sv},$C(x)$ 的数学表达式如下:

$$C(x) = C_c + C_s + C_r + C_{sv} \tag{4.40}$$

框架柱单位长度混凝土的造价

$$C_c = (A - A_s - A_r)c_c \times 10^{-6} \tag{4.41}$$

式中,A 为柱截面面积,$A = bh$;A_s 为型钢截面面积,$A_s = 2b_{sf}t_{sf} + h_w t_w$;$A_r$ 为全部纵向受力钢筋截面面积;$A_r = 2 \times n_r \times \pi d_r^2 / 4$,$c_c$ 为混凝土单价(元/m³)。

框架柱单位长度型钢的造价为

$$C_s = A_s \rho c_s \times 10^{-6} \tag{4.42}$$

式中,ρ 为钢材密度(t/m³);c_s 为型钢单价(元/t)。

框架柱单位长度纵筋的造价为

$$C_r = A_r \rho c_r \times 10^{-6} \tag{4.43}$$

式中,c_r 为纵筋单价(元/t)。

框架柱单位长度箍筋的造价为

$$C_{sv} = \frac{\pi d_{sv}^2}{4} \cdot \frac{[2(b-2c) + 2(h-2c)]\rho c_{sv} \times 10^{-6}}{s} \tag{4.44}$$

式中,c 为混凝土保护层厚度;c_{sv} 箍筋单价(元/t)。

3) 延性目标的数学表达式

型钢混凝土框架柱的位移延性系数 $\mu(x)$ 可由式(4.6)得到。

柱配箍率为

$$\rho_v = \frac{2 \times \pi d_{sv}^2 / 4 \times [(h-2c) + (b-2c)]}{(h-2c)(b-2c) \times s} \times 100 \tag{4.45}$$

柱计算剪跨比为

$$\lambda = \frac{M}{Vh_0} = \frac{M}{V(h-a_r)} \tag{4.46}$$

柱轴压比设计值为

$$n=\frac{N}{f_c A_c+f_s A_s} \tag{4.47}$$

式中，A_c 为混凝土截面面积，这里近似取 $A_c=A-A_s$。

3. 约束条件

1) 承载力要求

(1) 正截面抗弯承载力要求。

已知考虑水平地震作用的轴力设计值 N 和弯矩设计值 M，根据上述型钢混凝土偏心受压柱正截面承载力计算理论判断框架柱偏心受压类型，并计算其正截面抗弯承载力 M_u，约束条件表示为

$$\eta(M+Ne_a)\leqslant\frac{M_u}{\gamma_{RE}} \tag{4.48}$$

(2) 斜截面抗剪承载力要求。

已知考虑水平地震作用的剪力设计值 V，根据式(4.36)计算抗震设计时型钢混凝土柱的斜截面抗剪承载力 V_u，约束条件为

$$V\leqslant V_u=\frac{1}{\gamma_{RE}}\left[\frac{0.14}{2\lambda+0.5}\alpha_c f_c bh_0+\frac{1.49}{\lambda+1.5}f_s t_w h_w+\frac{\lambda+2}{2(\lambda+1)}f_{yv}\frac{A_{sv}}{s}h_0+0.06N\right] \tag{4.49}$$

型钢混凝土框架柱的受剪截面限制条件为

$$V\leqslant\frac{1}{\gamma_{RE}}(0.36f_c bh_0) \tag{4.50}$$

$$\frac{f_s t_w h_w}{f_c bh_0}\geqslant0.10 \tag{4.51}$$

2) 构造要求

(1) 型钢及其板件的尺寸要求。

①含钢率要求。

含钢率是指柱的内埋型钢截面面积与构件全截面面积之比，即 $A_s(x)/A(x)$。含钢率过低，型钢的受力性能得不到充分体现；含钢率过高，会导致型钢的混凝土保护层厚度过小，影响混凝土与型钢的共同作用，易产生黏结失效破坏。文献[14]对不同用钢量的实腹式型钢混凝土柱进行了试验研究，给出了构件的合理含钢率范围：上限为 8%，下限为 4%，即

$$4\%\leqslant\frac{A_s}{A}\leqslant8\% \tag{4.52}$$

②型钢钢板厚度要求。

$$t_{sf} \geq 6, \quad t_w \geq 6 \tag{4.53}$$

③型钢钢板宽厚比限值。

A. Q235 钢。

$$\frac{b_{sf}}{t_{sf}} < 23$$
$$\frac{h_w}{t_w} < 96 \tag{4.54}$$

B. Q345 钢。

$$\frac{b_{sf}}{t_{sf}} < 19$$
$$\frac{h_w}{t_w} < 81 \tag{4.55}$$

④型钢的混凝土保护层厚度要求。

$$\frac{h-(h_w+2t_{sf})}{2} \geq 120 \tag{4.56}$$

$$\frac{b-b_{sf}}{2} \geq 120 \tag{4.57}$$

(2) 纵向受力钢筋的构造要求。

①每侧纵筋根数及直径的要求。

$$n_r \geq 2, \quad 16 \leq d_r \leq 25 \tag{4.58}$$

②纵筋的净间距要求。

$$\frac{b-n_r d_r-50}{n_r-1} \geq 60 \tag{4.59}$$

③纵筋与型钢的净间距要求。

$$a_s - a_r - \frac{t_{sf}}{2} - \frac{d_r}{2} \geq 30 \tag{4.60}$$

④全部纵向受力钢筋配筋率要求。

$$\frac{n_r \pi d_r^2}{2b(h-a_r)} \geq 0.8\% \tag{4.61}$$

(3) 箍筋的构造要求。

①箍筋的直径要求。

$$d_{sv} \geq \max\left\{6, \frac{d_r}{4}\right\} \tag{4.62}$$

②箍筋的间距要求。

$$s \leqslant \min\{400, b, 15d_r\} \tag{4.63}$$

3）延性系数计算公式的使用范围要求

（1）轴压比的要求。

$$0.28 \leqslant n \leqslant 0.86 \tag{4.64}$$

轴压比除了满足式(4.64)的要求外,还需满足轴压比限值的要求。采用文献 [6]提出的不同剪跨比时型钢混凝土柱的轴压比限值,见表 4.4 和表 4.5。

表 4.4　$\lambda \geqslant 2.0$ 的型钢混凝土柱轴压比限值

混凝土强度等级	抗震等级		
	一级	二级	三级
C65~C70	0.55	0.65	0.75
C75~C80	0.50	0.60	0.70

表 4.5　$1.5 \leqslant \lambda < 2.0$ 的型钢混凝土柱轴压比限值

混凝土强度等级	抗震等级		
	一级	二级	三级
C65~C70	0.50	0.60	0.70
C75~C80	0.45	0.55	0.65

（2）配箍率的要求。

$$0.66 \leqslant \rho_v \leqslant 2.20 \tag{4.65}$$

（3）剪跨比的要求。

$$1.00 \leqslant \lambda \leqslant 3.27 \tag{4.66}$$

4）设计变量的上、下限约束

为了使优化程序尽快收敛,可为设计变量设定上、下限,即

$$X_{\min} \leqslant X \leqslant X_{\max} \tag{4.67}$$

式中,$X_{\min}$、$X_{\max}$ 分别为设计变量的上、下限,分别取 $X_{\min} = [300, 300, 100, 6, 100, 6, 120, 2, 16, 6, 100]^T$,$X_{\max} = [1200, 1200, 800, 36, 1000, 36, 500, 8, 25, 16, 400]^T$。

4.2.4　型钢混凝土框架柱优化设计算例及分析

在型钢混凝土框架结构中取一型钢混凝土框架柱,结构的抗震等级为二级,考虑地震作用效应组合的最不利内力设计值为:柱上、下端弯矩设计值分别为 $M_1 = 240$ kN·m,$M_2 = 460$ kN·m,轴力设计值 $N = 2100$ kN,相应的剪力设计值 $V = 233$ kN。柱计算长度 $l_0 = 3$ m,计算简图如图 4.18 所示。已知混凝土强度等级为

C70,采用 Q235 型钢、HRB335 纵筋、HPB300 双肢箍筋;混凝土保护层厚度为 25mm;钢材密度为 7.85t/m³;混凝土单价 550 元/m³,型钢单价 4100 元/t,纵筋单价 3600 元/t,箍筋单价 3400 元/t。

1. 优化设计初始值的确定

给设计变量设定合理的初始值 X_0 有利于优化程序加速收敛,将通过常规设计得到的柱截面参数作为设计变量的初始值,写成向量的形式,即 $X_0=\begin{bmatrix}400,660,160,26,380,16,127,2,25,12,120\end{bmatrix}^T$,常规设计的柱截面如图 4.19 所示。

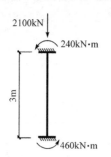
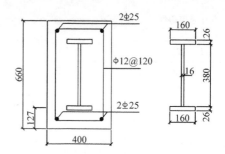

图 4.18　柱计算简图　　　　　图 4.19　常规设计的柱截面(单位:mm)

为缩短迭代进程,同样需要设定柱单位长度造价的初始值 C_0 及位移延性系数的初始值 μ_0,如式(4.39)所示。将由常规设计得到的目标函数值作为各优化目标的初始值,经计算有

$$C_0=136.09+470.16+55.47+48.27=709.99(元)$$

$$\mu_0=\frac{0.168\times5.845\times13.071}{6.34\times0.468}=4.33$$

2. MATLAB 编程计算

基于复形法的优化原理,编写 MATLAB 优化设计程序进行求解,具体编程步骤如下:①编写目标函数文件 obj. m 和约束条件文件 constr. m,将目标函数 f 和约束条件函数 g 设置为全局变量。②编写主程序形成 M 文件 optim. m,引用全局变量 f、g,设置输出格式、主函数参量个数和计算精度等。③由 rand 函数随机产生初始复形矩阵,并给 n 赋予其顶点数。给 X 矩阵第一列元素赋予设计变量初始值,即产生初始可行点。④计算各顶点函数值,通过 sort 函数按函数值大小重新排序并形成函数值矩阵 XS 和排列序号矩阵 IX,找出最坏点。按照 IX 的顺序重新排列 X 矩阵形成新矩阵 Xsorted。⑤计算除最坏点外复形的中心点并计算其函数值,判断是否满足约束,否则返回步骤③。⑥求映射点坐标并判断其是否出界,若

出界则将映射点向中心点收缩一半距离,重复该过程直至满足约束。⑦求映射点函数值并与最坏点函数值比较,若前者小于后者,则以映射点代替最坏点,构成新复形;若映射点的函数值大于最坏点函数值,则将映射点向中心点收缩,收缩后转向步骤⑥,直至映射点函数值小于最坏点函数值。⑧判断是否满足收敛准则,若满足则停止迭代,否则返回步骤④。

　　部分主程序如下:

```
function [ x,minf]=minconCompSearch(f,g,X,alpha,sita,gama,beta,var,eps)
 % f:目标函数;% g:约束函数;% X:初始复合形 ;% alpha:映射系数;
 % sita:紧缩系数;% gama:扩展系数;% beta:收缩系数;% var:自变量向量;
 % eps:精度;% x:目标函数取最小值时的自变量;% minf:目标函数的最小值
   global f g;                % 声明 f、g 为全局变量
   format long;
  if nargin==8              % 函数参量个数
        eps=1.0e-3;          % 设置计算精度
   end
   X=rand(11,22);    % 随机产生初始复合形
    N=size(X);            % 产生行向量 N,第一个元素是矩阵 X 的行数,即设计变量个数;第
                              二个元素是矩阵 X 的列数,即复形顶点数
   n=N(2);               % 将行向量 N 的第二个元素(复形顶点数)赋予 n
   X(:,1)=[400;660;164;26;380;16;127;2;25;12;120];  % 给定初始可行点
    FX=zeros(1,n);        % 创建一个 1 行,n 列的零矩阵,用于容纳各复形顶点的函数值,即
                              创建函数值矩阵
   while 1
      for i=1:n
        FX(i)=Funval(f,var,X(:,i));  % 输出函数值,自变量,矩阵 X 的第 i 列
      end
      [XS,IX]=sort(FX);      % 根据各顶点函数值大小,重新排列并形成函数值矩阵 XS
                              和排列序号矩阵 IX,找出最坏点
      Xsorted=X(:,IX);       % 按照 IX 的顺序重新排列 X,形成新矩阵 Xsorted
      px=sum(Xsorted(:,1:(n-1)),2)/(n-1);   % 中心点坐标
      Fpx=Funval(f,var,px);                  % 中心点函数值
      SumF=0;                                % 判断收敛
      for i=1:n
          SumF=SumF + (FX(IX(i))- Fpx)^2;
      end
       SumF=sqrt(SumF/n);
```

```
    if SumF <=eps
        x=Xsorted(:,1);           % Xsorted 矩阵的第一列
        break;
    else
     bcon_1=1;
     cof_alpha=alpha;
     while bcon_1
         x2=px + cof_alpha* (px - Xsorted(:,n));  % 求映射点的坐标
         gx2=Funval(g,var,x2);
         if min(gx2)>=0                            % 看是否出界
             bcon_1=0;
         else
             cof_alpha=0.5* (cof_alpha);% 映射系数减半
         end
     end
    fx2=Funval(f,var,x2);              % 映射点函数值
        if fx2 < XS(1)          % 比较映射点函数值和最坏点函数值
         cof_gama=gama;
         bcon_2=1;
        while bcon_2
             x3=x2 + cof_gama* (x2 - px);          % 扩张步骤
             gx3=Funval(g,var,x3);
            fx3=Funval(f,var,x3);
            if min(gx3)>=0                          % 看是否出界
                 bcon_2=0;
                 if fx3< XS(1)
                     count=1;
                 else
                     count=2;
                 end
             else
                 bcon_2=0;
                 count=3;
             end
        end
    end
...
minf=Funval(f,var,x)                      % 输出最优结果
```

3. 优化结果及分析

对算例进行两次计算:第一次计算由给定的设计变量初始值产生初始可行点,迭代 18 次达到收敛;第二次计算由程序随机产生初始可行点,迭代 23 次达到收敛。两次计算的收敛过程如图 4.20～图 4.22 所示。

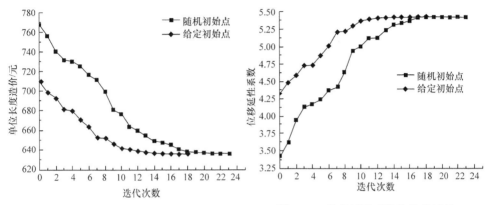

图 4.20　单位长度造价的收敛过程　　　　图 4.21　位移延性系数的收敛过程

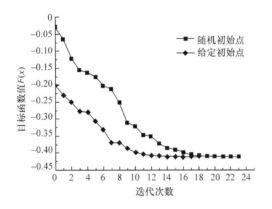

图 4.22　目标函数值的收敛过程

由图 4.20～图 4.22 可以看出,给定初始点的初始目标函数值小于随机初始点的初始目标函数值,即前者的初始造价和初始延性系数均优于后者,但最终两者收敛到同一点。当给定初始点时,计算迭代次数较少,收敛过程较快,表明设定的设计变量初始值比较合理,同时也说明选择合适的并符合所有约束条件的初始点对提高优化计算的效率是很有帮助的。给定初始截面时柱的优化结果见表 4.6。

表 4.6　优化前后设计参数对比

系列	$b \times h$ /(mm×mm)	$b_{sf} \times t_{sf} \times h_w \times t_w$ /(mm×mm×mm×mm)	$n_r \times d_r$/mm	$d_{sv}@s$	a_s/mm	F	C/元	μ
优化前	400×660	160×26×380×16	2×25	12@120mm	127	−0.200	709.99	4.332
优化后	380×600	140×25×350×18	4×18	10@110mm	122	−0.412	636.11	5.424

给定初始截面时的收敛结果表明,柱单位长度造价由最初给定截面的 709.99 元最终收敛到 636.11 元,降低了 10.4%;而位移延性系数由最初给定截面的 4.332 最终收敛到 5.424,提高了 25.2%。型钢混凝土框架柱的最终优化截面如图 4.23 所示。

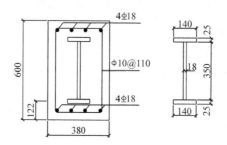

图 4.23　型钢混凝土框架柱的最终优化截面(单位:mm)

优化结果表明,所建立的型钢混凝土框架柱多目标优化数学模型是合理的,采用的优化计算方法和求解过程是可行的、有效的,可为型钢混凝土组合结构构件的优化设计及工程应用提供参考。

4.3　本章小结

结合型钢混凝土框架柱设计计算理论的研究成果以及设计规程中的相关要求,本章提出了基于延性与造价的型钢混凝土框架柱多目标优化设计方法。通过合理地选取设计变量并设置约束条件,构造以工程造价和位移延性为指标的优化目标函数,建立了型钢混凝土框架柱多目标优化数学模型。基于复形法的优化原理,利用 MATLAB 编制了优化设计程序,并对工程实例进行了优化设计及分析。本章主要得出以下结论:

(1) 建立的 4-6-1 型 BP 神经网络模型学习和预测的整体精度较高,在学习样本空间范围内可较准确地预测在混凝土强度、轴压比、配箍率和剪跨比等因素影响下的型钢混凝土框架柱位移延性系数。故本章建立的 BP 神经网络模型可用来分析各因素对型钢混凝土框架柱位移延性的影响规律。通过对 80 根型钢混凝土框架柱试验数据及网络预测数据的整理和回归分析,提出考虑多影响因素的型钢混凝土框架柱位移延性系数经验公式,由该公式得到的位移延性系数的回归值与试验值吻合较好,可为型钢混凝土框架柱的抗震与优化设计提供参考。

（2）本章建立的型钢混凝土框架柱多目标优化数学模型,同时将工程造价和位移延性作为优化目标,兼顾了结构的经济性与抗震性能,打破了传统结构优化设计仅考虑结构的经济性、优化目标单一的局面。利用线性加权法构造新的价值函数,通过引入常规设计时各优化目标的初始值,消除了两个目标的量纲差异,成功地将多目标优化转化为求解成熟的单目标优化。基于概念优化的理念,将型钢、纵向受力钢筋与柱截面对称布置,显著减少了设计变量的数目,简化了优化数学模型,降低了编程的难度,且使得求解过程更易收敛,缩短了优化周期。给定不同的初始可行点,大部分能使优化求解过程较快收敛并得到几乎相同的优化解,但合适的初始可行点可缩短计算迭代进程,提高优化效率。

（3）本章提出的基于延性与造价的型钢混凝土框架柱多目标优化设计方法,采用了多种优化手段使该项优化技术得以实现,并全面、详细地展现了其对多目标优化问题的求解过程。通过优化设计实例证明了本章建立的型钢混凝土框架柱多目标优化数学模型是合理的,采用的优化计算方法及求解过程是可行的、有效的,可为型钢混凝土组合结构构件的优化设计及工程应用提供参考。

参 考 文 献

[1] 贾金青,孙洪梅,李大永. 钢骨高强混凝土短轴压力系数限值[J]. 大连理工大学学报, 2002,42(2):218-222.

[2] 贾金青,关萍,王建胜. 低周反复荷载作用下 SRHC 短柱延性的试验研究[J]. 工业建筑, 2002,32(9):18-26.

[3] 贾金青,许世烺. 钢骨高强混凝土短柱轴压力系数限值的试验研究[J]. 建筑结构学报, 2003,24(1):14-18.

[4] 蒋东红,王连广,刘之洋. 高强钢骨混凝土框架柱的抗震性能[J]. 东北大学学报, 2002,23(1):67-70.

[5] 李俊华,赵鸿铁,薛建阳,等. 型钢高强混凝土柱延性的试验研究[J]. 西安建筑科技大学学报(自然科学版),2004,36(4):383-387.

[6] 李俊华,薛建阳,王新堂,等. 型钢高强混凝土柱轴压比限值的试验研究[J]. 世界地震工程,2007,23(2):154-160.

[7] 张志伟,郭子雄. 型钢混凝土柱位移延性系数研究[J]. 西安建筑科技大学学报(自然科学版),2006,38(4):528-532.

[8] 郑山锁,邓国专,杨勇,等. 型钢混凝土结构黏结滑移性能试验研究[J]. 工程力学, 2003,20(5):63-69.

[9] 张亮. 型钢高强高性能混凝土柱的受力性能及设计计算理论研究[D]. 西安:西安建筑科技大学,2011.

[10] 中华人民共和国住房和城乡建设部. JGJ 138—2016　型钢混凝土组合结构技术规程[S].

北京:中国建筑工业出版社,2001.

[11] 中华人民共和国住房和城乡建设部. GB 50010—2010　混凝土结构设计规范[S]. 北京:中国建筑工业出版社,2010.

[12] Li G,Zhou R G,Duan L. Multi-objective optimization and multi-level optimization for steel frames[J]. Engineering Structure,1999,21(2):519-529.

[13] 陶清林,郑山锁,胡义,等. 型钢混凝土柱多目标优化设计方法研究[J]. 工业建筑,2010,40(11):126-130.

[14] 陈宗梁,张誉,李向民. 钢骨高强混凝土柱合理用钢量的研究[J]. 建筑结构,1999,29(7):14-16.

第 5 章　非对称配钢型钢混凝土柱-钢梁框架 节点抗震性能研究

5.1　试验研究

　　框架节点作为框架结构体系中受力最为复杂的部位,研究其在地震作用下的力学性能和提出相应的设计对策成为研究非对称配钢型钢混凝土柱-钢梁框架结构的重点问题之一。目前对非对称配钢型钢混凝土柱-钢梁框架节点的研究甚少,已有的极少数成果也主要是针对型钢混凝土柱与钢筋混凝土梁或型钢混凝土梁组合的框架节点[1],同时现行规程中也未提出该类型框架节点具体设计计算公式及相应的构造措施[2,3]。

　　基于此,为研究非对称配钢型钢混凝土柱-钢梁框架节点的抗震性能,本章进行了 4 个 T 形配钢型钢混凝土柱-钢梁框架节点和 4 个 L 形配钢型钢混凝土柱-钢梁框架节点的低周往复加载试验,研究了试件的受力过程、破坏形态,对滞回特性、骨架曲线进行了对比分析,以期为非对称配钢型钢混凝土柱-钢梁框架结构的工程应用提供参考。

5.1.1　试验概况

1. 试件设计

　　本章按照"强构件,弱节点"的设计原则,设计了 4 个 T 形配钢型钢混凝土柱-钢梁框架节点试件和 4 个 L 形配钢型钢混凝土柱-钢梁框架节点试件,试件设计时主要考虑混凝土强度等级、核心区配箍率和轴压比 3 个主要影响因素,具体设计参数见表 5.1,其中各试件的配钢率均为 6.96%。设计时在梁柱节点核心区的钢梁翼缘处设置矩形或 L 形加劲肋;柱纵向钢筋在柱底与端板处,箍筋与型钢相交处均采用焊接连接,箍筋在节点核心区上下 200mm 范围内加密,试件尺寸、截面配钢与配筋如图 5.1 所示。

表 5.1　试件参数与破坏形态

试件编号	混凝土强度	核心区箍筋间距	配箍率 ρ_{sv}%	轴压比 n	破坏形态
TJ-1	C30	4Φ4@100mm	0.825	0.3	焊接撕裂

试件编号	混凝土强度	核心区箍筋间距	配箍率 ρ_{sv} /%	轴压比 n	破坏形态
TJ-2	C30	4Φ4@100mm	0.825	0.6	剪切破坏
TJ-3	C30	7Φ4@50mm	1.651	0.3	焊接撕裂
TJ-4	C60	4Φ4@50mm	0.825	0.6	剪切破坏
LJ-1	C30	4Φ4@100mm	0.825	0.3	焊接撕裂
LJ-2	C30	4Φ4@100mm	0.825	0.6	剪切破坏
LJ-3	C30	7Φ4@50mm	1.651	0.3	焊接撕裂
LJ-4	C60	4Φ4@50mm	0.825	0.6	—

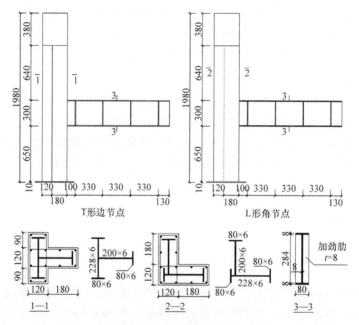

图 5.1　试件尺寸、截面配钢与配筋(单位:mm)

2. 材料性能

混凝土分别采用 C30 和 C60 碎石混凝土浇筑,纵筋和箍筋分别采用直径为 10mm 的 HRB335 级钢筋和直径为 4mm 的冷拔钢丝,柱型钢骨架和钢梁分别采用厚 6mm 和 8mm 普通热轧 Q235 钢板焊接成型。实测混凝土及钢材的力学性能指标分别见表 5.2 和表 5.3。

表 5.2　混凝土材料性能

强度等级	立方体抗压强度 f_{cu}/MPa	轴心抗压强度 f_c/MPa	弹性模量 E_c/MPa
C30	40.25	25.67	3.0×10^4
C60	62.80	41.68	3.6×10^4

表 5.3　钢材材料性能

钢材类型	直径(板厚)	屈服强度 f_y/MPa	抗拉强度 f_u/MPa	弹性模量 E_s/MPa
钢筋	$\Phi b4mm$	435.4	513.1	2.1×10^5
	$\pm 10mm$	305.3	404..2	2.1×10^5
钢板	6mm	324.0	437.5	2.0×10^5
	8mm	272.0	410.6	2.0×10^5

3. 加载方案

试验在长江大学土木工程实验中心进行,为了考虑轴向压力下的 P-Δ 效应,采用柱端加载方案,试验加载装置如图 5.2 所示。试验开始时,由液压伺服千斤顶施加竖向荷载至设计轴压力并保持不变,然后由电液伺服作动器采用位移控制施加水平低周往复荷载。试件屈服前每级位移循环 1 次,屈服之后以屈服位移为增长倍数,每级位移循环 3 次,直到荷载下降到极限荷载的 85% 或试件无法继续承受轴力时,停止加载,试验结束。

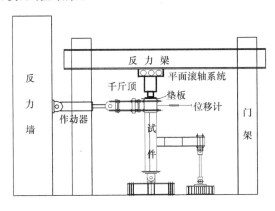

图 5.2　节点试件试验加载装置

4. 量测内容

(1)柱端荷载及位移。采用液压千斤顶恒压控制柱顶轴力,通过荷载-位移传

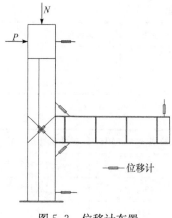

图 5.3　位移计布置

感器实时采集柱顶水平荷载,由柱端位移计量测
水平位移。

（2）核心区剪切变形、梁柱根部转角和梁端
位移。采用电子位移计量测节点核心区剪切变
形;在梁端位移计量测梁端位移;在梁柱根部布
置位移计量测相对位移,从而计算梁柱转角。位
移计布置如图 5.3 所示。

（3）型钢及钢筋应变。在节点核心区型钢
和钢梁腹板上布置应变花,纵向钢筋、箍筋和钢
梁翼缘布置应变片,实测试验过程中各部分的应
变情况。应变片布置图 5.4 所示。

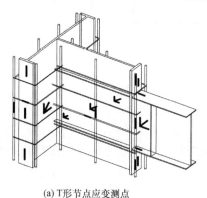

(a) T形节点应变测点　　　　　　　　　　　　(b) L形节点应变测点

图 5.4　型钢和钢筋应变测量

5.1.2　破坏形态与应变分析

1. 试验现象及破坏形态

如图 5.5 所示,在恒定轴压力和水平低周往复荷载作用下,T 形型钢混凝土
柱-钢梁弱节点和 L 形型钢混凝土柱-钢梁弱节点主要有两种破坏形态:核心区混
凝土剪切斜压破坏和核心区梁端焊缝拉裂失效破坏。

1）核心区混凝土剪切斜压破坏

核心区混凝土剪切斜压破坏发生在轴压比较大($n=0.6$)的试件中。加载初
期试件处于弹性阶段,残余变形较小。当水平荷载达到极限荷载的 30% 左右时,
钢梁上翼缘附近混凝土首先出现竖向裂缝。继续加载,节点核心区混凝土开始出
现斜向裂缝,钢梁上下翼缘的混凝土局部压碎,脱落。当水平荷载达到极限荷载的
80% 左右时,构件背面开始出现横向裂缝,核心区裂缝宽度逐渐增大,形成多条 X
形交叉裂缝。当达到极限荷载时,核心区混凝土大块脱落,纵筋屈服钢筋外鼓,焊

接在钢梁腹板上的箍筋被拉开,背面横向裂缝向两边延伸,形成贯通裂缝。加载后期,节点核心区混凝土所剩无几,钢梁与柱型钢之间的加劲肋被拉裂,柱节点以上部分倾斜 10°左右,构件承载力急剧下降,试验宣告破坏。

(a) 核心区混凝土剪切斜压破坏

(b) 核心区梁端焊缝拉裂失效破坏

图 5.5　试件破坏形态

2) 核心区焊缝拉裂失效破坏

核心区焊缝拉裂失效破坏发生在轴压比较小($n=0.3$)的试件中。加载初期,试件损伤较小,加卸载曲线重合。当荷载达到极限荷载的 30% 左右时,钢梁上下翼缘与柱相交处混凝土出现竖向裂缝,继续加载,竖向裂缝向节点核心区延伸,同时钢梁下翼缘处混凝土出现横向裂缝。当荷载达到极限荷载的 60% 左右时,核心区混凝土开始出现 45°~60°的斜向裂缝,随着荷载的继续增大,斜向裂缝逐渐开展。当荷载达到极限荷载的 80% 左右时,新出现的斜向裂缝与原有的斜向裂缝形成交叉裂缝,钢梁下翼缘处混凝土局部被压碎。达到极限荷载后,试件内部可以明显听到咔嚓声,试件的承载力和刚度显著退化。当荷载下降到极限荷载的 85% 时宣告破坏。试验过后敲开混凝土,发现钢梁翼缘与柱型钢焊接处撕裂断裂。

2. 应变分析

以试件 TJ-2($n=0.6$)为例,分析节点核心区型钢、箍筋及加劲肋在不同受力阶段的应变情况。

1) 节点核心区型钢

图 5.6 为试验各阶段节点核心区型钢腹板的主应变测试值。加载初期,型钢腹板的应变较小,表明此阶段混凝土是水平剪力的主要承担部分;随着水平荷载的增加,核心区混凝土出现裂缝,型钢与混凝土出现黏结滑移现象,剪力主要由型钢腹板和箍筋承担,型钢腹板应变逐渐增大;试件屈服时,型钢腹板局部屈服;继续加载至极限荷载,型钢腹板由局部屈服发展为整体屈服;试件破坏时,由于混凝土的脱落和箍筋的拉开,核心区抗剪承载力下降,剪力主要由钢板承担,钢材进入强化阶段,型钢腹板充分发挥其抗剪作用,破坏时主应变方向约 45°。

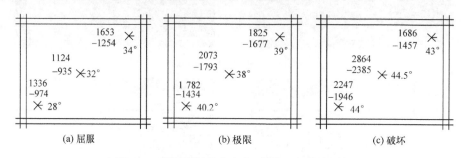

图 5.6　型钢腹板的主应变(单位: $\mu\varepsilon$)及其方向

2) 核心区箍筋应变

加载初期,节点核心区混凝土在轴压力作用下产生的横向应变使得箍筋在柱端水平荷载施加前即产生拉应变,但其值较小,在 $250\sim300\mu\varepsilon$ 范围内。节点核心区混凝土开裂之前,箍筋应变波动不大,说明此时节点剪力主要由核心区混凝土和型钢承担。其后,随着柱端水平荷载的增大,箍筋逐渐体现出其抗剪作用,箍筋应变逐渐增长,试件屈服时,箍筋应变为 $1500\sim1670\mu\varepsilon$。加载至极限荷载时,核心区混凝土裂缝不断开展,箍筋应变增长较快,箍筋基本屈服,应变为 $1920\sim2240\mu\varepsilon$;进入破坏阶段后,节点核心区混凝土通裂后剥落,箍筋应变突增,达到破坏时箍筋的应变基本达到 $2450\sim2600\mu\varepsilon$。

3) 节点核心区型钢翼缘框

试验中柱型钢贯通,钢梁与柱型钢翼缘外侧对焊并在梁上下翼缘处焊接水平加劲板,与柱型钢翼缘一起构成封闭的翼缘框。翼缘框在加载初期应变值较小,绝对值为 $200\sim350\mu\varepsilon$,且应变随水平荷载的反复而拉压交替;型钢腹板屈服前,翼缘框主要起到传递梁的内力和约束混凝土的作用,对试件抗剪作用贡献不大;试件屈服时,翼缘框应变绝对值为 $500\sim600\mu\varepsilon$;试件从屈服到极限荷载的加载过程中,型钢腹板和箍筋相继屈服,翼缘框能承担一定的剪力,应变较大幅度增长,达到绝对值为 $1100\sim1250\mu\varepsilon$;到达破坏荷载时,翼缘框焊接撕裂,部分达到屈服,部分焊接撕裂,应变绝对值为 $1350\sim1500\mu\varepsilon$。

5.1.3 滞回曲线

图 5.7 为框架节点柱顶水平荷载和位移滞回曲线,其中试件 LJ-4 由于设备原

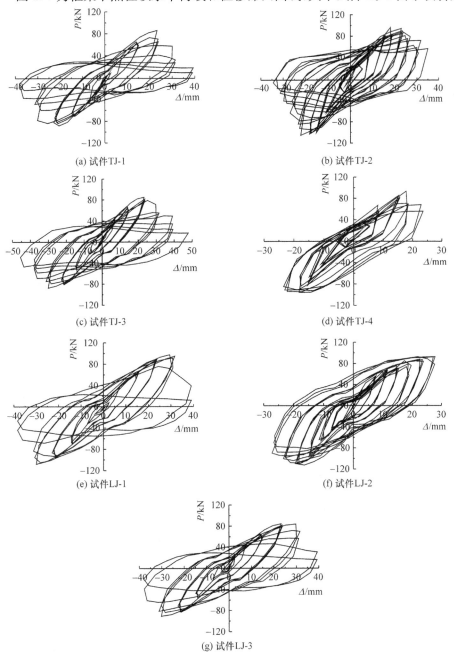

(a) 试件 TJ-1

(b) 试件 TJ-2

(c) 试件 TJ-3

(d) 试件 TJ-4

(e) 试件 LJ-1

(f) 试件 LJ-2

(g) 试件 LJ-3

图 5.7 框架节点柱顶水平荷载和位移滞回曲线

因试验失败,对比分析发现试件具有如下滞回特征:试件的破坏过程基本经历了弹性阶段、弹塑性阶段、塑性阶段和破坏阶段四个过程,不同加载过程的滞回曲线有不同的特征。加载初期,试件处于弹性阶段,滞回曲线基本沿直线循环,卸载后残余变形较小;随着荷载的增加,试件进入弹塑性阶段,曲线逐渐偏离直线,钢与混凝土间存在一定的滑移,混凝土开始出现剪切裂缝和局压裂缝,卸载时有一定的残余变形,滞回环面积逐渐增大,承载力无明显退化;随着加载位移的增大,试件进入塑性阶段,核心区的纵筋和箍筋屈服,特别是节点核心区混凝土裂缝增多、宽度增大,试件的强度和刚度退化明显,导致滞回曲线逐渐向横轴倾斜,节点残余变形越来越大。在破坏阶段,达到极限荷载之后,节点的承载力明显下降,但是滞回曲线饱满度没有减少。在整个加载过程中滞回环均呈梭形,表明试件具有良好的耗能能力。

5.1.4　骨架曲线及承载能力

每一级荷载下第一次循环的峰值点所连成的包络线即为骨架曲线。骨架曲线反映了试件不同阶段受力与变形的特征。各试件的骨架曲线如图 5.8 所示。

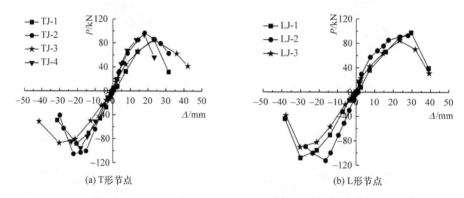

(a) T形节点　　　　　　　　　　(b) L形节点

图 5.8　节点试件的骨架曲线

采用等效能量法确定试件屈服点,取荷载下降至极限荷载的 85% 时作为破坏点。表 5.4 列出了各试件特征点的试验值,其中 P_y 为屈服荷载;Δ_y 为屈服位移;P_{max} 为极限荷载;Δ_{max} 为极限位移;P_u 为破坏荷载;Δ_u 为破坏位移。

表 5.4　试件各阶段荷载、位移试验值

试件编号	屈服荷载 P_y/kN		屈服位移 Δ_y/mm		极限荷载 P_{max}/kN		极限位移 Δ_{max}/mm		破坏荷载 P_u/kN		破坏位移 Δ_u/mm	
	正向	反向	正向	反向	正向	反向	正向	反向	正向	反向	正向	反向
TJ-1	40.30	−50.94	8.77	−8.24	85.97	−88.24	23.29	−20.51	73.07	−75.00	27.71	−26.69
TJ-2	70.03	−64.35	9.14	−8.44	96.61	−105.39	18.06	−22.24	82.12	−89.58	26.14	−25.49

续表

试件编号	屈服荷载 P_y/kN		屈服位移 Δ_y/mm		极限荷载 P_{max}/kN		极限位移 Δ_{max}/mm		破坏荷载 P_u/kN		破坏位移 Δ_u/mm	
	正向	反向	正向	反向	正向	反向	正向	反向	正向	反向	正向	反向
TJ-3	50.95	−49.68	9.31	−11.27	85.04	−87.43	23.40	−30.18	72.28	−74.32	32.5	−36.95
TJ-4	63.65	−55.26	7.86	−8.48	93.69	−95.49	17.85	−18.33	79.64	−81.17	21.31	−24.58
LJ-1	53.18	−61.13	11.15	−12.06	97.67	−107.97	29.49	−30.07	83.02	−91.77	35.12	−35.33
LJ-2	—	−72.46	—	−9.05	92.78	−112.41	27.77	−16.45	78.86	−95.55	—	−25.08
LJ-3	48.06	−51.91	9.13	−11.28	84.43	−90.56	23.28	−30.23	71.77	−76.98	31.23	−35.32

由图 5.8 和表 5.4 可见,试件 TJ-2 和 TJ-4 轴压比均为 0.6,其初始刚度较大,而且极限荷载点也较高,但是其下降段较陡峭,承载力衰减剧烈。这是因为较大的轴向力对核心区混凝土有较大的约束作用,加强了核心区的斜压杆作用,增大了混凝土块体之间的裂面效应,在一定范围内提高了节点核心区抗剪强度。

由试件 TJ-1 和 TJ-3 可知,提高节点核心区的配箍率对节点的极限承载能力提高并不明显,这是因为轴压比为 0.3 的试件 TJ-1 和 TJ-3 主要发生核心区钢材焊接撕裂,在核心区箍筋尚未发生有效的约束作用时,节点已经破坏,故在试验中没有体现核心区配箍率对节点承载力的提高作用。

随着混凝土强度的提高,其极限承载力也有较大提高。在配箍率和轴压比等因素相同的条件下,节点核心区混凝土为 C30 的试件 TJ-3 比节点核心区混凝土为 C60 的试件 TJ-4 的节点极限承载力要低。

5.1.5　延性系数及耗能

各试件的位移延性系数、屈服状态时的层间位移角 ϕ_y、破坏状态时的层间变形角 ϕ_u 及破坏状态时对应的等效黏滞阻尼系数 h_e 见表 5.5。其中,延性系数和等效黏滞阻尼系数 h_e 均按照第 1 章中所建议的方法计算;试件的层间位移角 ϕ 按照式(5.1)计算得到。

$$\phi = \arctan \frac{\Delta}{L_1 + L_2} \tag{5.1}$$

式中,Δ 为柱顶水平位移;L_1、L_2 分别为节点形心至上柱端和下柱端的几何长度。

通过设置在梁柱间斜向 45° 的位移计记录试件梁、柱的相对斜向线位移,由几何关系可以得出梁柱塑性铰区段转角 θ 与斜向线位移 δ 的关系为

$$\theta = \arcsin \frac{\delta \sin 45°}{s} \tag{5.2}$$

按照式(5.2),采用电子位移计测得对应于破坏荷载 P_u 时的线位移 δ_u,可以推导出各试件梁柱间相对极限塑性转角 θ_u,见表 5.5。

表 5.5　试件层间位移角、位移延性系数及耗能

试件编号		TJ-1	TJ-2	TJ-3	TJ-4	LJ-1	LJ-2	LJ-3
μ	正向	3.16	2.71	3.49	2.86	3.15	—	3.16
	反向	3.24	2.90	3.28	3.02	2.93	2.77	3.24
ϕ_y/rad	正向	1/223	1/213	1/211	1/249	1/176	—	1/215
	反向	1/238	1/232	1/174	1/231	1/163	1/217	1/173
ϕ_u/rad	正向	1/71	1/75	1/60	1/92	1/56	—	1/63
	反向	1/73	1/77	1/53	1/80	1/55	1/78	1/55
θ_u/rad		0.021	0.021	0.026	0.017	0.021	0.017	0.022
h_e		0.208	0.211	0.202	0.234	0.191	0.268	0.22

从表 5.5 可以看出：

（1）各试件的位移延性系数均在 3.0 左右，明显优于钢筋混凝土异形柱节点，试件屈服时层间位移角为 1/249～1/173，破坏时层间位移角为 1/92～1/53，梁柱间相对极限塑性转角为 0.017～0.026。尽管各试件均发生了节点核心区破坏，但仍满足现行抗震设计规范中罕遇地震作用下结构层间位移角限值的规定，表明非对称配钢型钢混凝土柱-钢梁节点具有较好的抗震性能。

（2）试件的位移延性系数随着轴压力的增大而减小。由表 5.5 可以看出，当节点位置和其他参数相同时，当轴压比从 0.3 增大 0.6 时，位移延性系数降低约 12.5%。这主要是由于加载后期，较大的轴压力引起严重的二阶效应，加速了核心区混凝土的破坏和脱落，核心区型钢腹板出现局部屈曲，导致试件的延性变差。

（3）提高配箍率可以改善试件的延性，主要体现在箍筋约束内部混凝土使其处于三轴受压状态，混凝土极限应力与极限应变增大，提高了试件的延性性能。

（4）随着试件核心区混凝土强度的提高，试件的延性降低。由表 5.5 可以看出，核心区混凝土强度为 C30 的试件 TJ-2 比核心区混凝土强度为 C60 的 TJ-4 的延性平均提高了 14%。这主要是由于混凝土强度的提高伴随着脆性的增大，从而加剧了混凝土的破坏过程。

（5）各试件破坏时的等效黏滞阻尼系数 h_e 值均在 0.191 以上，表明非对称配钢型钢混凝土柱-钢梁节点耗能能力较好。

5.1.6　刚度退化

本章所采用的割线刚度 K_i 根据第 1 章中的方法确定，L 形截面和 T 形截面节点试件的刚度退化情况如图 5.9 所示，图中符号的意义同第 1 章。由图可以看出，对于 TJ-2、TJ-4 和 LJ-1，试件与加载装置间存在较小的间隙，导致 T 形配钢框架节点和 L 形配钢框架节点分别在位移 Δ 为 4mm 和 2mm 时刚度出现了不同程度的突变。但总体来说,随着侧向位移的增加,刚度逐渐退化,当达到屈服点后退化幅度增大,对于同一级循环,轴压比的增加使刚度退化加快。

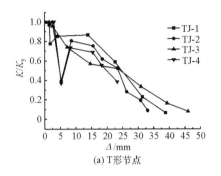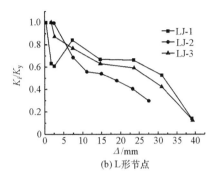

图 5.9　T 形和 L 形节点试件的刚度退化

5.1.7　变形分析

框架结构的总层间位移 Δ 可以看成由梁、柱弯曲和剪切变形引起的层间位移 Δ_{bc} 及节点剪切变形产生的层间位移 Δ_{pz} 之和。本章中各节点试件是按照"强构件,弱节点"设计的,因此在整个试验过程中梁柱构件各受力方向均处于较小的应变状态,当试件节点核心区发生剪切破坏时,梁柱构件处于弹性或初始弹塑性工作阶段,因此其弯曲和剪切变形均较小。以下对节点剪切变形进行重点分析。

节点域在水平剪力作用下产生剪切变形,其矩形核心区将变化成菱形。试验中,通过电子百分表测得核心区对角线的伸长量或缩短量,则可按式(5.3)间接求得节点核心区的剪切角,剪切变形测试方案如图 5.10 所示。

$$\gamma = \alpha_1 + \alpha_2 = \frac{2ab}{\sqrt{a^2 + b^2}}(\delta_1 + \delta_1' + \delta_2 + \delta_2') \tag{5.3}$$

式中,γ 为节点核心区的剪切角;δ_1、δ_1'、δ_2、δ_2' 分别为节点核心区两对角线的伸长量或缩短量。

图 5.11 为各试件在不同阶段其核心区剪切变形角的测试分析结果。可以看出,在屈服阶段,核心区剪切变形角很小,约为 0.004rad,占破坏时剪切变形角的 20%左右;当节点屈服后,核心区剪切变形发展很快,达到极限荷载时,核心区剪切变形角约为 0.01rad,占破坏时的 45%左右;其后,节点达到破坏阶段,核心区剪切变形急剧增大,剪切变形角达到 0.025~0.03rad。节点发生核心区剪切斜压破坏的试件,由于其型钢腹板的屈服,其核心区剪切变形角要明显大于核心区发生钢材焊接撕裂破坏的试件。

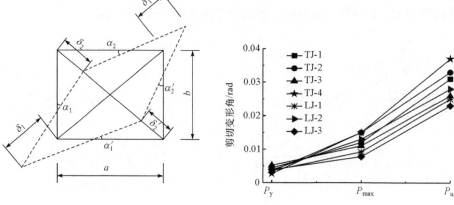

图 5.10　节点核心区剪切变形测量　　　图 5.11　在不同阶段核心区的剪切变形角

5.2　有限元分析

本章利用有限元软件 ANSYS 对试件进行模拟,首先根据结论验证模型的可靠性,并基于有限元模型(finite element model,FEM)进行有关的参数分析。试件主要分为四个部分:型钢、混凝土、钢筋和考虑黏结滑移行为的部分。根据 ANSYS 单元库采用 SOLID 单元模拟型钢和混凝土;纵筋被混凝土包裹,箍筋连接纵筋并封闭成环,故采用 LINK 单元模拟钢筋。型钢和混凝土之间的黏结性能较差,采用 COMBINE 单元模拟黏结滑移行为。

5.2.1　几何模型及材料属性定义

在有限元模型中采用合适的材料特性对于计算结果的完整性、准确性和有效性十分重要。模型的尺寸与试件完全一致,纵筋与每个箍筋都共用一个节点,外面覆盖一定厚度的混凝土保护层;在混凝土与钢的接触面之间设置非常小的间隙,其中插入 COMBINE 单元。

在 ANSYS 中合理划分网格是获得有效分析结果的关键。由于节点区域型钢与混凝土连接情况复杂,故采用 6mm×6mm 和 8mm×8mm 大小的网格,其余部分采用 50mm×50mm 大小的网格。

柱基础和梁端采用铰接[4,5]。在程序中,轴力设置为表面的均布荷载[6]。位移加载过程中不同的增长率对于计算是否收敛影响较大,故采用较小的加载分析步计算以保证较好的准确性,经试算位移增量取 1mm 是合适的。

钢材、混凝土的单元类型及应力-应变关系曲线按照 1.4 节所规定方法确定。

5.2.2　黏结滑移本构模型

型钢与混凝土之间的黏结滑移行为对于试件的承载力有很大影响,交界面设置三个方向的零长度弹簧单元,如图 5.12 和图 5.13 所示,包括法向(垂直于型钢与混凝土连接面)、纵切向(平行于长度方向且平行于连接面)和横切向(垂直于长度方向且平行于连接面)。

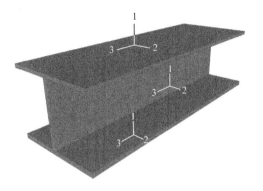

图 5.12　三个方向的弹簧单元
1.法向;2.横切向;3.纵切向

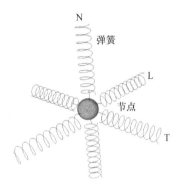

图 5.13　局部坐标系下的弹簧单元

在法向型钢混凝土黏结破坏时,法向的变形非常小,因此将法向的相互作用简化为只能承受压力的刚度系数很大的弹簧,其 F-D 曲线为经过原点的折线,在第三象限内取斜率很大的斜直线,在第一象限内近似为 D 轴,来模拟法向不抗拉的特点,如图 5.14(a)所示。

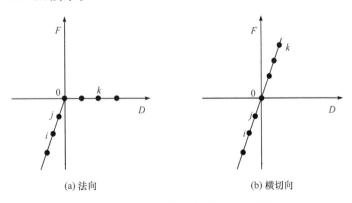

(a) 法向　　　　　　　　　　　　(b) 横切向

图 5.14　法向与横切向弹簧 F-D 曲线

横切向的箍筋和型钢对核心混凝土有较强的约束作用,使得型钢与混凝土在该方向上的相对位移很小,可忽略不计。因此切向横向力-变形曲线的刚度系数取一个较大的常数值,按与混凝土的剪切模量大小相当考虑。所以横切向可以用刚度很大的弹簧模拟,F-D 曲线为经过原点的斜率很大的直线,如图 5.14(b)所示。

　　纵切向的刚度系数具有很强的非线性,可以用 τ-s 关系曲线描述,如图 5.15所示[7]。弹簧的黏结应力可以用式(5.4)计算,相对应的 F-D 曲线用式(5.5)计算。

$$\tau = \tau(s, x_i) \tag{5.4}$$

$$F = \tau(D, x_i) A_i \tag{5.5}$$

式中,A_i 为连接面弹簧的面积;τ 和 s 分别为黏结应力和滑移变形;F 和 D 分别为剪力和横向位移。

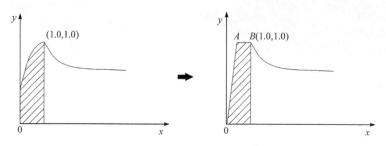

图 5.15　修正的 τ-s 关系曲线

　　根据弹簧所对应节点的位置不同可以将节点分为中间节点、边界节点和角部节点,每个节点占据其邻近黏结区面积的 1/4,划分的具体规则如图 5.16 所示[8]。

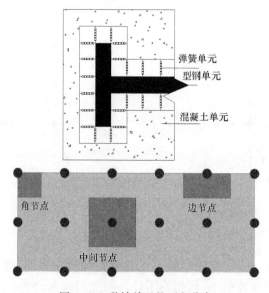

图 5.16　黏结单元的面积分布

ANSYS 程序中要求 F-D 曲线须经过坐标原点,本章基于黏结能等效原理对黏结滑移 τ-s 标准化曲线做出一定的修订以满足计算要求。当定义如图 5.17 所示的 F-D 曲线时,变形必须从第三象限(受压区)增加到第一象限(受拉区)。每个点都有各自的斜率,可以是正的或负的,但是通过原点的斜率必须是正的。

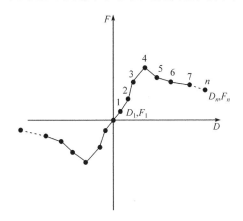

图 5.17　ANSYS 程序中的 F-D 曲线

T 形截面和 L 形截面试件的模型如图 5.18 所示。由图可以明显看出,型钢和钢筋的分布情况,在节点区域网格较密集,以便得到完整的分析结果,而非必要区域网格尺寸较大以简化计算。

5.2.3　试验结果和有限元分析结果对比

1. 应力和应变

试验测量了型钢、箍筋和翼缘框的应变,以试件 TJ-2 为例,各个阶段的钢板主应变和方向如图 5.16 所示。结果表明,钢板大多发生了屈服,屈服阶段主应变方向为 28°～34°,破坏阶段的钢板主应变方向为 45°,此外,主压应变总是小于拉伸应变。

有限元分析得到的失效模式与试验结果的比较如图 5.19 所示,对比发现,其结果与试验结果吻合较好。

2. 滞回曲线

有限元分析得到的滞回曲线和试验获得的滞回曲线对比结果如图 5.20 所示,其中由于设备原因 LJ-4 试验失败。滞回曲线大致呈梭形和 S 形,试件在初始阶段表现出线性的 P-Δ 关系,每级位移的正反向均出现明显的强度退化,以最大强度和刚度退化为特征的黏结滑移现象首先出现在弹塑性阶段,当位移持续增

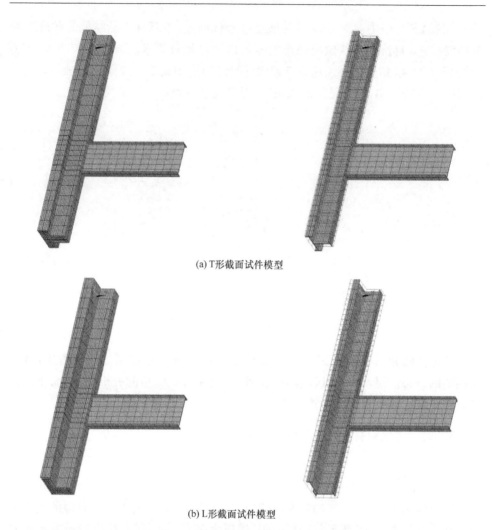

(a) T形截面试件模型

(b) L形截面试件模型

图 5.18　节点试件有限元分析模型

加时,滞回环捏拢现象更加明显,主要是因为混凝土的开裂和闭合,在整个试验过程中试件仍然保持良好的抗震性能。结果表明,有限元分析结果与试验结果吻合较好。

同时,为了简化有限元分析的计算过程,试件屈服之前每级荷载循环一次,采用较小的侧向荷载增量步,弧长法和 Newton-Raphson 法计算得到的滞回曲线与试验结果相似,其中轴压比对失效模式有很大影响。

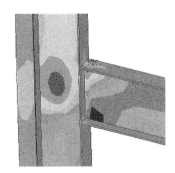

(a) T形截面模型计算结果与试验的比较

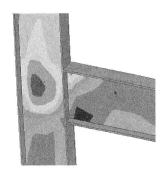

(b) L形截面模型计算结果与试验的比较

图 5.19　节点试件有限元分析结果与试验结果的比较

3. 骨架曲线

有限元分析得到的骨架曲线和试验得到的骨架曲线对比如图 5.21 所示。每一组曲线都有相同的初始刚度和极限荷载,随后承载力发生明显退化。结果表明,两者吻合较好。通过图 5.21 还可以看出:

(1) 由试件 TJ-2 和 TJ-4 可知,骨架曲线的初始刚度和极限承载力均较大,但承载力退化较快,较高的轴压比对核心混凝土的约束作用更加明显,加强了核心区的斜压杆作用。

(2) 由试件 TJ-1 和 TJ-3 可知,提高节点核心区的配箍率对节点的极限承载能力提高不明显,在核心区箍筋尚未发生其有效约束作用时,节点已经破坏,故在试验中没有体现核心区配箍率对节点承载力的提高作用。

(3) 由试件 TJ-3 和 TJ-4 可知,混凝土强度对极限承载力影响较大,在相同条件下 TJ-4 承载力大于 TJ-3,但是下降较快。

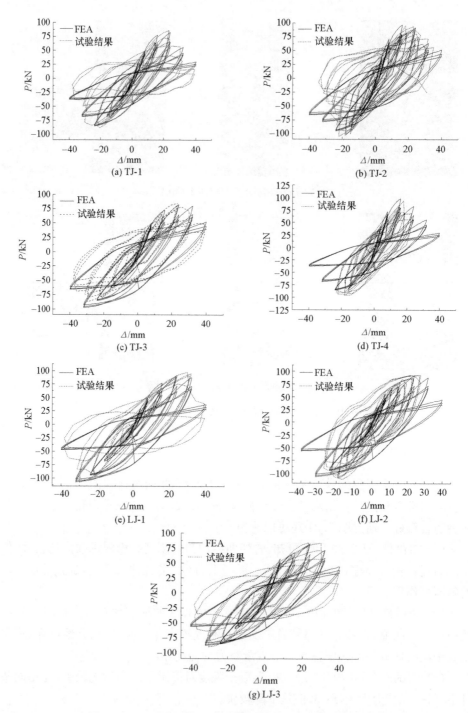

图 5.20　节点试件有限元分析滞回曲线与试验滞回曲线的对比

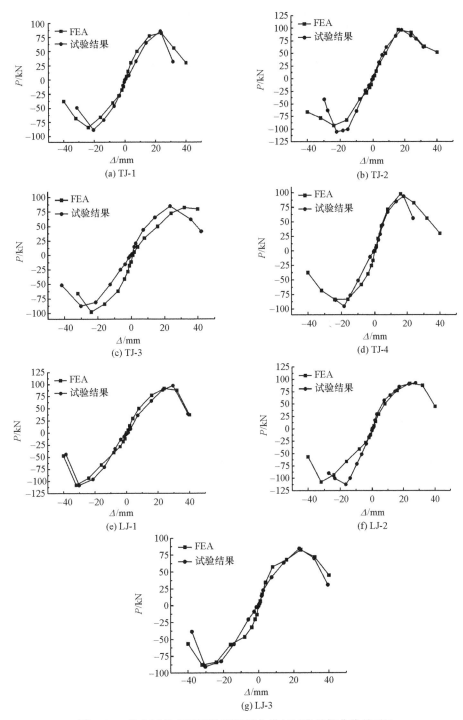

图 5.21　节点试件有限元分析骨架曲线与试验骨架曲线的对比

表 5.6 给出了有限元分析与试验得到极限荷载的对比。可以看出,最大绝对误差为 0.93%,表明计算结果与试验结果吻合良好。

表 5.6 有限元分析与试验得到的极限荷载的对比

试件编号	试验结果 P_1/kN		FEA 分析结果 P_2/kN		平均绝对误差
	正向	反向	正向	反向	
TJ-1	85.97	−88.24	82.58	−83.81	1.046
TJ-2	96.61	−105.39	91.76	−93.13	1.093
TJ-3	85.04	−87.43	82.58	−97.66	0.957
TJ-4	93.69	−95.49	97.94	−83.81	1.041
LJ-1	97.67	−107.97	91.76	−107.43	1.032
LJ-2	92.78	−112.41	96.06	−105.26	1.019
LJ-3	84.43	−90.56	82.58	−87.90	1.026

5.2.4 抗震性能参数分析

1. 轴压比的影响

轴压比对节点试件骨架曲线的影响如图 5.22 所示,T 形截面和 L 形截面试件有相同的趋势,当轴压比增加时,初始刚度增加,屈服点之前曲线均为线性增加,斜率基本不变;达到极限状态时刚度严重退化,但峰值荷载增加;随后下降段变陡,破坏阶段荷载减小。

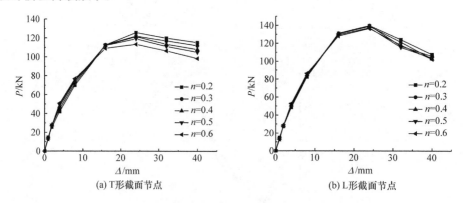

(a) T形截面节点　　　　　　　(b) L形截面节点

图 5.22 轴压比对节点试件骨架曲线的影响

2. 混凝土强度的影响

混凝土强度对节点试件骨架曲线的影响如图 5.23 所示,强度的提高对试件承载力有积极的影响,屈服阶段试件有更高的刚度和承载力;破坏阶段骨架曲线下降更快,延性更差。

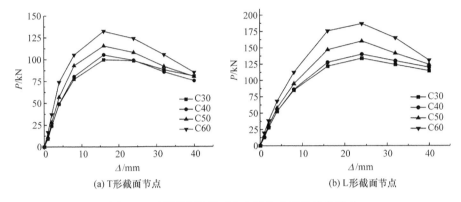

图 5.23　混凝土强度对节点试件骨架曲线的影响

5.3　受剪机理与承载力计算

目前对钢筋混凝土框架节点的受力机理研究较多,斜压杆机理、桁架机理、剪摩机理等相继被提出[9,10];而对于型钢混凝土框架节点也提出了节点核心区水平受剪承载力的理论公式[11~13]。但对异形型钢混凝土框架节点的研究相对较少,相关规范及行业标准也未对其做出明确规定。

鉴于此,为了研究异形型钢混凝土柱-钢梁框架节点的受力机理和承载能力,基于 T 形和 L 形配钢型钢混凝土柱-钢梁节点的拟静力试验结果,同时考虑混凝土强度等级、核心区配箍率和轴压比等参数的影响,建立节点受剪承载能力实用计算公式。

5.3.1　水平地震作用下节点受剪机理分析

按照已有研究结果,节点核心区承受的水平剪力 V_j 计算如图 5.24 所示,其值可根据梁端、柱端弯矩及平衡条件求得,具体表达式为

$$V_j = \frac{M_b}{H_b}\left(1 - \frac{H_b}{H - H_b}\right) \tag{5.6}$$

式中,M_b 为钢梁梁端弯矩;H_b 为钢梁截面高度;H 为型钢混凝土柱截面高度。

对于承受水平剪力的型钢混凝土框架梁柱节点,钢筋和混凝土部分的受剪可

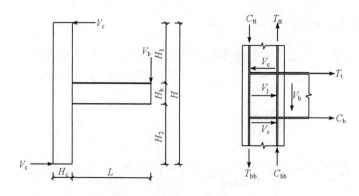

图 5.24　节点核心区水平剪力计算简图

视为混凝土斜压杆机理加桁架受剪机理，型钢部分（型钢腹板和型钢翼缘框）的受剪可视为"框架-钢板剪力墙"受剪机理[14,15]。可以认为节点受剪承载力是混凝土、型钢腹板、核心区箍筋和型钢翼缘框四个部分受剪承载力 V_c、V_w、V_{sv} 和 V_f 的叠加。

1. 混凝土受剪

由试验结果可知，试件屈服前，水平剪力主要由混凝土承担，型钢只承担较少部分的剪力，节点受剪主要由混凝土斜压杆决定[16]。节点核心区在柱端弯矩和梁端弯矩作用下，沿着核心区对角线方向的混凝土区域承受压应力，沿着核心区另外一条对角线方向的混凝土区域则承受拉应力，随着水平荷载的增大，沿对角线方向会产生 45°或 135°斜裂缝，形成混凝土斜压杆，斜压杆的受压能力决定了节点核心区的受剪能力。

核心区混凝土水平受剪承载力由斜压杆的水平分力提供，主要与斜压杆的抗压能力与斜压杆宽度有关。节点核心区混凝土受到核心区翼缘框和箍筋的约束，使其受剪承载力比普通钢筋混凝土的受剪承载力大得多。核心区斜压杆受压承载力用式（5.7）表示：

$$V_c = f_c H b_j \cos\theta \tag{5.7}$$

式中，H 为斜压杆等效宽度；b_j 为节点核心区的有效剪切高度，取 $b_j = \dfrac{h_c + h_b}{2}$；$\theta$ 为斜压杆倾角。

斜压杆等效宽度 H 可以用柱截面高度和梁截面高度表示，同时用节点截面高度进行相应的代换，则斜压杆等效宽度可表示为

$$H = \alpha \sqrt{h_c^2 + h_b^2} = \alpha \sqrt{h_j^2 + \beta^2 h_j^2} \tag{5.8}$$

式中，α 为斜压杆有效宽度与核心区对角线的比值；β 为梁、柱截面高度的比值。

设 $\gamma = \alpha \sqrt{1 + \beta^2}$，则混凝土的受剪承载力可表示为

$$V_c = \gamma f_c h_j b_j \cos\theta \qquad (5.9)$$

式中,斜压柱倾角 θ 与梁、柱受压区高度有关:

$$\cos\theta = \frac{h_c - a_c}{\sqrt{(h_b - a_b)^2 + (h_c - a_c)^2}} \qquad (5.10)$$

系数 γ 受轴压比影响较大,通过对试验数据进行线性回归[17],可以得到系数 γ 与轴压比 n 的关系:

$$\gamma = 0.25 + 0.1n \qquad (5.11)$$

2. 箍筋受剪

试件屈服后,节点核心区混凝土产生多条交叉的斜裂缝,将该区域分割成许多菱形小块,此时核心区只能借助纵筋和箍筋的约束来传递内力,从而从屈服前的斜压杆机理逐渐转为由水平箍筋来承担水平剪力、纵筋来承担竖向力的受力模式。因此,节点核心区中箍筋部分的受剪由桁架机理决定。

节点核心区箍筋的受剪承载力可参考钢筋混凝土节点的研究成果,其计算方法如下:

$$V_{sv} = f_{yv} \frac{A_{sv}}{s_{sv}} (h_0 - a'_s) \qquad (5.12)$$

式中, V_{sv} 为箍筋的受剪承载力; f_{yv} 为箍筋的抗拉强度; A_{sv} 为同一截面内箍筋各肢截面面积的总和; s_{sv} 为箍筋的间距; h_0 为梁截面的计算高度; a'_s 为纵向受压钢筋和型钢受压翼缘合力点到截面近边的距离。

3. 型钢腹板受剪

由于型钢腹板的抗侧刚度远大于型钢翼缘框的抗侧刚度,型钢腹板分担了绝大部分水平剪力。型钢翼缘框与型钢腹板共同形成"框架-剪力墙"受力体系,受力机理如图 5.25 所示。

节点在达到屈服状态之前,型钢腹板基本上都已经屈服,受力如图 5.26 所示。其主拉应力和主压应力分别为

$$\sigma_1 = \frac{\sigma_{col}}{2} + \sqrt{\frac{\sigma_{col}^2}{2} + \tau^2} \qquad (5.13)$$

$$\sigma_3 = \frac{\sigma_{col}}{2} - \sqrt{\frac{\sigma_{col}^2}{2} + \tau^2} \qquad (5.14)$$

式中, σ_{col} 为型钢腹板所受的轴向应力; τ 为型钢腹板所受的剪应力; σ_1 为型钢腹板的主拉应力; σ_3 为型钢腹板的主压应力。

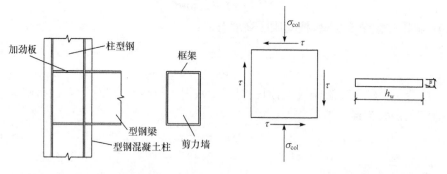

图 5.25　"框架-剪力墙"受力机理　　　　图 5.26　型钢腹板受力图

对于低碳钢型钢腹板,节点在达到屈服状态以前,型钢腹板处于剪切流动状态,利用形状改变能密度理论,即第四强度理论建立强度条件。

$$\sqrt{\frac{(\sigma_1-\sigma_2)^2+(\sigma_2-\sigma_3)^2+(\sigma_3-\sigma_1)^2}{2}}\leqslant f_y \qquad (5.15)$$

式中,f_y 为型钢腹板的单向拉伸屈服强度;σ_1、σ_2 和 σ_3 为构件危险点处的主应力。根据型钢腹板应力状态,$\sigma_2=0$,简化后可得剪应力为

$$\tau=\frac{1}{\sqrt{3}}\sqrt{f_y^2-\sigma_{col}^2} \qquad (5.16)$$

由式(5.16)可知,轴压力对型钢受剪能力有所降低,但同时轴压力可以提高核心区混凝土的受剪承载力。综合考虑取型钢腹板的受剪承载力为

$$V_{sv}=\frac{1}{\sqrt{3}}f_y h_w t_w \qquad (5.17)$$

式中,V_{sv} 为型钢腹板的受剪承载力;h_w 和 t_w 分别为节点区型钢腹板的高度和厚度。

对于 L 形配钢型钢混凝土柱-钢梁框架节点,L 形型钢的截面弯曲中心与截面形心不重合,柱顶水平荷载通过截面形心,而不经过弯曲中心,因此存在偏心扭转。节点核心区受到水平剪力和扭矩的共同作用,其剪应力分布如图 5.27 所示。考虑非对称配钢产生的偏心扭转对节点核心区受剪承载力的不利影响,引进折减系数 δ 进行考虑,其值通过试验数据回归而得,则型钢腹板的受剪承载力可表示为

$$V_{sv}=\frac{1}{\sqrt{3}}\delta f_y h_w t_w \qquad (5.18)$$

利用式(5.18)对折减系数 δ 进行回归,回归得出 δ 为 0.9304,在地震作用下,节点核心区受力较复杂,波动较大,因此建议折减系数 δ 取 0.85。

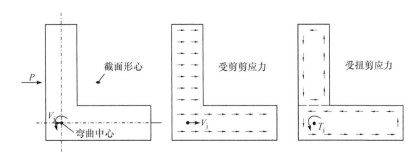

图 5.27　节点核心区剪应力分布

4. 型钢翼缘框受剪

由试验结果可知,型钢翼缘框在整个破坏过程中并没有屈服,表明翼缘框对节点核心区的受剪作用较小。因此,本章忽略翼缘框对节点受剪承载力的贡献。另外,翼缘框对核心区混凝土和型钢腹板有一定的约束作用,一定程度上提高了混凝土和型钢腹板的受剪承载力,同时也提高了试件的延性和耗能能力,这些有利影响保守地作为节点承载力储备进行考虑。

5.3.2　受剪承载力公式的建立与验证

基于前述分析结果,节点核心区受剪承载力主要由混凝土、型钢腹板和箍筋一起承担,其具体的计算表达式为

$$V_j = (0.25 + 0.1n)f_c h_j b_j \cos\theta + f_{yv}\frac{A_{sv}}{s_{sv}}(h_0 - a'_s) + \frac{1}{\sqrt{3}}\delta f_y h_w t_w \quad (5.19)$$

需要注意在进行抗震设计时要考虑承载力抗震调整系数。

按式(5.19)所得节点核心区受剪承载力计算值与试验值的比较见表 5.7。由表可以看出,计算值与试验值吻合较好。

表 5.7　节点核心区受剪承载力计算值与试验值比较

试件编号	试验值/kN	计算值/kN	计算值/试验值
TJ-1	425	402	0.94
TJ-2	508	466	0.92
TJ-3	422	400	0.95
TJ-4	461	434	0.94
LJ-1	521	505	0.97
LJ-2	543	530	0.98
LJ-3	437	412	0.94

5.4 损伤分析

已有研究表明,双参数模型能够较全面地反映结构的地震损伤行为,其中最具有代表性的是 Park 等在大量的钢筋混凝土梁柱破坏试验的基础上建立的变形-能量双参数线性损伤模型。之后相关学者在沿用 Park 双参数损伤模型的基础上做了进一步修正。但结构在地震作用下的实际损伤过程中,位移项与能量项为非线性关系,且其影响权重应随设计参数而变化。为弥补现有损伤模型的不足,同时为了研究非对称配钢型钢混凝土柱-钢梁节点的损伤规律,基于前述非对称配钢型钢混凝土柱-钢梁节点的抗震性能试验结果,考虑变形损伤与能量累积损伤在损伤演化过程中的权重动态变化,建立能够更为全面反映地震作用下构件变形和能量组合的非线性损伤双参数模型,以期为此类结构的抗震性能设计、地震损伤评估以及震后加固提供必要的理论依据[18~21]。

5.4.1 损伤模型

已有地震损伤模型中最具有代表性的是由 Park 和 Ang 等提出的最大变形与累积滞回耗能线性组合的双参数地震损伤模型,其表达式如下:

$$D = \frac{\delta_{\max}}{\delta_u} + \beta \frac{E_h}{F_y \delta_u} \tag{5.20}$$

式中,$\delta_{\max}$ 为结构或构件在实际荷载作用下的最大变形;δ_u 为结构或构件在单调加载下的极限变形;F_y 为构件的屈服强度;E_h 为累积滞回耗能;β 为组合系数。

Park-Ang 双参数损伤模型在很大程度上能够反映结构或构件的破坏机理,比单纯考虑构件变形或累积耗能更加合理,但其模型仍存在不足之处:①单调加载作用下,结构或构件破坏时的损伤指数不为 1,处于弹性阶段时的损伤指数不为 0。②β 的使用范围受限,一方面 β 不易确定;另一方面,其仅在钢筋混凝土构件中适用,对于其他类型的构件没有提出明确的计算方法。③未考虑加载路径的影响,仅考虑最大位移幅值的影响,其计算结果与试验不符。

基于上述考虑,作者通过分别引入 ζ 和 λ 两个指数来考虑变形累积分量与能量累积分量在整体损伤中的权重变化,其表达式如下:

$$D = (1-\gamma)\left(\frac{\delta_{\max,j} - \delta_y}{\delta_u - \delta_y}\right)^{\zeta} + \gamma \sum_{i=1}^{N}\left[\frac{E_i}{P_y(\delta_u - \delta_y)}\right]^{\lambda} \tag{5.21}$$

式中,γ 为组合系数;ζ 和 λ 为指数;$\delta_{\max,j}$ 为第一次出现非弹性变形后直至第 j 次荷载半循环的最大非弹性变形;δ_y 为试件的屈服变形;δ_u 为结构或构件的极限变形;E_i 为第 i 次半循环的滞回耗能;N 为加载半循环次数。

5.4.2　模型参数

1. 屈服点、极限点和破坏点

采用通用屈服弯矩法来确定屈服变形,其确定方法如图 5.28 所示。其中 P_y 和 Δ_y 为屈服荷载和屈服位移;P_{max} 和 Δ_{max} 为极限荷载和极限位移;P_u 和 Δ_u 为破坏荷载和破坏位移。

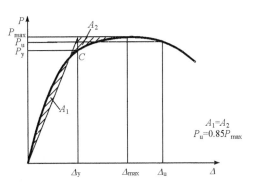

2. 最大非弹性变形

最大非弹性变形为首次出现的最大非弹性位移幅值。在循环荷载

图 5.28　屈服点和破坏点的确定

作用下,结构或构件在某一受力方向上的非弹性位移幅值小于该方向上历史所达到的最大非弹性位移幅值,则认为该位移幅值的变形对构件的损伤没有影响,只考虑滞回耗能对构件的影响。反之,若在某一方向的非弹性位移幅值大于该方向上历史所达到的最大非弹性位移幅值,则需考虑本次循环中变形和滞回耗能共同引起的损伤值。这种取值方法能够较好地反映加载路径对结构或构件的影响。

3. 滞回耗能能力

如图 5.29 所示,E_i 表示第 i 个半循环与横坐标所围成的面积,即横坐标上方阴影部分的面积,当加载至反向时其加载循环变为反向荷载半循环,称为第 $i+1$ 个半循环,对应的耗能能力为横坐标下半部分阴影部分的面积,表示为 E_{i+1}。

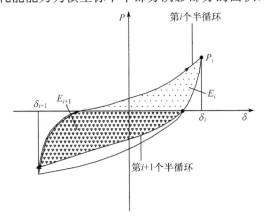

图 5.29　滞回耗能曲线

4. 参数回归

试验研究结果的损伤量化见表 5.8,参照文献[22]进行型钢混凝土异形柱框架节点的损伤状态定量评估。按照上述损伤量化指标,对模型系数进行多元回归分析。其中 γ 的平均值为 0.1625,标准差为 0.0149,变异系数为 9.169%。对参数 ζ 和 λ 则考虑了轴压比 n、配钢率 ρ_{ss}、配箍率 ρ_{sv} 和配钢形式影响因子 κ 的影响,其表达式为

$$\zeta = -1.9n + 1.78 \lg \rho_{sv} + 11.30 \rho_{ss} + \kappa + 4.16 \tag{5.22}$$

$$\lambda = -1.8n - 9.2 e^{-\rho_{sv}} + 7\rho_{ss} + \kappa + 10.43 \tag{5.23}$$

式中,建议对 T 形配钢构件 κ 取 0.89,对 L 形配钢构件 κ 取 1.16。

表 5.8　试验研究结果的损伤量化

损伤变量限值	试验现象
0	混凝土未开裂,梁柱变形很小,处于弹性状态
0.20~0.30	梁端或柱端混凝土开裂,梁柱交接处混凝土开裂,节点核心区混凝土开裂
0.50~0.60	节点核心区混凝土形成双向交叉斜裂缝,核心区型钢腹板部分屈服
0.90~0.95	节点核心区混凝土斜裂缝交叉贯通,混凝土保护层被压碎而剥落,核心区型钢腹板和箍筋完全屈服
1.00	承载能力急剧下降,刚度严重退化

基于上述地震损伤模型,对本章试验构件在完全破坏时的损伤指数进行验算,结果见表 5.9。表明本章提出的损伤模型能较好地反映低周反复荷载作用下型钢混凝土异形柱框架节点损伤的累积、发展直至完全破坏的全过程。

表 5.9　破坏时损伤变量 D_m 值

试件编号	TJ-1	TJ-2	TJ-3	TJ-4	LJ-1	LJ-2	LJ-3
破坏时损伤值	0.98	1.02	1.00	1.03	1.01	0.98	0.99

5.5　本章小结

本章对非对称配钢型钢混凝土柱-钢梁框架节点抗震性能进行了试验研究,讨论了混凝土强度、轴压比和配箍率对试件的影响,同时对试件进行了非线性有限元分析;建立了该类节点的受剪承载力计算公式,最后对节点的损伤进行了分析,结论如下:

(1)在轴向荷载和水平低周往复荷载共同作用下,非对称配钢型钢混凝土柱-钢梁框架节点主要发生核心区剪切斜压破坏和核心区焊接拉裂失效破坏,结构侧

向位移是由核心区剪切变形引起的。试件的破坏形态主要由轴压比决定,轴压比小的试件发生核心区焊接拉裂失效破坏,轴压比大的试件发生核心区混凝土剪切斜压破坏。非对称配钢型钢混凝土柱-钢梁框架节点具有较好的延性性能和耗能能力。增大轴压比和混凝土强度均可提高混凝土的极限承载力,而延性和耗能能力严重退化。配箍率对混凝土和纵向钢筋提供有效约束,配箍率的增加使变形能力和延性提高。

（2）进行了三维非线性有限元分析,在模型中仔细考虑了材料性能（外包钢、混凝土和钢筋）和型钢架与混凝土之间的黏结性能,有限元分析和试验结果吻合良好。结果表明,轴压比和混凝土强度对试件有较大影响,与试验结果基本一致。

（3）对于 L 形异形型钢混凝土柱-钢梁框架节点,其受剪承载能力受到偏心扭转的影响,节点核心区型钢腹板贡献的承载力必须予以折减,折减后得到了异形型钢混凝土柱-钢梁框架节点受剪承载能力的计算公式,计算值与试验值吻合较好。

（4）本章提出的模型考虑了不同设计参数对位移项和能量项的权重影响,反映了配钢率、配箍率、轴压比、配钢形式等因素在损伤累积过程中对位移项和能量项的影响,且考虑了不同加载路径对结构损伤的影响,并通过回归分析的方法确定了指数参数的具体表达式。

参 考 文 献

[1] 薛建阳,刘义,赵鸿铁,等. 型钢混凝土异形柱框架节点承载力试验研究[J]. 土木工程学报,2011,44(5):41-48.

[2] 中华人民共和国住房和城乡建设部. JGJ 138—2016　组合结构设计规范[S]. 北京:中国建筑工业出版社,2016.

[3] 中华人民共和国国家发展和改革委员会. YB 9082—2006　钢骨混凝土结构设计规程[S]. 北京:冶金工业出版社,2006.

[4] Pantelides C P,Okahashi Y,Reaveley L D. Seismic rehabilitation of reinforced concrete frame interior beam column joints with FRP composites[J]. Journal of Composites for Construction,2008,12(4):435-445.

[5] Kovács N,Calado L,Dunai L. Experimental and analytical studies on the cyclic behavior of end-plate joints of composite structural elements[J]. Journal of Constructional Steel Research,2008,64(2):202-213.

[6] Vasdravellis G,Valente M,Castiglioni C A. Behavior of exterior partial-strength composite beam-to-column connections:Experimental study and numerical simulations[J]. Journal of Constructional Steel Research,2009,65(1):23-35.

[7] Abbas A A,Mohsin S M S,Cotsovos D M. Seismic response of steel fibre reinforced concrete beam column joints[J]. Engineering Structures,2014,59(2):261-283.

[8] Li J H,Li Y S,Wang J M,et al. Bond-slip constitutive relation and bond-slip resilience model of shape-steel reinforced concrete columns[J]. China Civil Engineering Journal,2010,43(3):

46-52.

[9] 邢国华,刘伯权,吴涛. 钢筋混凝土框架节点受剪承载力简化计算模型[J]. 建筑结构学报, 2011,32(10):130-138.

[10] Attaalla S A. General analytical model for nominal shear stress of type 2 normal and high strength concrete beam column joints[J]. ACI Structural Journal,2004,101(1):65-75.

[11] 贾金青,朱伟庆,王吉忠. 型钢超高强混凝土框架中节点受剪承载力研究[J]. 土木工程学报,2013,46(10):1-8.

[12] 张士前,陈宗平,王妮,等. 型钢混凝土十形柱空间节点受剪机理及抗剪强度研究[J]. 土木工程学报,2014,47(9):84-93.

[13] 薛建阳,鲍雨泽,任瑞,等. 低周反复荷载下型钢再生混凝土框架中节点抗震性能试验研究[J]. 土木工程学报,2014,47(10):1-8.

[14] 郑山锁,曾磊,吕营,等. 型钢高强高性能混凝土框架节点抗震性能试验研究[J]. 建筑结构学报,2008,29(3):128-136.

[15] 曾磊,许成祥,郑山锁. 考虑高强度混凝土脆性影响的型钢混凝土框架节点受剪承载力计算公式[J]. 建筑结构,2010,40(7):99-102.

[16] 李忠献,张雪松,丁阳. 梁端塑性铰外移的型钢混凝土节点的抗震性能[J]. 华南理工大学学报(自然科学版),2007,35(3):77-82.

[17] 薛建阳,刘义,赵鸿铁,等. 型钢混凝土异形柱框架节点承载力试验研究[J]. 土木工程学报,2011,44(5):41-48.

[18] Hwang T,Scribner C F. RC member cyclic response during various loadings[J]. Journal of Structural Engineering,1984,110(3):477-489.

[19] 刘阳,郭子雄,黄群贤. 型钢混凝土柱的损伤模型试验研究[J]. 武汉理工大学学报,2010,32(9):203-207.

[20] 王斌,郑山锁,国贤发,等. 型钢高强高性能混凝土框架柱地震损伤分析[J]. 工程力学,2012,29(2):61-68.

[21] 陈宗平,徐金俊,陈宇良,等. 基于修正 Park-Ang 模型的型钢混凝土异形柱框架节点地震损伤研究[J]. 建筑结构学报,2015,36(8):90-98.

[22] Krawin H H,Fajfar P. Nonlinear seismic analysis and design of reinforced concrete buildings[M]. New York:Elsevier Science,1992.

第6章　型钢混凝土框架节点宏观模型研究

目前关于型钢混凝土节点有限元的研究报道较多,但大多数分析研究仍局限于传统的微观有限元方法。而微观有限元方法在模拟型钢混凝土节点时存在建模过程复杂且计算效率低的缺点,因此,在型钢混凝土结构的实际工程设计中难以推广应用。研究结果表明,采用宏观模型进行型钢混凝土结构有限元分析具有建模简单、计算效率高的优点,而近年来国内外学者对于宏观模型的研究大都集中在钢筋混凝土框架节点方面,对型钢混凝土框架节点宏观模型的研究报道较少,对于该类节点的传力机理及节点在整个受力过程中的抗剪能力研究还不够深入。

基于此,本章根据低周反复荷载作用下型钢混凝土框架节点的破坏特征,结合已有的钢筋混凝土框架节点宏观单元模型,提出一种适用于型钢混凝土框架节点的新型宏观单元模型。该模型主要包含1个用于模拟节点核心区反应的剪切块分量和12个用于模拟梁柱端反应的弹簧分量。之后基于已有型钢混凝土框架节点试验结果,推导各个弹簧分量的力-变形关系,并进行型钢混凝土节点核心区的传力机理分析。根据节点的传力机理和变形特点,建立节点核心区的平衡方程和变形协调方程。在此基础上,推导单调加载下剪切块分量的应力-应变关系,并编制相应的计算程序。最后,将新的节点单元添加到 OpenSees 平台中,进而对已有型钢混凝土节点试验进行数值模拟,并通过与试验结果对比来验证上述结论的可行性。结果分析表明,本章提出的节点模型能较为准确地描述型钢混凝土节点在低周反复荷载作用下的反应特性。

6.1　基于 OpenSees 的型钢混凝土节点模型的构成

6.1.1　型钢混凝土框架节点在地震作用下的反应

节点作为框架结构体系中受力最为复杂的部分,承担着传递构件内力和保证结构稳定的任务。当作为梁柱交接部位的节点所受的荷载超出其承载能力时,结构会发生相当严重的破坏。大量震害调查研究表明,框架结构的破坏常常是因为设计阶段对节点受力性能认识不足。

图 6.1 给出了一个典型的型钢混凝土框架节点在地震作用下的受力情况。从图中可以看出,在地震作用下梁端主要承受弯矩和剪力,柱端主要承受弯矩、剪力及上部传来的轴力。节点核心区四周作用的梁柱端弯矩($M_{b,l}$,$M_{b,r}$,$M_{c,t}$,$M_{c,b}$)可

以等效转化为由拉压力组成的力偶作用于梁端和柱端,并传入节点。其中梁端和柱端传来的压力在节点域两个对角方向上产生受压带,而另外两个对角方向受到梁柱端传来的拉力。在正反交替荷载的作用下,两个对角线方向交替出现拉应力和压应力,并产生交叉的斜向裂缝,其后随着荷载的继续增加,混凝土的破坏逐渐加剧,其刚度和强度不断衰减。当荷载作用增加至某一值后,梁柱端部纵筋开始屈服,并且梁柱构件端部的混凝土被压碎,但型钢混凝土梁柱构件中型钢的存在使其仍能继续承受较大的荷载。继续增加荷载,假如梁端的型钢翼缘首先屈服并使得梁端出现塑性铰,则意味着框架梁无法再通过节点来传递内力,从而宣告节点破坏。反之,若梁柱端部的型钢翼缘一直未出现屈服现象,则节点核心区所承受的荷载仍将继续增加,最终使得节点核心区混凝土被压碎,从而导致节点发生剪切破坏。因此可以看出型钢混凝土框架节点通常的两种破坏机制为梁端塑性铰破坏和节点核心区的剪切破坏。

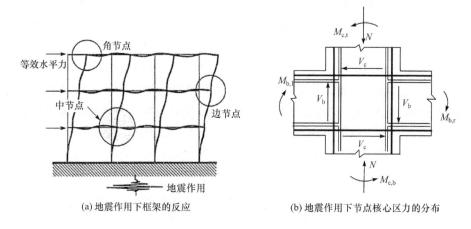

　　　　(a) 地震作用下框架的反应　　　　　　(b) 地震作用下节点核心区力的分布

图 6.1　在地震作用下型钢混凝土框架节点的受力情况

6.1.2　型钢混凝土节点单元模型的组成

OpenSees 中提供的框架梁-柱节点单元是由 Laura 和 Nilanjan 根据钢筋混凝土框架节点在地震作用下发生梁柱纵向钢筋锚固失效、节点核心区混凝土剪切失效及节点四周梁柱交界面剪力传递失效这三类失效模式,通过合理简化得出的一个能够较为客观反映钢筋混凝土框架节点在地震作用下反应特性的节点单元模型,即超级节点单元模型,如图 6.2 所示[1]。

从图 6.2 可以看出,该模型由 4 个外部节点、4 个内部节点、8 个钢筋滑移弹簧、4 个交界面剪切弹簧及 1 个剪切块组成。其中,采用钢筋滑移弹簧模拟节点核心区梁柱纵筋的黏结退化效应,并体现节点核心区梁柱纵筋的锚固失效破坏机制;

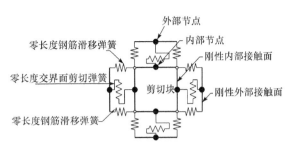

图 6.2　超级节点单元模型

采用交界面剪切弹簧模拟节点周边梁柱交界面处剪力传递的退化效应,并体现节点周边剪力传递失效的破坏机制;采用剪切块模拟节点核心区的剪切反应特性,并反映出节点核心区剪切失效的破坏机制。可根据剪切块的剪切应力-应变关系确定节点核心区的受力状态。

　　虽然 OpenSees 中的超级节点单元只是根据钢筋混凝土框架节点的受力特性而提出的适用于钢筋混凝土节点的宏观模型,但从本质上反映了框架节点的组成部分,既包括体现节点核心区受力特性的剪切块分量,又包含体现梁柱端向节点核心区传力的各个弹簧分量。因此,本章将该节点模型确定为参考对象,并根据型钢混凝土框架节点自身的受力特点和破坏机制对其进行改进,从而建立一个能够适用于型钢混凝土框架节点的新型宏观单元模型。节点新型宏观模型首先要能够反映型钢混凝土框架节点自身的破坏机制;其次,要能够反映型钢混凝土节点在地震作用下的受力特性。同超级节点单元模型一样,假定型钢混凝土框架节点核心区处于"纯剪"状态,从而可以用剪切块来模拟节点核心区的特性。定义节点新型单元模型的剪切块分量特性也是利用广义一维滞回模型对剪切块的骨架曲线和滞回规则进行定义。首先推导出剪切块在单调加载下的剪切应力-应变关系,然后通过对型钢混凝土框架节点的试验数据进行回归分析来定义剪切块的骨架曲线和滞回规则。

　　综合上述分析,本章所建立的型钢混凝土框架节点的宏观模型各部分组成如图 6.3 所示。由图 6.3 可以看出,该模型由 4 个外部节点、4 个内部节点、8 个型钢混凝土弹簧、4 个剪切弹簧及 1 个剪切块组成。其中,通过型钢混凝土弹簧分量来模拟梁端塑性铰破坏机制和梁柱端传来的轴力和弯矩;通过剪切弹簧分量来模拟梁柱端传来的剪力;通过剪切块分量模拟节点核心区在荷载作用下的反应特性及剪切失效模式。

1. 型钢混凝土框架节点模型的关系矩阵

　　对于型钢混凝土框架节点模型,其工作原理与钢筋混凝土超级节点单元相同,只是对超级节点单元中各分量的变形和节点位移的关系矩阵进行修正。在超级节

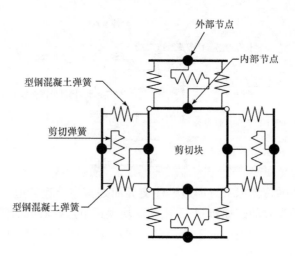

图 6.3　型钢混凝土框架节点宏观单元组成

点单元模型中,假定钢筋滑移弹簧的位置在节点单元的四周,而实际上应该在梁柱
压力或拉力的合力点处,因此在新的型钢混凝土节点模型中将对弹簧的位置进行

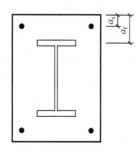

图 6.4　型钢混凝土梁
柱截面

修正。对于型钢混凝土构件,压力或拉力由型钢、混凝
土及纵筋承担,但由于在构件受力过程中拉力和压力的
合力位置不断变化,且合力点的计算较为复杂,为了使
模型有较高的计算效率,做以下假定:①假定合力点的
位置在受力过程中不发生变化;②混凝土不承担拉力;
③型钢中的拉力和压力由翼缘承担,剪力由腹板承担;
④由于在构件受力过程中混凝土被逐渐压溃,使其逐渐
退出工作,可以假定构件的拉力和压力由型钢翼缘及钢
筋来承担,即弹簧的位置在型钢翼缘和钢筋的合力点
处。图 6.4 为典型的型钢混凝土梁柱截面。

型钢翼缘和钢筋的合力点位置计算如下:

$$h=\frac{f_y A_s a_s+f_a A_f a_f}{f_y A_s+f_a A_f} \tag{6.1}$$

式中,h 为型钢翼缘和钢筋的合力点到截面上边缘的距离;f_y、f_a 分别为钢筋和型
钢的屈服强度;a_s、a_f 分别为钢筋形心和型钢翼缘形心到截面上边缘的距离;A_s、
A_f 分别为钢筋和型钢翼缘的面积。

根据式(6.1)对弹簧位置进行修改,得出节点位移和弹簧变形的关系为

$$
\begin{bmatrix} \Delta_1 \\ \Delta_2 \\ \Delta_3 \\ \Delta_4 \\ \Delta_5 \\ \Delta_6 \\ \Delta_7 \\ \Delta_8 \\ \Delta_9 \\ \Delta_{10} \\ \Delta_{11} \\ \Delta_{12} \\ \Delta_{13} \end{bmatrix} =
\begin{bmatrix}
0 & -1 & \frac{w-2\bar{w}}{2} & 0 & 0 & 0 & 0 & 0 & 0 & 0 & 0 & 0 & \frac{\bar{w}}{w} & 0 & \frac{w-\bar{w}}{w} \\[4pt]
0 & -1 & -\frac{w-2\bar{w}}{2} & 0 & 0 & 0 & 0 & 0 & 0 & 0 & 0 & \frac{w-\bar{w}}{w} & 0 & \frac{\bar{w}}{w} \\[4pt]
1 & 0 & 0 & 0 & 0 & 0 & 0 & 0 & 0 & 0 & -1 & 0 & 0 & 0 \\[4pt]
0 & 0 & 0 & 1 & 0 & \frac{h-2\bar{h}}{2} & 0 & 0 & 0 & 0 & -\frac{h-\bar{h}}{h} & 0 & -\frac{\bar{h}}{h} & 0 \\[4pt]
0 & 0 & 0 & 1 & 0 & -\frac{h-2\bar{h}}{2} & 0 & 0 & 0 & 0 & -\frac{\bar{h}}{h} & 0 & -\frac{h-\bar{h}}{h} & 0 \\[4pt]
0 & 0 & 0 & 0 & 1 & 0 & 0 & 0 & 0 & 0 & -1 & 0 & 0 & 0 \\[4pt]
0 & 0 & 0 & 0 & 0 & 1 & \frac{w-2\bar{w}}{2} & 0 & 0 & 0 & 0 & -\frac{\bar{w}}{w} & 0 & -\frac{w-\bar{w}}{w} \\[4pt]
0 & 0 & 0 & 0 & 0 & 1 & \frac{w-2\bar{w}}{2} & 0 & 0 & 0 & 0 & -\frac{w-\bar{w}}{w} & 0 & -\frac{\bar{w}}{w} \\[4pt]
0 & 0 & 0 & 0 & 0 & 0 & 1 & 0 & 0 & 0 & -1 & 0 & 0 & 0 \\[4pt]
0 & 0 & 0 & 0 & 0 & 0 & 0 & 1 & -\frac{h-2\bar{h}}{2} & \frac{h-\bar{h}}{h} & 0 & \frac{\bar{h}}{h} & 0 \\[4pt]
0 & 0 & 0 & 0 & 0 & 0 & 0 & 1 & -\frac{h-2\bar{h}}{2} & \frac{\bar{h}}{h} & 0 & \frac{h-\bar{h}}{h} & 0 \\[4pt]
0 & 0 & 0 & 0 & 0 & 0 & 0 & 0 & 1 & 0 & -1 & 0 & 0 \\[4pt]
0 & 0 & 0 & 0 & 0 & 0 & 0 & 0 & 0 & -\frac{1}{h} & \frac{1}{w} & \frac{1}{h} & -\frac{1}{w}
\end{bmatrix}
\begin{bmatrix} u_1 \\ u_2 \\ u_3 \\ u_4 \\ u_5 \\ u_6 \\ u_7 \\ u_8 \\ u_9 \\ u_{10} \\ u_{11} \\ u_{12} \\ v_1 \\ v_2 \\ v_3 \\ v_4 \end{bmatrix}
$$

$$(6.2)$$

式中，$\bar{w}$、$\bar{h}$ 分别为节点宽度方向和高度方向弹簧距离节点边缘的距离，即由式(6.1)计算出来的值。同样，对于节点力和弹簧分量力的关系矩阵也随之变为修改后的矩阵。

2. 型钢混凝土弹簧分量

在地震作用下，型钢混凝土框架节点会因为梁端出现塑性铰而发生破坏。从国内外已有关于型钢混凝土框架节点试验结果和震害研究中可以看出：型钢混凝土框架节点在出现梁端塑性铰破坏时，梁端将出现较大裂缝。这主要是由于在反复荷载作用下梁端承载能力逐渐退化，梁端变形增加并最终出现宽度较大的裂缝。同时，由于梁柱端型钢与混凝土之间存在黏结滑移现象，从而加剧了梁端承载力的退化和变形的增加，因此在模拟梁端的强度和刚度退化时必须考虑型钢与混凝土间的黏结滑移效应。

基于上述分析，本章将首先对型钢和混凝土之间的黏结滑移性能进行研究，进而对考虑黏结滑移的型钢混凝土弹簧的力-变形关系进行推导。

目前主要通过对型钢混凝土梁或柱构件进行试验来研究型钢与混凝土之间的黏结滑移性能。虽然在试验中使用型钢混凝土梁构件能更准确地得到型钢混凝土梁中型钢与混凝土之间的黏结滑移力学性能和分布情况，但在进行数据测量时具有极大的局限性，因此在试验研究中较少使用。而使用型钢混凝土柱进行试验时，加载方式比较简单且不受量程限制，因此成为研究型钢与混凝土之间黏结滑移最常用的试验方式。根据研究内容的不同，型钢混凝土柱构件进行黏结滑移试验的方法可分为剪切型试验方法、推出试验方法、拉拔试验方法和推拉反复试验方法。本章将根据作者及其课题组前期开展的型钢混凝土柱拉拔及推拉反复试验结果对型钢混凝土弹簧进行定义[2~5]。

　　1) 单调加载下型钢外力-滑移关系曲线

　　通过只考虑型钢翼缘与混凝土的黏结作用,建立型钢外力和黏结应力的平衡关系,从而计算出平均黏结应力与加载端相对滑移量之间的关系曲线,即 $\tau\text{-}s$ 曲线。对 $\tau\text{-}s$ 曲线进行无量纲化($x=s/s_u$,$y=\tau/\tau_u$)处理,得到 $\tau\text{-}s$ 标准化曲线,如图 6.5 所示。该曲线由无黏结滑移段、直线上升段、曲线上升段及曲线下降段四部分组成。其中,τ_u 为平均黏结强度,计算时型钢的锚固长度按全锚固考虑;s_u 为试件达到极限承载状态时加载端的相对滑移量。

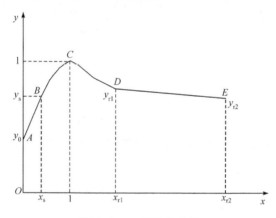

图 6.5　$\tau\text{-}s$ 标准化曲线

　　虽然直接得出的 $\tau\text{-}s$ 曲线表达式能较为全面地反映影响黏结滑移本构关系的因素,且各参数的物理意义明确,因此能够准确定义型钢混凝土的黏结滑移性能。但 $\tau\text{-}s$ 曲线数学表达式的确定较为复杂,实际应用较为困难。另外,由于型钢混凝土的黏结滑移效应只是影响型钢混凝土构件受力性能众多因素中的一种,如果只是片面地追求型钢混凝土黏结滑移本构模型的准确性,这不但会使型钢混凝土构件的受力性能研究工作更加复杂,而且最终对型钢混凝土构件模拟精度的提高也非常有限。因此,通过对 $\tau\text{-}s$ 曲线表达式的进一步简化,使其不但能够较为准确地反映型钢混凝土的滑移性能,而且实际上更加简单方便。通过对标准化 $\tau\text{-}s$ 曲线进行统计分析可以看出,标准化 $\tau\text{-}s$ 曲线一般情况下都经过以下四个固定点:$(0,0.4)$、$(0.4,0.7)$、$(1,1)$ 及 $(2.4,0.8)$。因此标准化 $\tau\text{-}s$ 曲线的上升段由控制点 $(0,0.4)$、$(0.4,0.7)$、$(1,1)$ 来确定,而下降段则由控制点 $(1,1)$、$(2.4,0.8)$ 来确定,最终得到了 $\tau\text{-}s$ 标准化曲线的简化表达式:

$$y=\begin{cases} -0.25x^2+0.85x+0.4, & x\leqslant1 \\ \dfrac{x}{1.542x-0.542}, & x>1 \end{cases} \tag{6.3}$$

影响型钢混凝土黏结强度的主要因素有混凝土的强度等级、混凝土保护层厚度、型钢锚固长度。与混凝土保护层厚度和型钢锚固长度相比,混凝土的强度等级对黏结强度影响更为显著。因此为简化计算,本章只考虑混凝土强度等级对黏结强度的影响。文献[6]对国内外型钢混凝土黏结滑移试验结果进行了统计回归分析,得出了型钢混凝土的平均黏结强度计算公式:

$$\tau_u=0.05644f_c' \tag{6.4}$$

文献[2]对型钢混凝土的极限滑移量进行了系统研究。结果表明,型钢与混凝土之间的极限黏结滑移量 s_u 主要受型钢锚固长度的影响,其他影响因素可以忽略。通过对型钢混凝土滑移试验数据进行线性回归,得出了型钢与混凝土之间极限滑移量 s_u 的计算表达式:

$$s_u=\frac{0.0574l_a}{h_a}-0.0578 \tag{6.5}$$

式中, l_a 为型钢的锚固长度; h_a 为型钢截面的高度。

由计算出的 τ_u 和 s_u 并结合式(6.3)可确定出黏结强度 τ 与极限滑移量 s 的关系曲线。由力的平衡关系可得型钢外力 P 和黏结应力 τ 的关系为

$$P=\tau A \tag{6.6}$$

式中, A 为型钢与混凝土黏结面的面积。

因此,根据 $\tau\text{-}s$ 关系曲线及式(6.7)可得出型钢外力 P 与滑移量 s 的关系曲线,即典型的 $P\text{-}s$ 曲线,如图 6.6 所示。

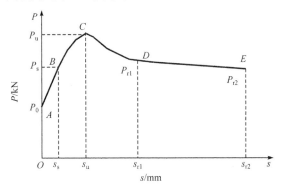

图 6.6　型钢外力和滑移量关系曲线

2) 循环加载下型钢外力-滑移反应

在地震作用下,型钢与混凝土之间的黏结效应不断退化,使得它们之间的相对滑移量逐渐增大,导致构件的刚度不断衰减,变形增加。此外,随着滑移量的逐渐

增加,型钢与混凝土之间的协同能力不断降低,导致构件的承载力下降。因此,必须对循环加载下的型钢外力-滑移关系进行定义。本章将采用广义一维滞回反应模型来进行定义。在该模型中,通过设置强度退化参数、卸载刚度退化参数及再加载刚度退化参数来实现循环加载下型钢外力-滑移滞回反应关系的定义。通过对课题组所做的推拉反复试验结果进行研究分析,对广义一维滞回模型的相关参数进行了定义,各参数的设置如下:

(1) 卸载刚度,按初始加载滑移达到 0.05mm 时刚度的 3 倍计算。

(2) 卸载结束点的应力值,假定标志卸载结束点的应力为单调加载下最大应力的 0.25 倍。

(3) 再加载开始时的滑移值是本次循环达到的最大滑移值的 0.2 倍。

(4) 再加载开始时的应力为本次循环达到最大滑移值所对应力的 0.2 倍。

此外,从黏结滑移的循环加载试验结果可以看出,在反复荷载作用下卸载刚度几乎没有退化,因此在定义卸载刚度的损伤指数时可以认为其值恒定为 0。再加载刚度和强度退化参数的定义可通过对试验数据回归分析得到。

型钢混凝土弹簧分量主要用来模拟框架梁柱传入节点的轴力和弯矩,其变形值定义为梁柱端与节点交界面处型钢与混凝土之间的滑移量。前面已经得出了型钢外力-滑移之间的关系。由于弹簧分量的材料特性是由弹簧力-弹簧变形确定的,因此接下来需要定义弹簧力和型钢力之间的关系。对于受拉弹簧,由于忽略了混凝土的抗拉能力,可以认为所有的弹簧力都是由型钢和钢筋承担的。对于受压弹簧,弹簧力则由型钢、钢筋及混凝土共同承担。对于型钢,腹板承受的拉力或压力比翼缘小,因此可以认为型钢中只有翼缘承担拉力或压力。

对于受拉弹簧,弹簧力由钢筋和型钢翼缘共同承担,可以表示为

$$T = T_a + T_s \tag{6.7}$$

式中,T 为弹簧的拉力;T_a 为型钢翼缘所受的拉力;T_s 为钢筋所受的拉力。

由于已知型钢所受拉力和滑移量之间的关系,要定义弹簧力和滑移量之间的关系就需用型钢力表示弹簧力。这也意味着将钢筋所受的拉力 T_s 由型钢翼缘所受的拉力 T_a 表示。为简化计算,假定它们之间的比例按弹性阶段的比例计算并且在受力过程中保持不变。此外,假定钢筋和型钢翼缘的应变相同,并且都等于 ε,则钢筋所受拉力和型钢所受拉力表示如下:

$$T_a = E_a \varepsilon A_a \tag{6.8}$$

$$T_s = E_s \varepsilon A_s \tag{6.9}$$

式中,E_a 为型钢的弹性模量;A_a 为受拉型钢翼缘的面积;E_s 为钢筋的弹性模量;A_s 为受拉钢筋的面积。

由于钢筋和型钢的弹性模量接近,因此弹簧拉力 T 可以表示为

$$T = T_a \left(1 + \frac{A_s}{A_a}\right) \tag{6.10}$$

对于受压弹簧,由钢筋、混凝土及型钢共同承担,可以表示为

$$C=C_c+C_s+C_a \tag{6.11}$$

式中,C 为弹簧的压力;C_c 为混凝土所承担的压力;C_s 为钢筋所承担的压力;C_a 为型钢翼缘所承担的压力。

为计算受压弹簧和型钢外力的关系,同样要将各部分承担的压力用型钢承担的压力来表示。在计算各部分承担的压力时,进行如下基本假定:①梁柱截面在受力后仍然符合平截面假定;②梁柱端破坏时,其受压边缘混凝土极限压应变 $\varepsilon_{cu}=0.003$;③在将混凝土受压区的应力图形简化成矩形分布时,等效压应力取混凝土的压应力 f_c',受压区高度 $x=0.8x_0$,x_0 为实际受压区高度。以上关于构件截面应力-应变分布的简化假设可用图 6.7 表示。

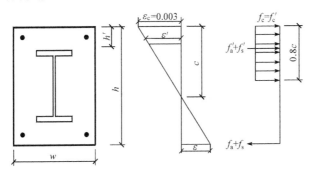

图 6.7　梁柱构件截面应力和应变分布

各部分承担的压力计算如下:

$$C_c=0.8f_c'cw \tag{6.12}$$
$$C_s=f_s'A_s' \tag{6.13}$$
$$C_a=f_a'A_a' \tag{6.14}$$

式中,f_c' 为截面边缘处混凝土的压应力;c、w 分别为混凝土的受压区高度和截面宽度;f_s'、f_a' 分别为钢筋和型钢翼缘的压应力;A_s'、A_a' 分别为钢筋和型钢翼缘受压面积。

与受拉弹簧计算时相同,假定型钢翼缘的应变和钢筋的应变相同,并且等于型钢翼缘和钢筋合力点处的应变。根据平截面假定(图 6.7),截面弹簧位置处的压应变为

$$\varepsilon'=0.003\frac{c-h'}{c} \tag{6.15}$$

因此钢筋和型钢翼缘的压力可表示为

$$C_s=0.003\frac{c-h'}{c}E_sA_s' \tag{6.16}$$

$$C_a=0.003\frac{c-h'}{c}E_sA_a' \tag{6.17}$$

弹簧压力表示为

$$C=C_c+C_s+C_a=C_a\left(1+\frac{A_s'}{A_a'}+\frac{0.8f_c'w}{0.003E_sA_a'}\cdot\frac{c^2}{c-h'}\right)\qquad(6.18)$$

由式(6.18)可以看出,当型钢翼缘和钢筋的合力点及中和轴高度为常数时,弹簧压力和型钢翼缘的比例为常数。在梁柱构件受力过程中,型钢翼缘和钢筋的合力点及中和轴的高度一直在变化,这使得弹簧合力的求解变得十分复杂。为简化计算,假定受压区混凝土的合力点在受压弹簧位置处,并且在受力过程中弹簧位置不发生变化。因此求得中和轴高度 c 为

$$c=\frac{2h'}{0.8}=2.5h'\qquad(6.19)$$

将式(6.20)代入式(6.19)可得弹簧压力的最终表示形式为

$$C=C_a\left(1+\frac{A_s'}{A_a'}+\frac{f_c'wh'}{0.0009E_sA_a'}\right)\qquad(6.20)$$

3. 剪切弹簧分量

剪切弹簧分量主要用来模拟梁柱端传来的剪力及在地震作用下节点周围交界面传递剪力能力的退化,其变形定义为梁柱端和节点交界面处两侧的相对滑动。和钢筋混凝土节点相同,在地震作用下型钢混凝土节点区四周交界面处混凝土将

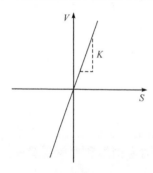

图 6.8 剪切弹簧上的力和变形关系

会开裂。然而,由于型钢混凝土梁柱构件中含有型钢,并且所包含的型钢和节点区是相接的,因此梁柱端在出现裂缝后依然能向节点区传递剪力。从国内外已进行的型钢混凝土节点试验结果可以看出,在梁端出现塑性铰破坏时,梁柱型钢的翼缘达到屈服状态,而型钢腹板一般没有达到破坏状态,并能继续承受剪力。此外,在受力过程中梁柱端和节点交界面处两侧的相对滑动一般较小,因此在定义剪切弹簧时假定剪切弹簧在整个受力过程中处于弹性阶段。剪切弹簧上的力和变形之间的关系如图6.8所示。

剪切弹簧上的力和变形之间的关系可以表示如下:

$$V=KS\qquad(6.21)$$

式中,V 为剪切弹簧的剪力;K 为剪切弹簧的刚度;S 为剪切弹簧的变形。

由于在受力过程中梁柱端和节点交界面处两侧的相对滑动一般较小,因此在节点建模时可以将剪切弹簧的刚度 K 定义为很大,使得剪切弹簧既能传递梁柱端的剪力,又不产生较大变形。

6.2 剪切块分量的受力性能研究

6.2.1 节点的受力机理

在荷载作用下,框架节点将承受来自梁柱端的弯矩、剪力和轴力,使其成为受力最为复杂的部位。通过对节点受力机理进行研究,可以了解节点对其承受荷载的分配及传递方式,为节点的抗剪能力计算提供合理的简化模型和理论基础。在节点受力机理研究方面,对钢筋混凝土节点的受力机理研究进行得比较多,并形成了两种比较有代表性的节点传力模型,即桁架机构+斜压杆机构模型和约束模型。对于型钢混凝土节点,型钢的存在使其受力机理不同于钢筋混凝土节点。现有研究结果表明,型钢混凝土节点的受力机理大致有钢桁架机理和钢"框架-剪力墙"机理[7]。

作者及其课题组前期进行了低周反复荷载作用下 5 个型钢高强高性能混凝土框架结构中节点的拟静力试验[8]。通过对试验数据进行整理,得到了 5 个试件(J-1~J-5)在整个受力阶段各抗力部分所承担剪力的大小,如图 6.9 所示。可以看出,在整个型钢混凝土节点受力过程中,混凝土承担了大部分剪力,相比箍筋,型钢也承担了部分剪力,而在整个受力过程中,箍筋所承担的剪力很小,只是在型钢混凝土节点受力阶段后期才略有上升。另外,从翼缘框应变随加载过程的变化情况来看,其在整个加载过程中的大部分阶段均很小,只有当节点所受荷载达到一定程度时,即节点核心区的型钢腹板和箍筋都已屈服后,翼缘框的应变才开始大幅度增加。根据箍筋和翼缘框在整个型钢混凝土节点受力过程中的表现可以看出,它们在整个节点受力过程中的绝大部分阶段应力都很小,只是在节点到达极限状态时为了约束核心区混凝土过大的变形才略有增加。因此,可以认为节点核心区的箍筋和翼缘框在节点整个受力过程中并不直接参与抗剪,而是通过约束节点核心区的混凝土来提高节点的抗剪能力。由于混凝土的抗剪能力在很大程度上影响节点的抗剪能力,根据节点核心区型钢翼缘框内部及其外部约束不同,将混凝土斜压杆抗剪分为内部斜压杆抗剪和外部斜压杆抗剪,能够更精确地计算节点的抗剪能力。综上所述,型钢混凝土节点是外部混凝土斜压杆、型钢腹板及内部混凝土斜压杆的主要抗剪部分,如图 6.10 所示。

6.2.2 单调加载下剪切块分量的应力-应变关系

如前所述,在框架节点宏观单元模型中,剪切块分量用来模拟节点核心区的受力反应,其在单调加载下的受力性能可根据节点核心区的剪切应力-应变关系曲线来确定。因此,接下来将对节点核心区的剪切应力-应变关系进行理论推导。

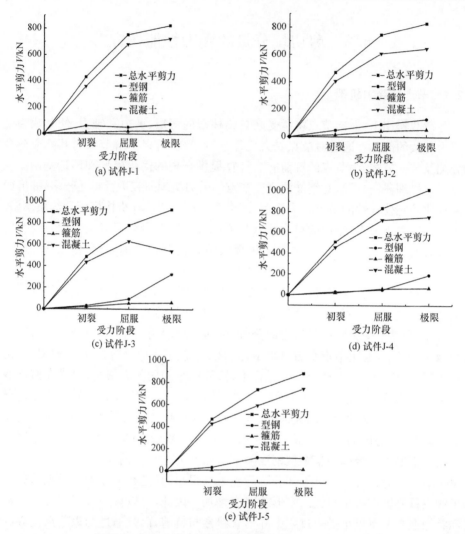

图 6.9　在整个受力阶段各抗力部分所承担剪力的试验值

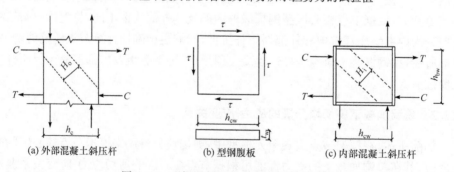

(a) 外部混凝土斜压杆　　　　(b) 型钢腹板　　　　(c) 内部混凝土斜压杆

图 6.10　型钢混凝土节点的三种受力机理

由上述受力机理分析可知,型钢混凝土节点核心区的剪力主要由型钢腹板、外部混凝土斜压杆和内部混凝土斜压杆来承担,为了简化推导过程,假定型钢腹板处于纯剪状态,剪应力均匀分布。各部分的受力简图如图 6.11 所示。

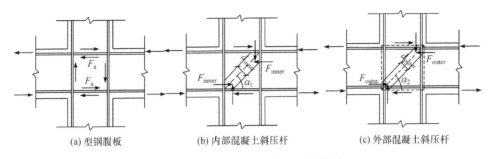

(a) 型钢腹板　　　　　　(b) 内部混凝土斜压杆　　　　　(c) 外部混凝土斜压杆

图 6.11　型钢混凝土节点的受力简图

1. 平衡条件

根据受力平衡可得节点区的水平剪力等于各抗力部分的水平分量之和。剪切块的平均水平剪应力为

$$\tau = \frac{F_{inner}\cos\alpha_1 + F_{outer}\cos\alpha_2 + F_a}{w b_j} \tag{6.22}$$

式中,F_{inner} 为内部混凝土斜压杆剪力;F_{outer} 为外部混凝土斜压杆剪力;F_a 为型钢腹板所承受的水平剪力;α_1、α_2 分别为内外混凝土斜压杆与水平方向的夹角;w、b_j 分别为节点平面内外的宽度。

（1）内部混凝土斜压杆剪力。

$$F_{inner} = f_{inner} d_{inner}(b_f - t_w) \tag{6.23}$$

式中,f_{inner} 为内部混凝土斜压杆的应力;d_{inner} 为内部斜压杆的高度;b_f、t_w 分别为型钢翼缘宽度和腹板厚度。

国内外试验研究表明,混凝土斜压杆的高度大致为其长度的 1/3[9],即

$$d_{inner} = 0.33\sqrt{h_w^2 + h_{w'}^2} \tag{6.24}$$

式中,h_w 为柱型钢腹板的高度;$h_{w'}$ 为梁型钢腹板的高度。

（2）外部混凝土斜压杆剪力。

$$F_{outer} = f_{outer} d_{outer}(b_j - b_f) \tag{6.25}$$

式中,f_{outer} 为外部混凝土斜压杆的应力;d_{outer} 为外部混凝土斜压杆的高度。

与内部混凝土斜压杆高度的计算方法相同,外部混凝土斜压杆高度为

$$d_{outer} = 0.33\sqrt{w^2 + h_j^2} \tag{6.26}$$

式中,h_j 为节点高度。

（3）型钢腹板所抵抗的水平剪力。

$$F_a = G\gamma h_w t_w \tag{6.27}$$

式中，G 为型钢的弹性模量；γ 为节点核心区的剪切应变。

2. 变形协调条件

文献[9]表明，配有箍筋的型钢混凝土节点在整个受力过程中型钢与混凝土的变形始终是协调一致的。因此，本章认为型钢混凝土节点的上述三种传力机构变形协调。为了计算各传力机构所抵抗的水平剪力，假定节点处于平面应变状态[10]。各应变之间的关系如下：

$$\varepsilon_c = \frac{\varepsilon_x + \varepsilon_y}{2} + \frac{\varepsilon_x - \varepsilon_y}{2}\cos(2\theta) + \frac{\gamma_{xy}}{2}\sin(2\theta) \tag{6.28}$$

$$\varepsilon_t = \frac{\varepsilon_x + \varepsilon_y}{2} + \frac{\varepsilon_x - \varepsilon_y}{2}\cos[2(\theta+90°)] + \frac{\gamma_{xy}}{2}\sin[2(\theta+90°)] \tag{6.29}$$

$$\gamma_{xy} = \tan(2\theta)(\varepsilon_x - \varepsilon_y) \tag{6.30}$$

式中，ε_c、ε_t 分别为主压应变和主拉应变；ε_x、ε_y 分别为水平和竖直方向的应变；γ_{xy} 为剪切应变；θ 为主压应变方向角，对内部斜压杆和外部斜压杆来说其 θ 不同。

假如 θ 值已知，在给定任意剪切应变 γ_{xy} 的情况下，式(6.27)~式(6.30)共有 4 个未知量。要想解出所有未知量，就必须给出第 4 个关系式。为了克服这个困难，引入一个关于主压应变和主拉应变的因子 k_t，其定义如下：

$$k_t = -\frac{\varepsilon_t}{\varepsilon_c} \tag{6.31}$$

因此，如果 k_t 为已知，则可解出所有未知量。k_t 的值主要与混凝土的受约束程度有关。从试验数据上可以看出，k_t 和剪切应变 γ_{xy} 之间存在一定的关系，为了简化计算，假定两者之间呈线性变化关系，对试验数据进行线性回归，得到 k_t 和剪切应变 γ_{xy} 之间的线性表达式为

$$k_t = 23.76\gamma_{xy} + 1.73 \tag{6.32}$$

3. 本构关系

1) 混凝土本构关系

要计算混凝土斜压杆的压应力，就必须选取合适的约束混凝土本构模型。Mander 模型能准确考虑箍筋及翼缘框对混凝土的约束作用，并且对下降段的延性能体现得较为理想，所以选取 Mander 模型(图 6.12)来模拟约束混凝土的行为[11]，其表达式如下：

$$f_c = \frac{f'_{cc} x r}{r - 1 + x^r} \tag{6.33}$$

式中，f_c 为约束混凝土的压应力；f'_{cc} 为约束混凝土的抗压强度；x 为约束混凝土的

压应变与抗压强度所对应压应变的比值;r 为弹性模量比,具体计算见式(6.34)。

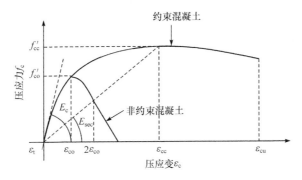

图 6.12　约束混凝土 Mander 模型

$$r = \frac{E_c}{E_c - E_{sec}} \tag{6.34}$$

式中,E_c 为混凝土的切线弹性模量;E_{sec} 为混凝土的割线弹性模量。

由于内外部混凝土斜压杆所受的约束不同,因此 f'_{cc} 的计算可以采用文献[12] 所提出的计算方法,对于箍筋约束的混凝土,有

$$f'_{cc} = k_p f'_{co} \tag{6.35}$$

对于翼缘框约束的混凝土,有

$$f'_{cc} = k_h f'_{co} \tag{6.36}$$

式中,k_p、k_h 分别为箍筋和翼缘框的约束系数;f'_{co} 为无约束混凝土的抗压强度。

$$x = \frac{\varepsilon_c}{\varepsilon_{cc}} \tag{6.37}$$

式中,ε_c 为约束混凝土的压应变;ε_{cc} 为约束混凝土抗压强度所对应的压应变。

$$\varepsilon_{cc} = \varepsilon_{co} \left[1 + 5 \left(\frac{f'_{cc}}{f'_{co}} - 1 \right) \right] \tag{6.38}$$

式中,ε_{co} 为无约束混凝土的抗压强度对应的混凝土压应变。

由于在节点受力过程中产生的裂缝会对混凝土斜压杆的压应力产生影响,为考虑横向拉应变的存在对混凝土强度的软化作用,引入强度降低系数 β,β 为 $k_t(\varepsilon_1/\varepsilon_2)$ 的函数[13],其中,ε_1 为主拉应变,ε_2 为主压应变,β 的计算表达式如下:

$$\beta = \frac{1}{0.85 - 0.27 k_t} \tag{6.39}$$

因此,混凝土的有效压应力 f_e 为

$$f_e = \beta f_c \tag{6.40}$$

2) 型钢本构关系

型钢采用理想弹塑性模型,其表达式如下:

$$\tau = G\gamma \leqslant \tau_y = \frac{f_y}{\sqrt{3}} \qquad (6.41)$$

式中，τ 为型钢的剪切应力；G 为型钢的剪切模量；τ_y 为屈服时的剪切应力；f_y 为型钢的屈服抗拉强度。

4. 程序编制

以型钢混凝土节点的受力机理为基础，整合上述受力平衡条件、变形协调条件及本构关系，对节点核心区的单调受力过程进行分析模拟，从而可以得到节点核心区的剪切应力-剪切应变关系曲线。图 6.13 为型钢节点构件计算程序的主框图。

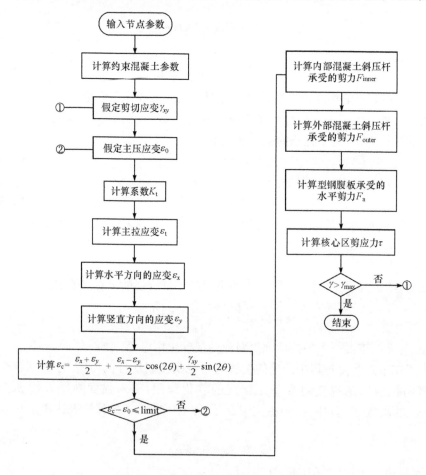

图 6.13　型钢节点构件计算程序主框图

5. 模型方法的验证

利用上述建模方法,根据已知试验参数得出各个型钢混凝土节点试件核心区的剪切应力-剪切应变关系曲线,并将计算结果同试验结果进行对比以验证上述建模方法的正确性。选用文献[14]中的 4 个型钢混凝土节点试件进行对比分析。4 个节点试件采用相同的尺寸,如图 6.14 所示。型钢混凝土框架节点试件的梁柱型钢都采用普通热轧 Q235 级工字钢 I14,其他设计参数见表 6.1。运用本章编制的程序计算 4 个型钢混凝土节点试件的剪切应力-剪切应变关系曲线,并与试验结果进行对比,对比结果如图 6.15 所示。

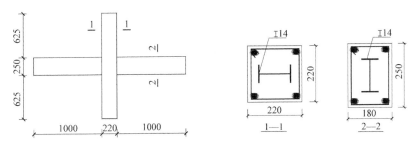

图 6.14　型钢混凝土节点试件的几何尺寸(单位:mm)

表 6.1　试件设计参数

试件编号	混凝土强度/MPa	轴压比	配箍率/%	箍筋直径及间距/mm
J-1	100.2	0.40	1.0	Φ8、119
J-2	100.2	0.40	1.6	Φ8、75
J-3	98.5	0.40	2.2	Φ8、54
J-4	99.4	0.45	1.6	Φ8、75

从图 6.15 中的对比结果可以看出,采用本章提出的模型方法计算得到的剪切应力-剪切应变曲线与试验结果吻合较好。但两者仍存在一定误差,根据本章提出的模型方法得到的剪切应力-剪切应变曲线比试验结果要高,这是因为试验结果中的剪切应力-剪切应变关系曲线取的是循环加载下的骨架曲线,其本身就比采用单调加载下的计算剪切应力-剪切应变关系曲线要低。另外,在计算剪切应力-剪切应变关系推导过程中,未考虑高强混凝土的脆性对节点抗剪能力的削弱作用及过高的估计箍筋和翼缘框对混凝土的约束作用,最终导致计算结果高于试验结果。

从上面的分析可以看出,尽管用本章提出的模型化方法得出的剪切块分量的剪切应力-剪切应变关系曲线和试验结果存在一定差异,但是基本上能较为准确地模拟单调加载下节点核心区的剪切应力-剪切应变关系。

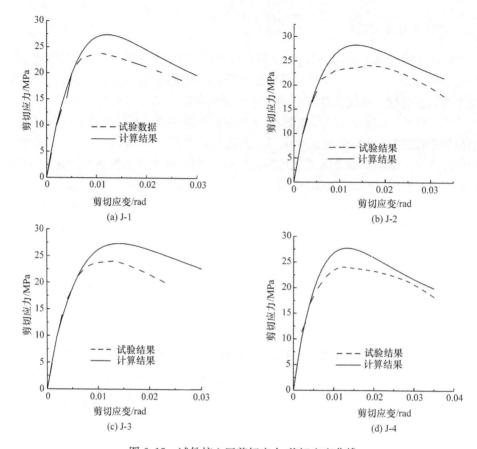

图 6.15　试件核心区剪切应力-剪切应变曲线

6.2.3　循环加载下剪切块分量的反应

　　为了模拟型钢混凝土框架节点核心区在地震作用下的反应特性,还需要对剪切块在循环加载下的滞回反应进行定义。从国内外所进行的型钢混凝土节点试验结果可以看出,型钢混凝土节点核心区剪切应力-剪切应变在循环加载下的骨架曲线比单调加载下的曲线偏低,滞回曲线呈现出较为饱满的梭形,未出现明显的捏缩现象。采用 6.1 节所介绍的广义一维滞回模型来定义节点模型剪切块分量在循环加载下的反应,对已进行的型钢混凝土节点的试验结果进行统计分析,可得广义一维滞回模型的参数取值如下:

　　(1)卸载刚度,假定卸载刚度等于弹性刚度并且在循环加载过程中没有发生退化。

　　(2)假定卸载结束时的剪切应力为 0。

　　(3)再加载开始时的剪切应变为本次循环达到的最大剪切应变的 -0.65 倍。

(4) 再加载开始时的应力为 0。

(5) 再加载刚度退化参数为 $\alpha_1=0.56, \alpha_2=0.0, \alpha_3=0.2, \alpha_4=0.0, \mathrm{limit}=0.96$。

(6) 强度破坏参数为 $\alpha_1=0.9, \alpha_2=0.0, \alpha_3=0.24, \alpha_4=0.0, \mathrm{limit}=0.55$。

6.3　型钢混凝土节点单元模型有效性评估

在前面章节中已经详细介绍了型钢混凝土节点宏观模型的组成,并对组成节点模型各个分量的受力特性进行了理论推导。接下来将对新建型钢混凝土框架节点模型的正确性进行验证。通过编制相应的程序将上述建立的型钢混凝土节点宏观模型添加到 OpenSees 平台中,并利用该模型对本课题组及其他学者所做的型钢混凝土框架节点试验进行模拟,通过模拟结果与试验结果的对比分析,验证模型的正确性,并分析新建模型存在的不足,为后续研究提供基础。

6.3.1　OpenSees 中型钢混凝土节点宏观模型的建立

OpenSees 软件采用 C++ 语言进行编程,因此它具备了 C++ 这种面向对象的高级语言的优点。由于本章对节点的弹簧位置进行了修改并且新定义了一个型钢混凝土弹簧,因此需要对 OpenSees 添加新的单元和材料以便建模时对新单元和新材料进行调用。下面介绍新单元的添加方法和步骤。

首先需要对新添加的单元进行命名以便调用此类单元,本章将要添加的新单元命名为 SRCJoint element。为将新单元添加到 OpenSees 中,需要创建三个新的程序 SRCJoint. h、SRCJoint. cpp 及 TclSRCJointCommand. cpp。SRCJoint. h 和 SRCJoint. cpp 为 SRCJoint 单元类的接口和操作功能。此外,还需对两个已存在的程序进行修改,TclElementCommands. cpp 和 FEM_ObjectBroker. cpp。由于新的节点模型和已有节点模型的区别在于弹簧位置的变化,因此在编写 SRCJoint. h 和 SRCJoint. cpp 程序时在原来程序的基础上进行修改即可。由于新单元增添了表示弹簧位置的参数,所以需要在原程序的构造函数和私有数据中添加新的变量。

```
class SRCJoint :public Element
{
  public:
  SRCJoint();
  SRCJoint(int tag,int Nd1,int Nd2,int Nd3,int Nd4,
         UniaxialMaterial& theMat1,UniaxialMaterial& theMat2,
         UniaxialMaterial& theMat3,UniaxialMaterial& theMat4,
         UniaxialMaterial& theMat5,UniaxialMaterial& theMat6,
         UniaxialMaterial& theMat7,UniaxialMaterial& theMat8,
         UniaxialMaterial& theMat9,UniaxialMaterial& theMat10,
```

```
        UniaxialMaterial& theMat11,UniaxialMaterial& theMat12,
        UniaxialMaterial& theMat13,double h);
```
....

```
private:
```
....
```
        double h;
    }
```

TclElementCommands.cpp 程序是对 Tcl 语言的程序解释,对 Element 命令进行编译时,此程序就会被激活。由于加入新的单元,也就会产生新的单元命令,因此需要对 TclElementCommands.cpp 程序进行修改,使得新的单元命令能够得到解释。在 TclElementCommands.cpp 程序中首先要声明一个关于新单元命令的函数:

```
        extern int
        TclModelBuilder_SRCJoint(ClientDate,Tcl_Interp*,int,char**,Domain
*,TclModelBuilder*,int);
```

然后在 TclElementCommands.cpp 程序的函数体中加入以下程序:

```
        else if(strcmp(argv[1],"SRCJoint")==0){
            int result=TclModelBuilder_SRCJoint(ClientDate,interp,argc,argv,
the TclDomain,theTclBuilder);
            return result
    }
```

FEM_ObjectBroker.cpp 程序是为了创建一个空白特定类对象,这在并行处理和关联数据库时是必不可少的。在此程序中需要添加新的单元类,添加的程序如下:

```
Element *
    FEM_ObjectBroker::getNewElement(int classTag){
    Switch(classTag){
..............
                case ELE_TAG_SRCJoint:
                return new SRCJoint();
                }
    }
```

当上述工作完成后,新单元程序的添加工作结束,然后将添加的新程序进行编译。

在 OpenSees 中存在三种基本的材料本构模型:UniaxialMaterial、NDMaterial 及 SectionForceDeformation。本章要添加的型钢混凝土弹簧材料属于 UniaxialMaterial 类的一个子类,它不但继承了 UniaxialMaterial 类的一般特性,还具有一些自己独特的功能。将新的型钢混凝土弹簧材料命名为 SRCMaterial,则它和已存在的材料类之间的继承关系如图 6.16 所示。

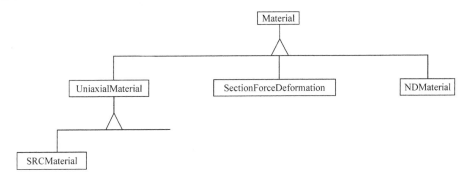

图 6.16　SRCMaterial 的继承关系

添加新的型钢混凝土弹簧材料的方法和步骤与添加新单元相同,也需要创建 SRCMaterial. h 和 SRCMaterial. cpp 程序来定义新材料类的接口和功能,并修改 TclModelBuilderUniaxialMaterialCommand. cpp 和 FEM_ObjectBroker. cpp 两个程序文件。

根据上述方法和步骤在 OpenSees 中加入新的型钢混凝土节点单元和型钢混凝土弹簧材料,之后就可以通过调用它们来进行型钢混凝土节点的数值模拟。

6.3.2　结果有效性验证

通过对课题组以及已有文献[14]中 6 个型钢混凝土框架节点的数值模拟分析,以验证上述模型的可行性。

1. 试验描述

1) 试验一

试验一选择作者及其课题组前期所做的 4 个型钢高强混凝土框架中节点试验。由于在反对称荷载作用下,框架反弯点的位置一般在梁柱中点,为了使试验能够更加准确地模拟框架节点在地震作用下真实的受力特性,试件模型将选取型钢混凝土框架结构中梁柱反弯点之间的典型单元,如图 6.17 所示。

各试件的截面尺寸和构造方式相同,并且梁柱构件均配置实腹式工字钢。在构造形式上采用柱型钢贯通,而梁型钢断开并焊接在柱型钢翼缘上。此外,在柱型钢腹板两侧并与梁型钢上下翼缘相齐平处各设置一道加劲肋,其构造示意图如图 6.18 所示。试验主要考虑混凝土强度和柱轴压比的变化,其主要设计参数见表 6.2。试件模板及截面配筋如图 6.19 所示。钢材材料性能指标见表 6.3。

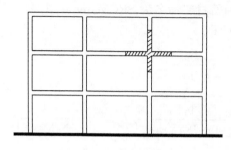

图 6.17　试验典型单元

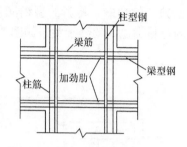

图 6.18　节点的构造形式

表 6.2　构件的主要设计参数

试件编号	J-1	J-2	J-3	J-4
轴向抗压强度/MPa	70.49	70.49	70.49	86.07
轴压比	0.2	0.4	0.6	0.6

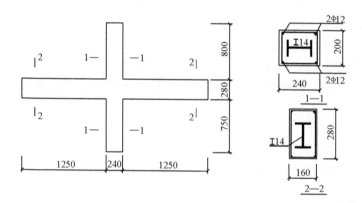

图 6.19　试件模板及截面配筋图(单位:mm)

表 6.3　钢材材料性能

型号	屈服强度 f_y/MPa	抗拉强度 f_u/MPa	弹性模量 E_c/MPa
Φ8 钢筋	360	440	
⊕12 钢筋	380	490	$2.1×10^5$
工字钢 I14	317	420	

　　节点试验的加载装置如图 6.20 所示。梁两端及柱下端采用铰接,并将柱上端作为加载控制点,以考虑试件在变形过程中不可忽略的 $P-\Delta$ 效应。试验时,利用油压千斤顶对柱顶施加恒定轴压力,并用作动器在加载控制点处施加低周反复水平荷载。水平荷载将采用荷载控制与位移混合控制的加载方法,即试件屈服采用荷载控制,屈服后采用位移控制,加载程序如图 6.21 所示。

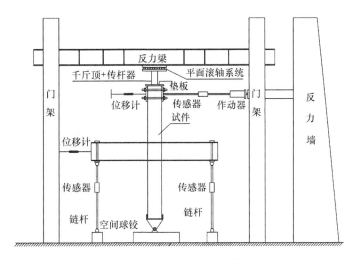

图 6.20　节点试验的加载装置

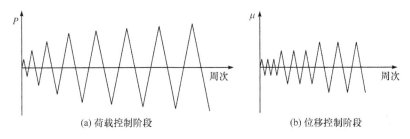

图 6.21　试验加载程序

2）试验二

　　试验二选用文献[14]中所进行的节点试验,试验中材料的力学特性、试件的模板及截面配筋同 6.2.2 节,选取文献[14]中的 J-1 和 J-2 两个试件作为数值模拟的第 5 个和第 6 个试件。此次试验采用梁端反复加载方式,试验时将柱的上下端设为不动铰支座,并在柱顶用千斤顶施加恒定的轴力,而在梁端施加等量反向的低周反复集中荷载。其试验二的加载制度与试验一中节点试验相同。

2. 数值模拟

　　前面已经介绍了 OpenSees 建模的一般步骤及其常用命令和单元,以下对 6.3.1 节的节点试验模型进行建模分析。

　　1）型钢混凝土节点模型的建立

　　型钢混凝土节点模型的所有建模工作都是在 ModelBuilder 对象中进行的。具体的建模步骤如下:

（1）首先将试验中的试件进行模型化，以便有限元建模，简化后的节点模型如图 6.22 和图 6.23 所示。

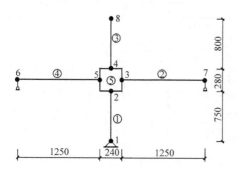

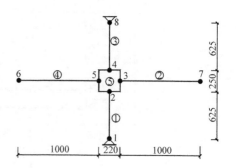

图 6.22　试验一试件简化后的模型
节点和单元编号　　图 6.23　试验二试件简化后的模型
节点和单元编号

对试件进行模型化之后，需要对简化后的模型进行节点和单元编号，如图 6.22 和图 6.23 所示。根据节点及周边梁柱的尺寸来确定各个节点的坐标，并定义梁柱截面大小及各自的混凝土保护层厚度等参数。然后定义梁柱截面上混凝土材料、钢筋材料及型钢材料的应力-应变本构模型。由于型钢混凝土梁柱构件截面上不同区域的混凝土所受到的约束不同，将截面上的混凝土区域分为三部分：无约束混凝土、箍筋约束混凝土和型钢约束混凝土，如图 6.24 所示。其中，无约束混凝土本构模型采用 Concrete01 Material；箍筋约束对混凝土的影响是通过采用 Scott 等修正的 Kent-Park 模型来考虑；而型钢对混凝土的约束作用则根据 Chen 和 Lin 提出的强度影响系数来考虑。钢筋材料及型钢材料本构模型采用 Filippou 等修正后的 Steel02 Material。

（2）定义梁柱单元的截面特性。由于纤维截面恢复力模型在求解构件非线性问题方面具有良好的优越性，因此在本章模拟中将选用纤维截面模型来定义梁柱单元截面。在定义纤维截面时，要将型钢混凝土梁柱截面离散成纤维束，其划分的原则是先根据截面上材料的特性划分为不同的区域，然后对这些区域进行纤维束划分。在型钢混凝土截面上存在无约束混凝土区、箍筋约束混凝土区、型钢约束混凝土区及型钢截面区。当划分这些区域后，再将每个区域离散成纤维束，如图 6.25 所示。实践证明，当截面所离散的纤维束达到一定数量时，由积分方法产生的误差将不再减小，并且当截面所划分成的纤维束较多时计算效率会显著降低，因此截面所划分的纤维数量并不是越多越好。一般来说，对于常见的矩形截面纤维数量达到 40 左右就可保证计算精度。

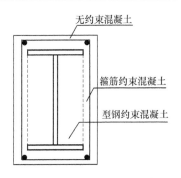

图 6.24　截面上不同约束
混凝土的区域

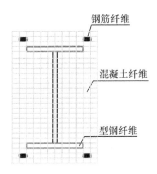

图 6.25　型钢混凝土截面
纤维离散

（3）定义梁柱单元和节点单元。在本章分析中梁柱单元将采用非线性梁柱单元,此单元能较为精确地模拟梁柱构件在反复加载作用下非线性阶段的反应。对节点单元的定义则是通过定义新型节点宏观模型各个分量参数来实现的,它们分别是型钢混凝土弹簧分量、剪切弹簧分量和剪切块分量。其中,型钢混凝土弹簧分量将采用本章新添加的型钢混凝土弹簧材料本构模型。由于在反复荷载作用下节点和梁柱交界面两侧的相对滑移较小,并且在节点破坏时交界面上仍能传递剪力,因此将剪切弹簧定义为弹性材料,并将刚度定义为一个较大值。本章将用 Pinching4 材料(即广义一维荷载-变形滞回模型)来定义剪切块分量的特性。根据 6.2.2 节所编制的程序计算型钢混凝土节点核心区剪切应力-剪切应变关系曲线,并在曲线上选取 8 个关键点来定义剪切块分量在单调加载下的剪切应力-剪切应变曲线。剪切块分量在循环加载下的强度退化、卸载刚度退化、再加载刚度退化及破坏准则的定义见 6.2.3 节。

按照上述规定定义节点单元后,根据简化模型的边界条件对节点施加约束,并在柱顶施加重力荷载。由于本章所模拟的试验考虑了 P-Δ 效应,因此在定义坐标转换方式时将上柱定义为 P-Delta 类型。

2）分析结果输出

在开始非线性分析之前,还要根据用户的需要进行输出控制。对于型钢混凝土节点单元,可供输出的选项包括:节点单元的外部节点位移和内部节点位移,型钢混凝土弹簧分量、剪切弹簧分量及剪切块分量的反应时程,各个节点的位移及各单元的杆端力。为了便于对比验证,本章只对节点模型的控制点位移和反力进行输出。

3）节点模型的非线性分析

在节点建模和输出控制定义完成之后,对节点单元进行非线性分析。在 OpenSees 中,所有的分析都是在 Analysis 对象中进行的。该对象包括定义非线性方程组边界处理方法、结构分析的迭代方法、收敛准则和精度条件、每级荷载的加载方式、节点自由度编号优化方法等。本章在控制点对试件进行循环加载,屈服前采用荷载控制,屈服后采用位移控制。位移控制在非线性阶段有可能失效,因此在位移控制失效后采用弧长控制。

3. 结果对比分析

上述 6 个试件的数值模拟结果如图 6.26 所示。图中给出了试验一和试验二 6个试件的模拟结果和试验结果(控制点处荷载-位移滞回曲线)。从试验结果与数值模拟结果的对比中可以看出,试验滞回曲线和模拟滞回曲线的规律基本吻合,且曲线的轮廓基本相同。由此可见,根据前面所推导的理论建立的新型节点宏观模型能够适用于型钢混凝土节点的计算分析。同时,新的节点模型能够在 OpenSees 平台中顺利运行,证明本章编制的程序及添加到 OpenSees 平台中的方法正确。

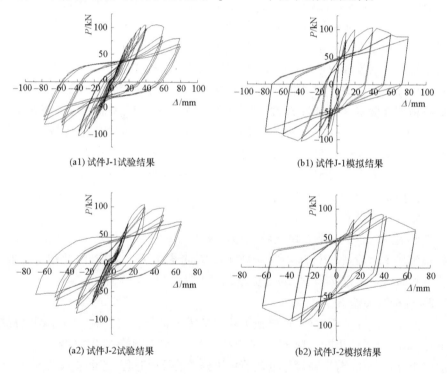

(a1) 试件J-1试验结果　　　　　　　　(b1) 试件J-1模拟结果

(a2) 试件J-2试验结果　　　　　　　　(b2) 试件J-2模拟结果

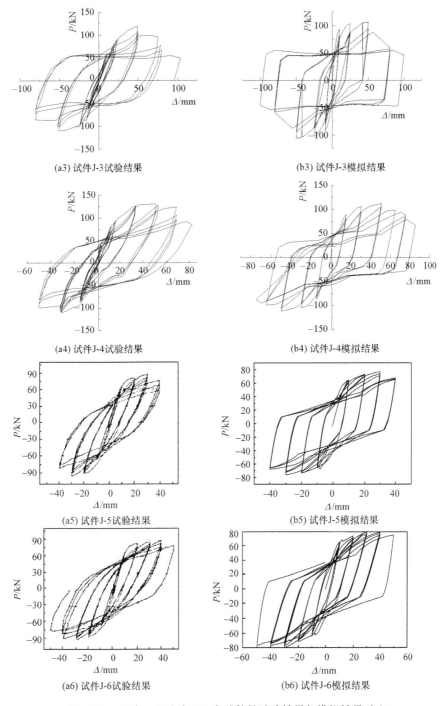

(a3) 试件J-3试验结果　　　　　　(b3) 试件J-3模拟结果

(a4) 试件J-4试验结果　　　　　　(b4) 试件J-4模拟结果

(a5) 试件J-5试验结果　　　　　　(b5) 试件J-5模拟结果

(a6) 试件J-6试验结果　　　　　　(b6) 试件J-6模拟结果

图 6.26　试验一和试验二 6 个试件的试验结果与模拟结果对比

从试验结果和模拟结果的对比图中可以看出,试验结果和模拟结果之间还存在一些差异,具体分析如下:

(1) 数值模拟所得的承载力低于试验结果。造成这种差异的原因是在进行剪切块分量应力-应变关系的理论推导时,忽略了轴压力对剪切块分量承载力的提高作用,并且型钢本构关系采用的是忽略型钢硬化作用的理想弹塑性模型。由于节点核心区剪切块的承载力在很大程度上决定了十字节点上柱顶的最大承载能力,因此最终的模拟结果和试验结果存在一些差异。

(2) 数值模拟所得的初始刚度高于试验结果。试件在制作过程中存在初始缺陷,使得截面尺寸变小,最终导致模拟所得的试件初始刚度比试验结果高。此外,在进行试验时,约束节点试件的各支座将会发生一定程度的变形,而在数值模拟时支座则为绝对刚性,这也将导致初始刚度的模拟结果高于试验结果。

(3) 数值模拟所得的骨架曲线下降段比试验结果更平缓。主要原因是在加载后期,混凝土出现剥落现象,对型钢及钢筋的约束作用减弱,使得型钢及钢筋出现屈曲现象,丧失承载能力。而在进行数值模拟时,采用的钢材本构模型在加载后期仍能承受一定的荷载。

(4) 数值模拟所得的滞回曲线比试验结果饱满。在数值模拟中,对节点核心区剪切块卸载刚度的损伤指数估计过小,使得节点构件的卸载刚度在往复加载过程中几乎没有退化,导致模拟所得的滞回曲线比试验所得饱满。在模拟过程中还假定了剪切块没有出现明显的捏拢现象,也导致模拟计算所得的滞回曲线比试验结果饱满。此外,在节点核心区的受力性能推导过程中忽略了核心区型钢与混凝土的黏结滑移也是滞回环的模拟结果比试验结果饱满的原因。

(5) 从图 6.26 可以看出,承载力的模拟结果和试验结果在低轴压比时比较吻合,而在高轴压比的情况下将产生一定差异。这也证明了承载力的模拟结果比试验结果低的主要原因是忽略了轴压力对节点承载力的影响,因此在剪切块分量的应力-应变关系推导时应当考虑。

从以上分析可以看出,虽然新的节点宏观模型的模拟结果和试验结果之间还存在一定的差异,但是基本上能较为准确地模拟型钢混凝土节点在低周反复荷载作用下的反应特点。轴压力对型钢混凝土节点的抗剪能力有一定的提高作用,在以后对模型进行完善时应当给予考虑。此外,由于收集的试验数据量较少,而对型钢混凝土节点在循环加载下的损伤指数估计不足,导致模拟结果和试验结果出现偏差。

6.4　本章小结

本章通过对 OpenSees 中存在的钢筋混凝土节点宏观单元进行分析研究,结合型钢混凝土节点自身在地震作用下的反应特性,定义了型钢混凝土节点单元的组成,并推导了节点单元模型中弹簧分量的力-变形关系。通过对节点的试验结果进行研究,分析了节点的受力机理。在此基础上提出了推导单调加载下节点核心区剪切应力-剪切应变关系曲线的模型化方法,并编制了计算程序。用编制的程序对节点试验进行计算,并与试验结果进行对比。将本章提出的新单元添加到 OpenSees 中,并对型钢混凝土节点试验进行了数值模拟。通过对比分析试验结果和模拟结果,验证了模型的适用性和准确性。主要研究结论如下:

(1)本章提出的型钢混凝土节点核心区模型化方法能够比较准确地模拟节点核心区在单调加载下的剪切应力-剪切应变关系曲线,为型钢混凝土节点宏观模型中剪切块分量的受力性能定义提供了理论基础。

(2)节点核心区在单调加载下的剪切应力-应变关系曲线的计算结果和试验结果吻合较好,证明了本章对型钢混凝土节点核心区传力机理的分析是正确的,即型钢混凝土节点核心区的剪力主要由外部混凝土斜压杆、内部混凝土斜压杆和型钢腹板承担。

(3)在进行型钢高强混凝土节点核心区剪切应力-剪切应变关系的理论推导时,应考虑高强混凝土的脆性对抗剪能力的影响。

(4)通过对比分析型钢混凝土节点的模拟结果和试验结果可以看出,轴压力对节点的抗剪能力有一定的提高作用,在节点核心区模型化方法的理论推导过程中应当给予考虑。

(5)本章提出的型钢混凝土节点宏观模型能准确地模拟型钢混凝土节点在低周反复荷载作用下的反应特性。

参 考 文 献

[1] Lowes L N, Altoontash A. Modeling reinforced-concrete beam-column joints subjected to cyclic loading[J]. Structure Engineering, 2003, 129(12): 1686-1697.

[2] 邓国专. 型钢高强高性能混凝土结构力学性能及抗震设计的研究[D]. 西安:西安建筑科技大学, 2008.

[3] 邓国专,郑山锁,田微. 型钢混凝土结构黏结滑移性能物理参数的理论分析[J]. 哈尔滨工业大学学报, 2005, 37(S): 528-531.

[4] 郑山锁,邓国专,田微. 型钢与混凝土之间黏结强度的力学分析[J]. 工程力学, 2007, 24(1): 96-105.

[5] Zheng S S, Deng G Z, Tian W. Nonlinear finite element analysis of shaped steel reinforced concrete composite structure based on bond-slip theory[C]//Proceedings of the 9th International Symposium on Structural Engineering for Young Exports, Fuzhou, 2006:509-515.

[6] 郑山锁, 杨勇, 薛建阳. 型钢混凝土黏结滑移性能研究[J]. 土木工程学报, 2002, 35(4): 47-51.

[7] Minami K. Beam to Column Stress Transfer in Composite Structures[M]. Tokyo: Architectural Institute of Japan, 1975.

[8] 曾磊. 型钢高强高性能混凝土框架节点抗震性能及设计计算理论研究[D]. 西安: 西安建筑科技大学, 2008.

[9] 唐九如, 陈红雪. 劲性钢筋混凝土梁柱节点受力性能与抗剪强度[J]. 建筑结构学报, 1990, 11(4):28-36.

[10] Parra-Montesinos G, Wight J K. Modeling shear behavior of hybrid RCS beam-column connections[J]. Journal of Structural Engineering, ASCE, 2001, 127(1):3-11.

[11] Mander J B, Priestley M J N, Park R. Theoretical stress-strain model for confined concrete[J]. Journal of Structural Engineering, ASCE, 1989, 114(8):1804-1826.

[12] Chen C C, Lin N J. Analytical model for predicting axial capacity and behavior of concrete encased steel composite stub columns[J]. Journal of Constructional Steel Research, 2006, 62(5):424-433.

[13] Vecchio F J, Collins M P. Compression response of cracked reinforced concrete[J]. Journal of Structural Engineering, ASCE, 1993, 119(12):3590-3610.

[14] 闫长旺. 钢骨超高强混凝土框架节点抗震性能研究[D]. 大连: 大连理工大学, 2009.

第7章 非对称配钢型钢混凝土柱-钢梁框架抗震性能试验研究

本章基于 2 榀 3 层 2 跨的实腹式非对称配钢型钢混凝土框架结构的低周反复加载试验,对不同配钢形式试件的受力特点、破坏形态、滞回性能、骨架曲线、耗能能力、位移延性等主要抗震性能指标进行分析。基于纤维模型进行有限元数值模拟,并将数值分析结果与试验结果进行对比。对模型进行参数分析,研究轴压比、含钢率和混凝土强度对结构抗震性能的影响。

7.1 试验概况

7.1.1 试件设计

为了进行非对称配钢型钢混凝土柱-钢梁框架结构的试验研究,考虑模型的设计原则,按照《混凝土结构设计规范》(GB 50010—2010)、《建筑抗震设计规范》(GB 50011—2010)和《组合结构设计规范》(JGJ 138—2016)[1~3],以 8 度抗震设防、二类场地土条件,设计制作了 2 榀 3 层 2 跨、缩尺比例为 1∶3 的实腹式非对称配钢型钢混凝土框架结构模型。框架的单跨长度为 1500mm,底层高度为 1260mm,中间层和顶层高度均为 1000mm。框架梁采用工字钢梁,由 3mm 厚钢板焊接而成,为防止钢梁失稳,每根钢梁沿长度方向等距离布置 6 个加劲肋。柱内钢骨形式为 T 形、L 形和十字形,均由 3mm 厚钢板焊接而成,箍筋和纵筋分别采用直径为 4mm 的冷拔钢丝、直径为 8mm 的 HRB335 级钢筋。框架柱在柱脚上100mm 以及节点上下 100mm 的范围内进行箍筋加密,加密区间距为 50mm,非加密区间距为 100mm。为了消除高精度静态液压千斤顶与柱顶面接触时摩擦力造成的固端约束影响,每个框架柱在原有设计高度的基础上均额外增加 300mm。柱脚底板采用 20mm 厚的钢板,用 10.9 级 M30 高强度螺栓与墩台连接。按照实验室配合比设计制作 C30 混凝土对试件进行浇筑。试件的立面图、截面尺寸和配钢如图 7.1~图 7.3 所示。

7.1.2 材料性能

试件采用 C30 混凝土,实测混凝土立方体抗压强度平均值为 35.02MPa,弹性模量 $E_c = 3.0 \times 10^4$ MPa,其配合比见表 7.1。箍筋和纵筋分别采用直径为 4mm 的

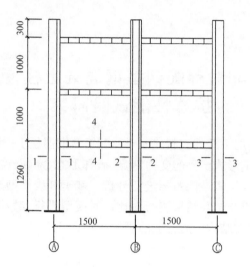

图 7.1　试件立面图

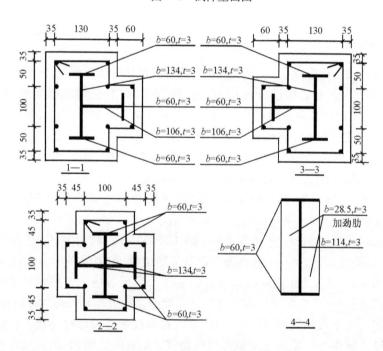

图 7.2　KJ-1 截面尺寸和配钢图

冷拔钢丝、8mm 的 HRB335 级钢筋,弹性模量为 $E_s=2.1\times10^5$ MPa。框架柱型钢骨架和钢梁采用 3mm 厚普通热轧 Q235 钢板焊接成型,弹性模量 $E_{ss}=2.0\times10^5$ MPa,钢筋与钢板的力学性能指标见表 7.2。

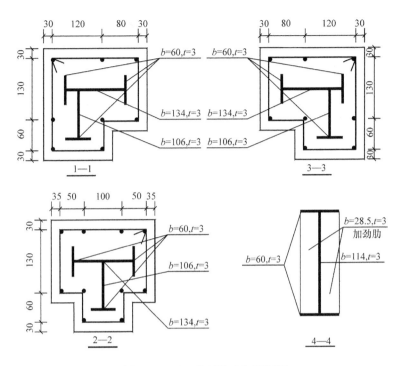

图 7.3 KJ-2 截面尺寸和配钢图

表 7.1 C30 混凝土配合比 （单位：kg/m³）

混凝土强度等级	水	水泥	砂	石子
C30	243	494	914	1490

表 7.2 钢筋与钢板的力学性能指标

钢材类型	直径(板厚)/mm	屈服强度/MPa	抗拉强度/MPa
钢筋	Φb4	435	513
	Φ8	304	409
Q235 钢板	3	327	481
	20	317	464

7.1.3 试验装置与加载方案

根据《建筑抗震试验规程》(JGJ/T 101—2015)[4]，竖直方向采用 800kN 轴压力，根据式(7.1)计算得到轴压比：KJ-1 边柱 0.61、中柱 0.59；KJ-2 边柱 0.65、中柱 0.65。

$$n = \frac{N}{f_c A_c + f_y A_s + f_{ss} A_{ss}} \tag{7.1}$$

式中，n 为轴压比；N 为试验中柱子所承受的实际轴压力；f_c 为混凝土轴心抗压强度设计值；A_c 为构件中混凝土部分的截面面积；f_y 为纵向钢筋抗压强度设计值；A_s 为纵向钢筋截面面积；f_{ss} 为型钢抗压强度设计值；A_{ss} 为型钢截面面积。

　　采用位移控制，在框架顶端施加水平低周往复荷载，加载装置及制度如图 7.4 和表 7.3 所示。当加至水平荷载下降到最大荷载的 85% 或者试件无法再继续承受轴力时，停止加载，试验结束。

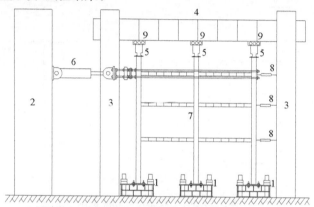

1. 试验墩台；2. 反力墙；3. 反力钢柱；4. 反力钢梁；5. 液压千斤顶；
6. 电液伺服作动器；7. 试件；8. 位移计；9. 滑动小车

(a) 加载装置示意图

(b) 试验加载现场

图 7.4　加载装置

表 7.3　加载制度

加载分级	位移/mm	循环次数
第一级	4	1
第二级	8	1

续表

加载分级	位移/mm	循环次数
第三级	12	1
第四级	16	3
第五级	32	3
第六级	48	3
第七级	64	3
第八级	80	3
第九级	96	3
第十级	112	3

　　框架的每层侧面布置有电子位移计,以实时量测框架的侧向位移。在钢梁梁端距离梁柱交界100mm的上下翼缘处均布置有应变片;在梁端腹板和梁柱节点的核心区型钢上粘贴三向应变花,如图7.5所示。

(a)边节点　　　　　　(b)中间节点　　　　　　(c)柱脚

图7.5　钢骨应变片布置图

7.2　试 验 现 象

7.2.1　试验现象及破坏形态

　　为方便描述,控制位移规定以推为正,拉为负;从紧靠作动器加载端记起,柱子依次为左柱、中柱、右柱。试件的破坏现象如图7.6所示。

  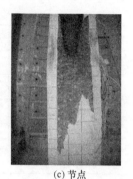

(a) 柱脚　　　　　　　　(b) 梁端　　　　　　　　(c) 节点

图 7.6　试件的破坏现象

对于试件 KJ-1,从试验开始到水平位移达到 16mm,试件一直处于弹性工作阶段,没有出现明显裂纹;当水平位移达到 32mm 时,左柱在柱高 15mm 位置处首先出现水平裂缝,底层和中间层梁柱交界处混凝土发生轻微开裂;顶层梁柱节点核心区出现少量 X 形剪切裂纹;当水平位移达到 48mm 时,三根柱底均出现裂缝并开展延伸,上面两层梁柱交界处混凝土发生剥落,中间层梁端上下翼缘出现波形屈曲,下面两层梁柱节点核心区相继出现 X 形剪切裂缝;当水平位移达到 80mm 时,中柱柱脚两侧出现明显的纵向劈裂裂缝,梁端翼缘总体上按照从底层到中间层直至顶层的顺序,相继出现大量的波形屈曲,且中间层梁端腹板发生轻微的平面外凸出;当水平位移达到 96mm 时,左柱和右柱垂直于加载方向已经形成大量水平裂纹。顶层和中间层梁端翼缘和腹板发生开裂。各层梁柱节点核心区的 X 形微裂缝已发展、延伸并相互贯通,这些斜裂缝继续发展,最终形成具有较大宽度和深度的主斜裂缝;当水平位移达到 112mm 时,节点核心区混凝土发生大面积脱落,节点处纵筋、箍筋以及型钢外露,试件宣告破坏,试验停止。

对于试件 KJ-2,水平位移达到 16mm 时,左柱脚沿支承加劲肋出现竖向裂缝;水平位移达到 32mm 时,左右柱底端出现轻微的水平裂缝,下面两层梁柱交界处混凝土发生轻微开裂,随后发生脱落,在本级循环的后两次加载过程中,各层梁柱节点核心区出现少量沿 45°~60° 方向发展的斜裂缝。水平位移达到 48mm 时,右柱水平裂纹向外延伸,左柱出现新的水平裂缝,底层梁端腹板侧面竖向裂缝和翼缘端部斜裂缝的宽度及深度明显增大,且梁端上下翼缘附近又新形成多条 X 形交叉微裂缝。水平位移达到 80mm 时,中柱底端垂直于加载方向的两个侧面首次出现纵向劈裂裂缝,上面两层梁端翼缘和腹板发生严重的撕裂破坏,各层梁柱节点核心区原来相交的 X 形微裂缝已发展、延伸,最终形成具有较大宽度和深度的主斜裂缝,混凝土发生大面积脱落,露出钢筋和型钢,试件宣告破坏,试验停止。

7.2.2　破坏特征分析

根据试件 KJ-1 和 KJ-2 的试验现象以及实测应变数据分析可知,2 榀框架的破坏特征相似。框架梁在水平位移的低周往复作用下,其梁端的破坏要先于柱脚的破坏,由于底层框架柱受 P-Δ 效应的影响较大,所以其框架柱下端破坏较为严重,在形成塑性铰后承载力也得到了充分发挥。梁柱节点核心区虽然出现了大量的剪切裂缝并发生严重的混凝土剥落,根据实测应变,节点区域的钢骨没有发生屈服,说明非对称配钢型钢混凝土框架节点的受剪性能良好。试件 KJ-1 和 KJ-2 均满足"强柱弱梁,强剪弱弯,强节点弱构件"的抗震设计要求,属于"梁铰破坏机制"。图 7.7 所示为框架的出铰顺序,图 7.8 为框架边柱测点应变。

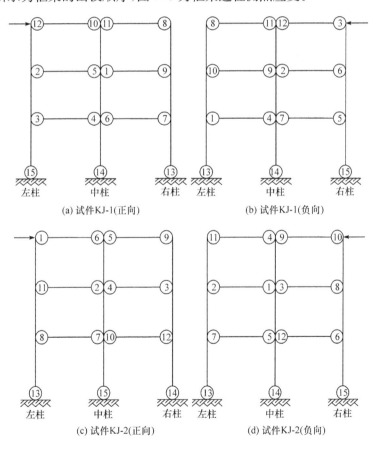

(a) 试件KJ-1(正向)　　　　　　　　　(b) 试件KJ-1(负向)

(c) 试件KJ-2(正向)　　　　　　　　　(d) 试件KJ-2(负向)

图 7.7　框架的出铰顺序

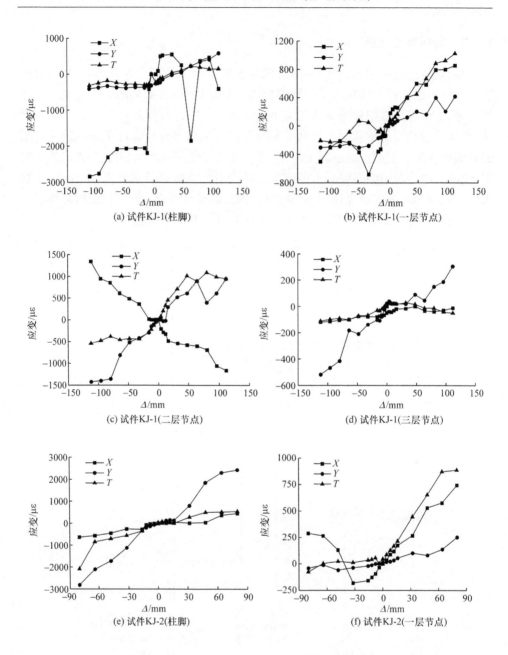

(a) 试件KJ-1(柱脚)

(b) 试件KJ-1(一层节点)

(c) 试件KJ-1(二层节点)

(d) 试件KJ-1(三层节点)

(e) 试件KJ-2(柱脚)

(f) 试件KJ-2(一层节点)

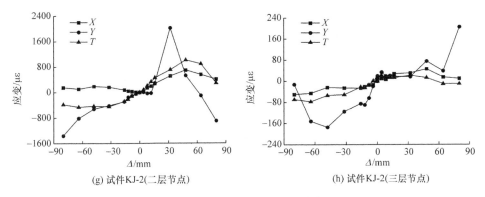

(g) 试件 KJ-2(二层节点)　　　　　　　　(h) 试件 KJ-2(三层节点)

图 7.8　型钢框架边柱测点应变

7.3　试验结果与分析

7.3.1　滞回曲线

2 榀框架的顶点荷载-位移滞回曲线如图 7.9 所示。由图可以看出:

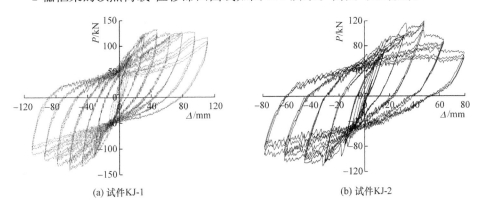

(a) 试件 KJ-1　　　　　　　　　　　　　(b) 试件 KJ-2

图 7.9　试件 KJ-1 和 KJ-2 的荷载-位移滞回曲线

(1) 试件 KJ-1、KJ-2 在试验加载过程中主要经历了四个阶段:弹性阶段、弹塑性阶段、塑性阶段和破坏阶段。试验初期,框架处于弹性阶段,荷载随位移的增加呈线性增长,加卸载路径基本重合,残余变形很小。

(2) 随着水平位移的增长,节点、柱脚等处的混凝土开始出现微细裂缝,滞回曲线的发展逐渐向横轴倾斜,框架进入弹塑性,卸载时残余变形也相应增大,滞回环的面积开始增加。

(3) 试件随后进入塑性阶段,各裂缝的宽度、深度和长度均不同程度地发展。

进入屈服阶段后,滞回环的形状比弹塑性阶段更加丰满,各级循环的峰值荷载继续增大,但是同级循环的后两次峰值荷载逐渐降低,说明框架的承载能力和刚度有所退化,损伤在加载过程中不断累积。

(4) 试验中后期,整个滞回环向横轴倾斜的趋势更加明显,表现为梁端翼缘出现波形屈曲,腹板逐渐向平面外凸出甚至开裂,梁柱节点核心区混凝土大面积脱落,柱脚混凝土被压碎剥落,滞回曲线仍然饱满。

总体来说,试件 KJ-1 和 KJ-2 具有相同的滞回特性:滞回曲线在整个加载过程中都呈较饱满的梭形或弓形,没有明显的捏拢效应,这说明试件 KJ-1 和 KJ-2 在低周往复荷载下滞回性能良好,有较强的耗能能力。

7.3.2　骨架曲线

试件 KJ-1 和 KJ-2 的骨架曲线如图 7.10 所示。由图可知,骨架曲线在正、负两个方向表现出良好的对称性,但是试件 KJ-1 的承载力要明显高于试件 KJ-2。造成这种现象的原因有以下两个方面:

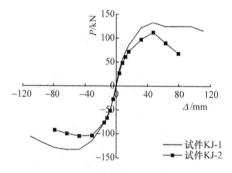

图 7.10　试件 KJ-1 和 KJ-2 的骨架曲线

(1) 试验中电液伺服作动器施加的水平荷载没有通过 KJ-2 框架柱截面的形心,使得框架柱和整榀框架部分承受一定的扭矩,最终造成柱中型钢没有得到充分利用。

(2) 试验采用钢梁,试件 KJ-2 在水平加载过程中使框架梁处于偏心受荷状态,加之试件 KJ-2 截面的非对称性较强,使得试件 KJ-2 提前达到承载力极限值。

采用等效能量法确定框架的屈服点,取极限荷载下降 15% 所对应的荷载作为破坏荷载。表 7.4 为试件 KJ-1 和 KJ-2 在各阶段的荷载和位移。其中,P_y、Δ_y 分别为屈服荷载与屈服位移,P_{max}、Δ_{max} 分别为极限荷载与极限位移;P_u、Δ_u 分别为破坏荷载与破坏位移。由试验数据分析可知,试件 KJ-1 在正向承载力达到破坏荷载时,对应荷载为 115.32kN,占正向极限荷载的 87%,取试件 KJ-1 正向破坏承载力 P_u 取为 115.32kN;试件 KJ-2 在正向承载力达到破坏荷载时,对应荷载为 95.34kN,占正向极限荷载的 85%,故 KJ-2 正向破坏荷载 P_u 取为 95.34kN。

表 7.4　试件 KJ-1 和 KJ-2 在各阶段的荷载和位移

试件编号	P_y/kN		Δ_y/mm		P_{max}/kN		Δ_{max}/mm		P_u/kN		Δ_u/mm	
	正向	负向	正向	负向	正向	负向	正向	负向	正向	负向	正向	负向
KJ-1	93.84	92.48	19.69	21.96	132.58	133.29	47.61	45.09	115.32	113.29	111.08	102.54
KJ-2	80.41	78.69	21.22	20.68	112.17	105.17	47.59	45.29	95.34	92.32	63.54	72.85

7.3.3　延性

采用位移延性系数和位移角来表征结构在水平低周往复荷载作用下的延性特点。位移延性系数的定义同第 1 章,位移角按式(7.2)计算得到,具体计算结果见表 7.5。

$$\theta = \frac{\Delta}{\Delta H} \quad \text{或} \quad \theta = \frac{\Delta}{H} \tag{7.2}$$

式中,Δ 为框架在屈服点、极限荷载点、破坏荷载点时的层间相对位移;ΔH 为层高;H 为框架的总高度。

表 7.5　试件 KJ-1 和 KJ-2 的位移延性系数和位移角

试件编号	层次	位移延性系数 μ		屈服点位移角 θ_y/rad		极限位移角 θ_{max}/rad		破坏位移角 θ_u/rad	
		正向	负向	正向	负向	正向	负向	正向	负向
KJ-1	整体	5.64	4.67	1/166	1/148	1/68	1/72	1/29	1/32
	三	6.19	5.24	1/155	1/172	1/74	1/63	1/25	1/33
	二	4.08	3.26	1/185	1/165	1/69	1/72	1/45	1/51
	一	2.75	3.55	1/216	1/248	1/86	1/83	1/79	1/70
KJ-2	整体	3.00	3.52	1/154	1/158	1/69	1/72	1/51	1/45
	三	2.98	4.91	1/143	1/158	1/64	1/62	1/48	1/32
	二	3.19	2.51	1/139	1/121	1/62	1/68	1/44	1/48
	一	2.81	2.83	1/179	1/169	1/80	1/86	1/64	1/60

根据我国工程抗震设防"三水准两阶段"的设计方法,应分别按照多遇地震烈度和罕遇地震烈度考虑验算结构的弹性变形和弹塑性变形。结合《建筑抗震设计规范》(GB 50011—2010)的要求:在多遇地震下框架结构弹性层间位移角限值[θ_e]为 1/500;罕遇地震下框架结构弹塑性层间位移角限值[θ_p]为 1/50。结合表 7.5可知,试件 KJ-1 在屈服时层间位移角为 1/155~1/248,试件 KJ-2 的对应层间位移角为 1/179~1/121,两者差别不大;在达到破坏荷载时,试件 KJ-1 的层间位移角为 1/79~1/25,试件 KJ-2 的层间位移角为 1/64~1/32,两者比较接近,且基本

达到甚至超过规范所规定的弹塑性层间位移角限值要求。这表明试件 KJ-1 和
KJ-2 在地震作用下具有较强的抗倒塌能力。

此外,根据表 7.5 可知,试件 KJ-1 在破坏时,正、负两个方向的位移延性系数
分别为 5.64 和 4.67,试件 KJ-2 的相应指标为 3.00 和 3.52,表明 2 榀框架均具有
良好的延性。但是总体来看,试件 KJ-1 的位移延性系数要高于 KJ-2,其原因在骨
架曲线部分已经做了相关论述,此处不再赘述。

7.3.4　耗能能力

本章采用等效黏滞阻尼系数 h_e 来反映试件的耗能能力,具体计算方法同第 1
章。图 7.11 为试件 KJ-1 和 KJ-2 不同位移幅值下第一循环的等效黏滞阻尼系数
与位移的关系曲线。由图 7.11 可知,试件 KJ-1 和 KJ-2 在全程加载中的 h_e 均大
于 0.3。框架达到破坏荷载时,h_e 达到最大值 0.4 左右。当水平位移达到 32mm
时,试件 KJ-1 和 KJ-2 的梁端屈服并逐步产生塑性转动;进入破坏阶段后,梁端的
塑性转动能力已经得到较大发挥,梁端翼缘出现波形鼓曲、腹板向外凸出甚至开
裂,框架吸收了较多能量,同时部分柱脚与节点型钢屈服、混凝土内部骨料之间的
机械咬合与相互摩擦在整个试验过程中也消耗了一部分能量,说明非对称配钢型
钢混凝土框架对材料性能利用比较充分,具有良好的耗能能力。水平位移从
32mm 到 64mm 这段曲线快速上升,反映出该阶段试件 KJ-1 和 KJ-2 具有较强的
耗能能力。但是由于试件 KJ-2 的柱中型钢未被充分利用,在整个加载过程中试件
KJ-1 的耗能能力要高于 KJ-2。

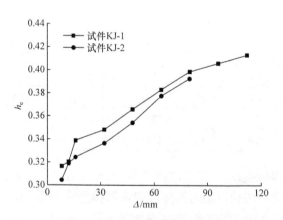

图 7.11　试件的等效黏滞阻尼系数与位移的关系曲线

7.3.5　强度退化

强度退化是指在控制位移幅值相同的加卸载过程中,结构或者构件的承载能

力随着循环加荷次数的增多而降低的特点。根据《建筑抗震试验规程》(JGJ/T 101—2015),可以采用同级荷载降低系数表征试验中结构或构件的强度退化情况,但由于试验中试件 KJ-1 和 KJ-2 的同级荷载强度退化程度并不明显,甚至在试件 KJ-1 和 KJ-2 的屈服和破坏阶段都还存在略微升高的现象,所以为合理反映框架在整个试验过程中的强度退化特征,本章采用整体强度退化系数 λ_i 来进行分析,具体表达式为

$$\lambda_i = \frac{P_{i,\max}}{P_{\max}} \tag{7.3}$$

式中,$P_{i,\max}$ 为第 i 级位移循环所对应的极限荷载;$P_{\max}$ 为整个加载过程中所对应的极限荷载。

图 7.12 给出了 2 榀框架的整体强度退化系数 λ_i 随位移比 Δ/Δ_y 增加的变化情况,并与框架的破坏荷载 $P_u=0.85P_{\max}$ 所对应的 $\lambda_i=0.85$ 和 $\lambda_i=-0.85$ 水平线进行比较可以得到以下结论:

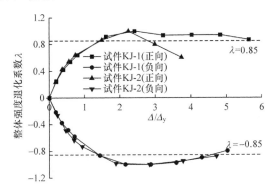

图 7.12　2 榀框架的整体强度退化系数随位移比增加的变化情况

(1) 试件 KJ-1 和 KJ-2 的负向强度退化速度总体上保持一致。在水平承载力达到极限后,试件 KJ-1 和 KJ-2 的负向强度退化速度几乎相同。

(2) 试件 KJ-1 和 KJ-2 在正向的强度退化差别较大,特别是 KJ-2 的正向承载力在破坏阶段下降相当迅速,原因在骨架曲线的相关内容中已经做了分析。

(3) 试件 KJ-1 和 KJ-2 在屈服后的总体强度退化曲线仍然表现出明显的上升段,说明框架具有一定的安全储备,屈服后不会迅速地丧失承载能力。即使是在水平方向达到极限荷载后,两框架均能承受较高的荷载,且在破坏阶段强度退化趋于平稳,表明试件 KJ-1 和 KJ-2 具有较好的抗震性能。

7.3.6　刚度退化

为了表达框架在水平低周往复荷载作用下抗侧刚度的退化情况,本章通过对试验数据的计算分析得到了 KJ-1 和 KJ-2 的割线刚度 K_i 随加载位移的变化曲线,

如图7.13所示,其中,割线刚度 K_i 按式(7.4)计算求得

$$K_i = \pm \frac{|P_i|}{|\Delta_i|} \tag{7.4}$$

式中,P_i 与 Δ_i 分别为同一级位移循环所对应的峰值荷载与相应位移。

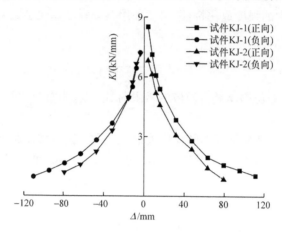

图7.13　试件 KJ-1 和 KJ-2 的割线刚度随位移的变化曲线

　　由图可知,试件 KJ-1 和 KJ-2 的平均初始弹性刚度分别为 6.4kN/mm、5.89kN/mm。试件 KJ-1 和 KJ-2 在正、负方向上抗侧刚度的退化规律较相似,均表现为先快后慢,且加荷初期的刚度退化速度基本一致。框架在经历短暂的弹性阶段后,节点、柱脚处的混凝土不断开裂,随后裂缝陆续发展和延伸,导致整榀框架发生刚度退化较快;随着水平荷载的低周往复,钢梁的两端相继出现塑性铰,框架的耗能能力得到增强,塑性发展加快,混凝土不断退出工作,最终减缓了框架抗侧刚度的退化速度。

7.3.7　变形恢复能力

　　结构或者构件在水平往复荷载作用下变形恢复能力的强弱是评价其抗震性能优劣的重要指标。为了合理反映 2 榀框架的变形恢复能力,图 7.14 给出了 2 榀框架每次在水平方向经历峰值位移,卸载后所对应的残余变形率为 Δ_0/Δ。其中,Δ_0 为每级施加荷载的第 1 次循环所对应的残余变形;Δ 为同级施加荷载的位移幅值。

　　由图 7.14 可以看出,加载初期框架处于弹性工作阶段,残余变形很小;随着水平往复荷载的不断施加,框架进入屈服状态,残余变形逐渐增大;当框架在水平方向达到破坏荷载时,残余变形率为 0.6～0.8,不会由于水平方向产生过大位移而迅速倒塌。总体来看,试件 KJ-2 在各个阶段的残余变形率都高于 KJ-1,这说明试件 KJ-1 抵抗塑性变形的能力更强。

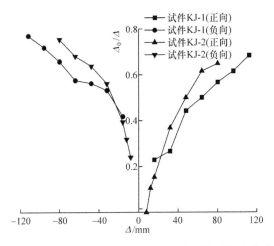

图 7.14 试件 KJ-1 和 KJ-2 残余变形率与位移的变化曲线

7.4 有限元分析

本章采用 OpenSees 软件对上述框架结构模型进行有限元分析。利用纤维模型建立梁柱单元,梁柱单元模型包括基于刚度法的梁柱单元、基于柔度法的梁柱单元和基于柔度法的塑性铰、梁柱单元。外部荷载的加载方式包括基于位移控制、基于荷载控制、荷载-位移组合控制和弧长法控制。非线性方程的求解采用增量迭代法计算,包括线性迭代、牛顿线性迭代、Newton-Raphson 迭代、Newton-Krylov 迭代和 Broyden 迭代等方法。计算收敛准则包括基于增量位移、不平衡力和能量控制准则。

7.4.1 材料本构与单元类型

OpenSees 中提供了 6 种混凝土本构模型。较为简单的 Concrete01 模型只考虑了受压的加卸载特性,而且加卸载线重合,受压区应力-应变关系为三折线,忽略了受拉时的性能和损伤引起的强度退化。Concrete02 模型为修正的 Kent-Park 单轴混凝土模型,该模型同时考虑了受拉和受压的力学性质,受压时加载段与卸载段视为直线,应力随着应变增大而发生退化,受拉段加卸载刚度随着应变增大而发生退化,直至受拉承载力降为 0。其余四种是在 Concrete02 模型的基础上进行部分改进,主要区别在于考虑了非线性的受拉下降段、开裂后的刚化效应、裂面效应等因素。

对于低周反复荷载作用下的钢材本构模型采用 Steel02 模型,该模型考虑了弹性阶段和等向应变硬化阶段。目前,一般通过双线性刚度退化行为模拟结构累积损伤效应[5,6]，在程序中通过定义材料的刚度退化模拟结构累积损伤效应，Concrete02 和 Steel02 材料已经具有刚度退化的属性。

钢材的本构模型如图 7.15 所示。其中，E_s 为钢材弹性模量；f_y 为屈服强度；E_p 为硬化段模量。

混凝土的本构模型采用 Concrete02 本构模型[7]，如图 7.16 所示，其具体表达式如下所述。

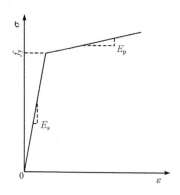

图 7.15　钢材本构模型

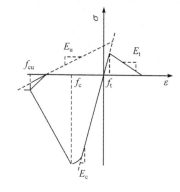

图 7.16　Concrete02 本构模型

$$\sigma = \begin{cases} f_c\left[\dfrac{2\varepsilon}{0.002} - \left(\dfrac{\varepsilon}{0.002}\right)^2\right], & \varepsilon < 0.002 \\ f_c[1 - Z(\varepsilon - 0.002)], & 0.002 \leqslant \varepsilon \leqslant \varepsilon_{20} \\ 0.2 f_c, & \varepsilon > \varepsilon_{20} \end{cases} \tag{7.5}$$

$$Z = \frac{0.5}{\varepsilon_{50u} + \varepsilon_{50h} - 0.002} \tag{7.6}$$

$$\varepsilon_{50u} = \frac{3 + 0.002 f_c}{0.002 f_c - 1000} \tag{7.7}$$

$$\varepsilon_{50h} = \frac{3}{4} \rho_{sv} \sqrt{\frac{B}{s_h}} \tag{7.8}$$

式中，E_c 为混凝土弹性模量；f_c 为抗压极限强度；E_t 为开裂后退化刚度；f_t 为受拉极限强度；E_u 为卸载刚度；f_{cu} 为卸载退化强度；ρ_{sv} 为配箍率；B 为混凝土核心区宽度；s_h 为箍筋间距。

纤维模型是将梁柱等构件的截面划分成一定数量的纤维，每个纤维考虑其轴向本构关系。该模型假定截面在变形时始终保持平面，根据其弯曲和轴向应变可计算出每个纤维的应变，最终得到截面刚度，其优点在于可以较好地模拟构件弯曲和轴向变形。根据梁柱等构件中的混凝土和钢的物理位置可以将对应位置上的纤维分别定义不同的本构关系，然后组合在一起成为纤维截面。

对于梁和柱均采用基于刚度法的纤维单元"dispBeamColumn"。单元刚度随长度是可以变化的,单元端部位移可以通过积分点位移计算,然后由材料本构模型计算相应的截面抗力。每个单元分为 4 个积分点并采用 Gauss-Lobatto 积分法计算,其积分点分布位置 ξ 和加权系数 ω 如图 7.17 所示。梁和柱的纤维截面分布如图 7.18 和图 7.19 所示。

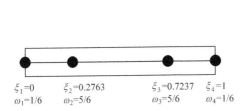

$\xi_1=0$　　$\xi_2=0.2763$　　$\xi_3=0.7237$　　$\xi_4=1$
$\omega_1=1/6$　　$\omega_2=5/6$　　$\omega_3=5/6$　　$\omega_4=1/6$

图 7.17　单元积分点分布位置与加权系数

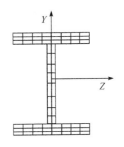

图 7.18　梁纤维截面分布

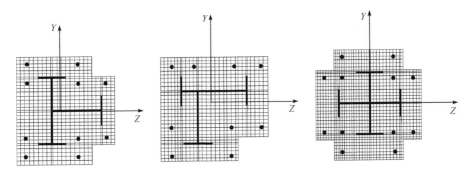

图 7.19　柱纤维截面分布

根据试验工况,将模型底部所有节点设置为固定端约束,竖向荷载以集中力的形式施加于相应节点,结构阻尼比取 0.05。水平加载制度与试验一致。计算时采用能量收敛准则,计算结果输出底层各柱剪力并求和,即可得底部剪力-顶端位移曲线。

7.4.2　分析结果与对比

滞回曲线和骨架曲线的计算结果与试验结果对比如图 7.20 和图 7.21 所示。由图可以看出,滞回曲线计算结果与试验结果大致相似,骨架曲线初始刚度较为一致,极限荷载和位移均吻合较好。其中,KJ-2 在试验中由于受扭,进入破坏阶段时中柱没有充分利用,下降段更陡;计算结果属于理想状态,下降段较为平缓。总体来说,模拟结果比较准确,模型具有较强的适用性。

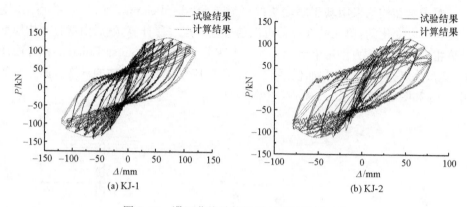

图 7.20　滞回曲线计算结果与试验结果对比

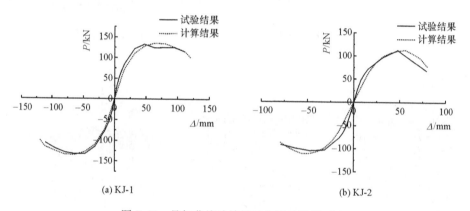

图 7.21　骨架曲线计算结果与试验结果对比

7.4.3　参数分析

为了研究非对称配钢型钢混凝土柱-钢梁框架的抗震性能,仅通过试验方法往往是不够的。本章基于已有的数值模型,研究轴压比、配钢率和混凝土强度 3 个参数对该结构抗震性能的影响。

1. 轴压比

轴压比 n 分别取 0.4、0.5、0.6、0.7 和 0.8 进行计算,得到其骨架曲线如图 7.22 所示。结果表明,轴压比的变化对弹性阶段和屈服阶段影响不大,但对极限阶段和破坏阶段影响较大。当 $n=0.4$ 时,极限状态的承载力几乎没有变化,而由于 $P\text{-}\Delta$ 效应,轴压比增大后,如 $n=0.6$ 和 $n=0.7$,极限荷载及对应的位移明显减小,下降段更陡,延性减小。这说明轴压比过大会降低结构的承载力和延性,对框架结构有不利影响。

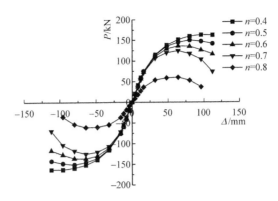

图 7.22　不同轴压比对框架结构的影响

2. 配钢率

配钢率 ρ_{ss} 分别取 5%、6%、7%、8% 和 9% 进行计算,得到其骨架曲线如图 7.23 所示。结果表明,配钢率主要影响初始刚度和极限承载力。当 $\rho_{ss}=5\%$ 时,其初始刚度较小,破坏阶段的承载力发生一定退化,下降段较为平缓。配钢率增大后,模型的初始刚度略微增大,极限承载力明显提高,其对应的极限位移基本不变,下降趋势更小,延性更好。这说明,增大配钢率可以很好地改善结构的抗震性能,对框架结构有利。

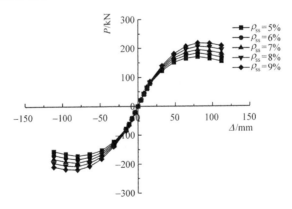

图 7.23　不同配钢率对框架结构的影响

3. 混凝土强度

混凝土强度分别取 C25、C30、C35、C40 和 C45 进行计算,得到其骨架曲线如图 7.24 所示。结果表明,混凝土强度主要影响极限阶段和破坏阶段,对弹性阶段和初始刚度影响不大。随着混凝土强度的增大,极限承载力有一定的提高,且各极限承载力对应的位移基本相同。在整个加载阶段,骨架曲线的形状没有明显的变化,框架的延性有变小的趋势,但不明显。这表明增大混凝土强度等级可以提高结构的极限承载力,由于混凝土强度等级的提高,其脆性特性更加明显,但由于型钢混凝土柱中型钢对混凝土的有力约束,框架的延性略有降低但不显著。

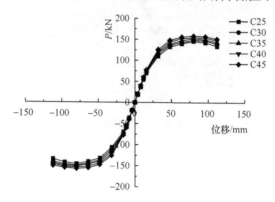

图 7.24　不同混凝土强度对框架结构的影响

7.5　本章小结

本章对 2 榀非对称配钢型钢混凝土框架进行了拟静力加载试验,观察试件破坏模式,得到其滞回曲线和骨架曲线,分析其延性与耗能、刚度与强度退化,并建立数值分析模型,分析轴压比、配钢率和混凝土强度等设计参数对框架结构抗震性能的影响。根据分析结果,可以得到以下结论:

(1) 在低周反复荷载的作用下,试件的破坏模式属于梁铰破坏机制,节点核心区出现"X"形交叉裂缝,混凝土大量剥落,梁端翼缘屈曲,柱端出现水平裂缝,露出钢筋和钢骨。

(2) 2 榀框架均具有良好的延性和耗能能力。试验得到的滞回曲线呈较饱满的梭形或弓形,没有明显的捏拢效应。骨架曲线有明显的屈服阶段、极限阶段和破坏阶段。KJ-1 的正负两个方向的位移延性系数分别为 5.64 和 4.67,KJ-2 为 3.00 和 3.52;在试验过程中 KJ-1 和 KJ-2 的 h_e 均大于 0.3,最大值达到 0.4。T 形配钢型钢混凝土中框架的耗能能力、延性、变形恢复能力均高于 L 形配钢型钢混凝土边框架。

(3) 试件具有良好的强度和变形能力,都满足"强柱弱梁,强剪弱弯,强节点弱构件"的抗震设计要求。试件柱脚处应变较大,而其他部位钢骨应变未达到屈服;T 形配钢型钢混凝土中框架的承载能力和初始刚度均大于 L 形配钢型钢混凝土边框架,但是承载力退化和刚度退化规律总体相同,速度较为接近;整体强度退化系数为 0.85,框架达到破坏荷载时残余变形率为 0.6～0.8。

(4) 轴压比、配钢率和混凝土强度 3 个参数对结构抗震性能的影响很大。增大轴压比会降低结构的承载力和延性,对结构产生不利影响,设计时需要将轴压比控制在合理范围内;增大配钢率可以提高结构的承载力和延性,改善结构的抗震性能,对结构有利;增大混凝土强度等级可以提高结构的极限承载力,但结构的延性会略有降低,设计时应合理考虑。

参 考 文 献

[1] 中华人民共和国住房和城乡建设部. GB 50010—2010　混凝土结构设计规范[S]. 北京:中国建筑工业出版社,2010.

[2] 中华人民共和国住房和城乡建设部,中华人民共和国国家质量监督检验检疫总局. GB 50011—2010　建筑抗震设计规范[S]. 北京:中国建筑工业出版社,2010.

[3] 中华人民共和国建设部. JGJ 138—2016　组合结构设计规范[S]. 北京:中国建筑工业出版社,2016.

[4] 中华人民共和国住房和城乡建设部. JGJ/T 101—2015　建筑抗震试验规程[S]. 北京:中国建筑工业出版社,2015.

[5] Luco N,Bazzurro P,Cornell A. Dynamic versus static computation of the residual capacity of mainshock-damaged building to withstand an aftershock[C]//Proceedings of the 13th World Conference on Earthquake Engineering,Vancouver 2004.

[6] Li Q,Ellingwood B R. Performance evaluation and damage assessment of steel frame buildings under main shock-aftershock earthquake sequences[J]. Earthquake Engineering & Structural Dynamics,2010,36(36):405-427.

[7] Kent D C,Park R. Flexural members with confined concrete[J]. Journal of the Structural Division,1971,97(7):1969-1990.

第8章 基于性能的型钢混凝土框架结构全寿命总费用优化方法研究

目前对型钢混凝土框架结构进行优化时所采用的整体优化方法和分部优化方法均存在以下两个问题：①两种优化方法都以初始造价为优化目标，最终得到的是一个满足设计要求的最低目标设计，未考虑结构的长远经济效益和社会效益，降低了结构抵抗自然灾害的能力，容易造成重大损失；②两种优化方法的设计变量和约束条件数量都非常巨大，优化过程复杂、迭代次数繁多、要得到最优解并不容易。针对第一个问题，本章首先引入基于性能的抗震设计方法，对型钢混凝土框架柱的抗震试验结果进行统计分析，得到型钢混凝土框架结构的目标性能指标量化值，在此基础上建立基于性能的型钢混凝土框架结构全寿命优化模型；其次，考虑结构失效的模糊性，将模糊数学理论引入 Monte Carlo 法中，得到结构在不同性能水平下失效的模糊可靠度计算方法，并对可靠度计算中的地震作用效应进行分析，从而实现全寿命优化目标。针对第二个问题，本章提出全寿命优化模型的分阶段优化计算方法，有效地控制各阶段优化过程中设计变量和约束条件的个数，简化优化过程，并通过 MATLAB 语言编制优化程序对算例进行优化，验证上述优化方法的可行性。

本章对型钢混凝土框架结构目前常用的两种优化设计方法进行总结，针对这两种优化方法存在的问题，提出了基于性能的型钢混凝土框架结构全寿命优化设计方法。具体研究内容如下：

（1）对作者及其课题组进行的型钢混凝土框架柱抗震试验结果进行分析，并结合国内外其他相关试验结果进行统计研究，得到型钢混凝土框架结构的目标性能水平量化值，在此基础上建立基于性能的型钢混凝土框架结构全寿命优化模型。

（2）考虑型钢混凝土框架结构失效存在的模糊性，将模糊数学理论引入 Monte Carlo 法中，建立结构的模糊可靠度计算方法；分析地震反应谱的模糊性，得到非模糊化的模糊地震反应谱，在此基础上对可靠度计算中的地震作用效应进行有限元分析，使结构对于各个性能水平的模糊可靠度计算得以实现，并用层间变形的显函数形式对可靠度计算进行简化。

（3）针对型钢混凝土框架结构优化设计中设计变量和约束条件过多，优化过程过于复杂的问题，对型钢混凝土框架结构进行分阶段优化计算，并考虑抗震承载力约束条件存在的随机性对该类约束条件进行可靠度变形；以作者及其课题组进行的型钢混凝土框架试验为例，编制 MATLAB 优化程序，对其进行全寿命优化分析。

8.1　基于性能的型钢混凝土框架结构全寿命优化模型

8.1.1　基于性能的型钢混凝土框架结构抗震设计方法

为了解决现有优化方法的缺点,本章将基于性能的抗震设计方法引入型钢混凝土框架结构优化中。而按照已有基于性能的抗震设计方法的基本步骤[1~4],首先要确立型钢混凝土框架结构的目标性能,其次要选择适当的指标来衡量目标性能,以下将针对上述问题展开研究。

1. 目标性能的确定

目标性能的确定是基于性能抗震设计的基础和关键。结构的抗震目标性能是指建筑物在特定设防等级地震作用下预期破坏的最大程度,包括适用性、破坏控制、安全性三个方面。我国现行抗震规范中的目标性能见表 8.1[5]。

表 8.1　我国规范规定的结构抗震目标性能

性能水平		不坏(基本完好)	可修(中等破坏)	不倒(严重破坏)
地震风险水平	多遇	①	—	—
	偶遇	②	①	—
	罕遇	③	②	①

注:①为一级设防目标,②为二级设防目标,③为三级设防目标,一为不可接受设防目标。

表 8.1 所示的目标性能为:目标①小震不坏,中震可修,大震不倒;目标②中震作用下可修,大震作用下不坏;目标③大震作用下,结构处于可修状态。为了在型钢混凝土框架结构优化过程中直接应用现行抗震规范,本章仍采用上述抗震目标性能。

2. 性能指标的选取

在确定型钢混凝土框架结构的目标性能后,选取一个合适的性能指标对结构的目标性能进行描述,目前常用的性能指标有变形指标(如层间位移)、能量指标(如 McCabe-Hall 指标)、变形能量双重指标(如 Park-Ang 指标)等[6~10]。

分析上述几个性能指标可知,结构层间变形指标具有形式直观、应用方便,且可较好地反映结构的性能水平,故应用较为广泛。如我国抗震规范就采用层间变形来描述"小震不坏、中震可修、大震不倒"三级设防水准,表 8.2 针对不同类型的结构规定了结构弹性变形和弹塑性变形的层间位移角限值[5];FEMA273 等规范也采用了结构层间变形来定义结构的性能水平。但变形性能指标反映的是结构的最大位移响应,无法区分结构在地震作用下不同持时内的弹塑性反应和反复荷载作用下的累积破坏。能量指标和变形能量双重指标能反应结构在不同持时内的弹塑性反应,并考虑了反复荷载作用下的累积损伤,但表达形式较为复杂,分析计算难度较大。

表 8.2　我国抗震设计规范的层间位移角限值

结构类型	弹性变形	弹塑性变形
钢筋混凝土框架	1/550	1/50
钢筋混凝土框架-抗震墙	1/800	1/100
钢筋混凝土抗震墙	1/1000	1/120
多、高层钢结构	1/300	1/50

由于本章不仅要对型钢混凝土框架进行抗震分析计算,最主要的是还要对型钢混凝土框架结构进行优化设计。显然,若选取一个形式复杂、计算难度过大的目标性能指标将不利于需要进行多次结构重分析的优化过程,故本章在对型钢混凝土框架结构进行基于性能的抗震优化设计时采用层间变形作为性能指标。

8.1.2　型钢混凝土框架结构抗震性能指标的量化

如前所述,本章选择层间变形作为性能指标来描述型钢混凝土框架结构的目标性能,但由于型钢混凝土框架结构是一种新型结构体系,目前对其进行的研究还比较少,我国现行的抗震规范也并没有给出其层间变形的限值。若没有层间变形限值作为性能指标的量化值,研究人员便无法对型钢混凝土框架的目标性能进行具体描述,从而无法将基于性能的抗震设计方法应用到结构优化中。

针对上述问题,本章对作者及其课题组及其国内外有关型钢混凝土框架柱的试验结果进行分析统计,从而得到型钢混凝土框架结构的层间变形限值,也就是结构的性能指标量化值。框架结构的塑性变形是由结构中变形能力最差的构件决定的,而框架柱因承受弯矩、剪力、轴力共同作用变形能力一般比框架梁差,故本章通过分析型钢混凝土框架柱性能水平来得到型钢混凝土框架结构的层间变形限值的方法是可行的。

1. 型钢混凝土框架柱的破坏模式

型钢混凝土框架柱在水平荷载作用下的破坏模式主要有以下三种(图 8.1):弯曲破坏、剪切黏结破坏、剪切斜压破坏[11~17]。

1) 弯曲破坏

当剪跨比较大时(λ≥2.5),承载力主要由弯曲应力起作用,试件发生弯曲破坏。弯曲破坏是延性破坏,实际工程中的框架结构构件剪跨比大多处于这个范围内,故应作为本章分析的重点。

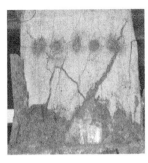
(a) 弯曲破坏

(b) 剪切黏结破坏

(c) 剪切斜压破坏

图 8.1　型钢混凝土框架柱的三种破坏模式

　　试件在加载初期处于弹性状态,当施加的荷载到达极限荷载的 $54\%\sim72\%$ 时,柱根处首先出现水平弯曲裂缝。水平裂缝随荷载的增加向正面延伸,但由于型钢翼缘的约束,发展缓慢,且部分开始斜向发展,同时,竖向裂缝开始在根部出现。当荷载增加至极限荷载的 $75\%\sim86\%$ 时,试件屈服。随着控制位移增加以及反复加载作用,混凝土开始压碎脱落,直至纵筋压曲、型钢局部屈服,混凝土大面积剥落,水平荷载迅速下降,试件破坏,此时,贯通的弯曲水平裂缝宽度为 $0.9\sim1.2\text{mm}$。

　　弯曲破坏大致可分为以下几个阶段:加载开始到混凝土开裂,为弹性阶段;混凝土开裂到受拉钢筋和型钢受拉翼缘发生屈服,为近似弹性阶段;受拉钢筋和型钢受拉翼缘发生屈服到结构的极限承载力,为弹塑性变形阶段;从极限承载力到下降至其 $67\%\sim85\%$,为塑性变形阶段。

　　对作者及其课题组前期进行的 16 榀型钢混凝土框架柱试验进行统计,其中发生弯曲破坏的试件有 5 榀。这 5 榀试件的骨架曲线如图 8.2 所示。

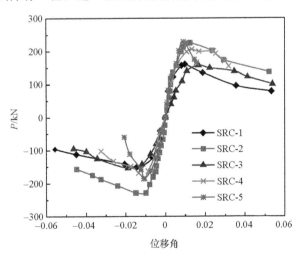

图 8.2　弯曲破坏时 5 榀型钢混凝土框架柱的骨架曲线

以作者及其课题组试验数据为主要依据,并分析文献[11]~[17]的试验数据,得到型钢混凝土框架柱在弯曲破坏下位移角的分布范围,见表8.3。

表 8.3　型钢混凝土框架柱在弯曲破坏时的位移角分布

破坏阶段	型钢混凝土柱层间位移角分布	型钢混凝土柱层间位移角均值
构件开裂	[1/300,1/190]	1/242
构件屈服	[1/160,1/115]	1/141
极限荷载	[1/108,1/60]	1/78
构件破坏	[1/55,1/32]	1/39

需要注意的是,图8.2所示的是型钢混凝土框架柱从开始加载到彻底破坏整个过程的变形。由前述内容可知,当框架柱的承载力下降到极限承载力的85%时,框架柱便已进入塑性变形阶段,故本章统计的破坏阶段位移角分布是承载力退化到极限承载力85%时对应的位移角。

2) 剪切黏结破坏

剪跨比适中时(1.5<λ<2.5),试件的破坏形态主要为剪切黏结破坏。在加载初期试件处于弹性阶段。同样,首先在根部弯剪区出现细微水平弯曲裂缝。随着荷载增加,裂纹斜向发展,且在柱腹部轴线处出现45°斜向裂缝,但均发展缓慢。当达到极限荷载的59%~65%时,型钢受压翼缘外侧突然出现沿柱高分布的纵向黏结裂缝,并迅速发展为纵向黏结劈裂裂缝。当到达极限荷载的78%~86%时,试件屈服,竖向主裂缝约为1.1mm。随着控制位移增加及荷载往复作用,黏结裂缝发展充分,最终型钢外混凝土大面积剥落,承载力急剧下降,试件破坏。

对作者及其课题组前期进行的16榀型钢混凝土框架柱试验进行统计,其中发生剪切黏结破坏的试件有4榀。这4榀试件的骨架曲线如图8.3所示。

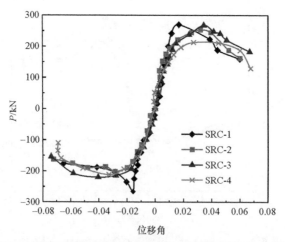

图 8.3　剪切黏结破坏时 4 榀型钢混凝土框架柱的骨架曲线

以作者及其课题组试验数据为主要依据,并分析文献[11]～[17]的试验数据,得到型钢混凝土框架柱在剪切黏结破坏时位移角的分布范围见表 8.4。

表 8.4　型钢混凝土框架柱在剪切黏结破坏时的位移角分布

破坏阶段	型钢混凝土柱位移角分布	型钢混凝土柱位移角均值
构件开裂	[1/205,1/101]	1/151
构件屈服	[1/115,1/78]	1/110
极限荷载	[1/83,1/51]	1/63
构件破坏	[1/38,1/21]	1/30

同样需要注意的是,本章统计的破坏阶段位移角分布是承载力退化到极限承载力85%时对应的位移角。

3）剪切斜压破坏

剪跨比较小时($\lambda \leqslant 1.5$),试件主要发生剪切斜压破坏。加载初期试件处于弹性阶段。同样,柱根首先出现细微水平弯曲裂缝。当达到极限荷载的54%～73%时,试件腹部轴线处和型钢受压翼缘外层分别出现斜向裂缝和竖向黏结裂缝。荷载继续增加,水平裂缝、黏结裂缝均发展缓慢,但斜裂缝迅速延伸,数量不断增多,随荷载反复作用形成明显的交叉斜向裂缝,将柱根部混凝土分割成若干斜向小柱体。当达到极限荷载的82%～90%时,试件屈服。之后箍筋和型钢相继屈服,斜压小柱体压溃退出工作,荷载急剧下降,试件破坏。

对作者及其课题组前期进行的 16 榀型钢混凝土框架柱试验进行统计,其中发生剪切斜压破坏的试件有 7 榀。这 7 榀试件的骨架曲线如图 8.4 所示。

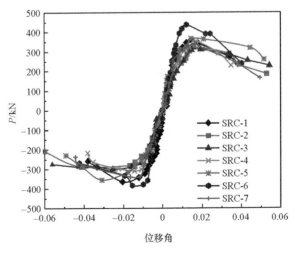

图 8.4　剪切斜压破坏时 7 榀型钢混凝土框架柱的骨架曲线

以作者及其课题组试验数据为主要依据,并分析文献[11]~[17]的试验数据,得到型钢混凝土框架柱在剪切斜压破坏时位移角的分布范围见表 8.5。

表 8.5　型钢混凝土框架柱在剪切斜压破坏时的位移角分布

破坏阶段	型钢混凝土柱位移角分布	型钢混凝土柱位移角均值
构件开裂	[1/135,1/110]	1/123
构件屈服	[1/90,1/60]	1/71
极限荷载	[1/59,1/31]	1/35
构件破坏	[1/25,1/18]	1/21

同样需要注意的是,本章以承载力退化到极限承载力 85%时对应的位移角作为构件破坏阶段的层间位移角。

2. 影响型钢混凝土框架柱位移角的因素

分析作者及其课题组进行的 16 榀型钢混凝土框架柱试验并结合文献[11]~[17]可知,混凝土强度等级、剪跨比、轴压比、配筋率及含钢率均对型钢混凝土框架柱的破坏模式、裂缝的出现与发展、抗震变形能力存在不同程度的影响。下面对各影响因素分别进行分析,为型钢混凝土框架柱性能指标的量化提供依据。

1) 混凝土强度等级

试验结果表明,试件的极限承载力及其对应位移均随混凝土强度等级的提高而增大,但是极限位移减小,脆性越来越明显,框架柱抗震性能降低。

2) 剪跨比

试验结果表明,剪跨比是影响构件破坏形式的主要因素之一。随着剪跨比增大,试件延性系数增大,试件的抗震性能增强。

3) 轴压比

试验结果表明,随着轴压比的增大,试件的延性系数和耗能指标均降低,即构件抗震性在一定范围内下降。

4) 配箍率及含钢率

试验结果表明,试件的极限承载力和极限变形能力随配箍率和含钢率的增加而增大,耗能能力增强,抗震性能提高。

3. 型钢混凝土框架柱各性能水平极限状态的宏观描述

为与《建筑抗震设计规范》(GB 50011—2010)对应,本章仍将型钢混凝土框架柱的性能水平划分为基本完好、中等破坏、严重破坏三种,并将层间位移角作为性能指标对其进行描述。

依据前述分析,本章将型钢混凝土框架柱的受力过程划分为弹性、弹塑性、接近破坏三个阶段,使其与三个性能水平相对应,通过统计分析,建立型钢混凝土柱在三种破坏形式下的性能指标量化值,并考虑混凝土强度、剪跨比等影响因素。

剪跨比较大时($\lambda \geq 2.5$),试件发生弯曲破坏。以开始出现弯曲裂缝、达到极限承载力、承载力下降到极限承载力的 85% 左右分别作为基本完好、中等破坏、严重破坏三种性能水平的极限状态。

剪跨比适中($1.5 < \lambda < 2.5$),配箍率、含钢率均较小时,试件一般发生剪切黏结破坏。当轴压比较低时($n \leq 2.9$),将开始出现斜向裂缝、荷载达到极限值、混凝土局部剥落分别作为三种性能水平的极限状态;当轴压比较高时($n > 2.9$),将开始出现竖向细微裂缝,形成竖向黏结主裂缝或荷载达到极限值、箍筋拉屈或纵筋部分屈服,混凝土局部剥落分别作为三种性能水平的极限状态。

剪跨比较小时($\lambda \leq 1.5$),试件一般发生剪切斜压破坏,以受拉区混凝土出现剪切斜裂缝为柱基本完好性能水平的极限状态。轴压比较大时,破坏具有一定脆性,将纵筋和型钢发生屈曲、混凝土斜压破坏分别作为中等破坏和严重破坏性能水平的极限状态。当轴压比较小时,属于延性破坏,将箍筋屈服、混凝土剪压破坏分别作为中等破坏和严重破坏性能水平的极限状态。

根据上述关于型钢混凝土框架柱各性能水平极限状态的宏观描述,对作者及其课题组的试验结果及文献[11]~[17]中的试验资料进行统计,得到如图 8.5 所

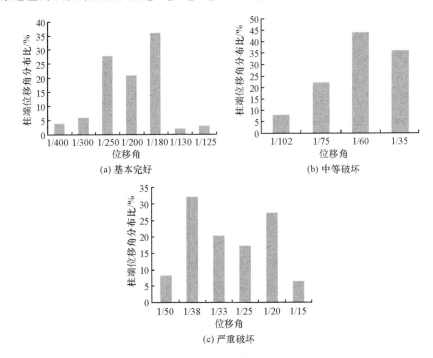

图 8.5　不同性能水平下型钢混凝土框架柱的位移角分布

示的型钢混凝土框架柱在不同性能水平下的位移角分布。

从位移角分布统计图中可以看出,型钢混凝土框架柱基本完好性能水平极限状态的柱端位移角限值主要在 1/300～1/180 变化,此时型钢和钢筋尚未屈服,为弹性阶段;中等破坏性能水平极限状态的柱端位移角限值主要在 1/72～1/35 变化,此时受拉钢筋和受压型钢已经屈服,构件进入弹塑性阶段;严重破坏性能水平极限状态的柱端位移角限值主要在 1/38～1/20 变化,钢筋及型钢局部压曲,结构处于弹塑性阶段,承载力下降到极限承载力的 75%～90%。

4. 型钢混凝土框架结构性能指标的量化

研究表明,框架结构的塑性变形能力主要由框架柱的变形能力决定,但结构的变形毕竟是梁、柱、节点、墙等构件综合变形的结果,结构的极限位移角一般总大于单个构件,故前述的统计分析结果还不能直接作为型钢混凝土框架结构的性能指标量化值,且剪跨比、轴压比、配箍率及含钢率等因素均对结构的性能水平有一定影响。因此,需综合考虑型钢混凝土框架结构所处情况,参考我国现行抗震规范确定结构层间位移角限值的方法,结合作者及其课题组进行的型钢混凝土框架结构拟动力试验研究结果,对型钢混凝土框架结构的层间位移角限值进行如下调整。

1) 基本完好性能指标的量化

基本完好性能水平的极限状态要求结构不能产生影响正常使用的变形,结构体系没有遭到损坏,非结构体系的损失也很轻微,不影响结构的正常使用和居住。在该极限状态下,结构的地震反应在弹性阶段内,故该性能水平下要重点控制诸如填充墙等非结构构件的损伤程度,使其不影响结构的正常使用并满足外观要求。因此,型钢混凝土框架结构在基本完好性能水平下,应在充分保证框架柱不发生开裂的前提下同时考虑填充墙的容许开裂程度以及其他非结构构件可能遭受的损坏。

由前述统计数据可知,型钢混凝土框架柱在基本完好性能水平下的位移角限值主要变化范围为 1/300～1/180。根据上述要求,以《建筑抗震设计规范》(GB 50011—2010)中关于弹性层间位移角限值的选取原则为参照,将层间位移角 1/450 作为型钢混凝土框架结构基本完好性能水平的量化值。

2) 中等破坏性能指标的量化

结构体系与非结构体系在中等破坏性能水平下均有明显的损伤,此时需要控制结构在地震过程中的损伤程度。在中等破坏性能水平下,虽然结构存在一定程度的损伤,但就经济上而言对其进行的修复是可接受的,故对于这一性能水平,主要是要将结构的震后修复费用控制在可接受的范围内。除此之外,还要控制残留变形,避免个别结构构件因塑性转动过大而无法修复的情况。

依据震害经验,将上述要求具体表示为:构件内受拉钢筋屈服,框架柱外层混凝土局部剥落,核心区混凝土强度保持不变,剪切裂缝不超过 2mm,残留变形不超过 1/400[18]。

由前述统计数据可知，型钢混凝土框架柱在中等破坏性能水平下的位移角限值主要变化范围为 1/72～1/35，最大弯曲裂缝为 0.9～1.3mm，残留变形不超过 1/350。然而，结构在该性能水平下，一般已达到承载力极限，刚度会发生退化，已不满足修复在经济可接受范围的要求，故本章对于该性能水平下的层间位移角限值应进一步缩小。综上所述，取 1/135 为型钢混凝土框架结构中等破坏性能水平的量化值。

3）严重破坏性能指标的量化

严重破坏极限状态下建筑物已处在倒塌边缘，在这一性能水平下，保障生命安全是主要目标，所有威胁生命安全的因素都应考虑。然而，要计算整个结构直到倒塌的过程并不容易，大多数实用抗震设计规范对该极限状态的规定往往从构件着手。我国现行抗震规范中钢筋混凝土框架结构 1/50 的弹塑性层间变形限值实际上就是 50 个剪跨比大于 2.5 的柱试件极限位移角的最小值[5]。

由前述统计数据可知，型钢混凝土框架柱在严重破坏性能水平下的位移角限值主要变化范围为 1/38～1/20。生命安全的性能水平当然要具有合理的安全储备，且工程的实际施工质量通常无法达到试验试件的质量，而目前对型钢混凝土框架结构在罕遇地震作用下的弹塑性变形计算方法还存在很多不足，故本章取 1/50 作为型钢混凝土框架在严重破坏性能水平的量化值。

综上所述，型钢混凝土框架结构的抗震目标性能及其相应的性能指标量化值见表 8.6。

表 8.6　型钢混凝土框架结构的抗震目标性能水平量化值

地震作用水平	小震	中震	大震
性能水平	基本完好	中等破坏	严重破坏
修复经济可接受性	完全接受	可接受	不可接受
安全性	安全	安全	生命安全
层间位移角限值	1/450	1/135	1/50

8.1.3　型钢混凝土框架结构全寿命周期多目标优化模型

1. 全寿命周期包含内容

结构整个寿命周期内包含的内容有

$$W = C_I + C_M + C_F \tag{8.1}$$

式中，W 为结构全寿命周期总费用；C_I 为结构的初始造价；C_M 为结构检测维修所需费用；C_F 为结构的失效损失期望费用[18]。

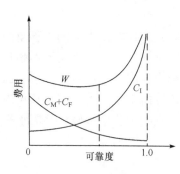

图 8.6　总费用各项与可靠度
之间的关系

结构的初始造价、检测维修所需费用和失效损失期望费用三者之间相互关联,提高结构的初始造价可降低结构的检测维修费用和失效损失期望费用,增加检测维修资金投入也可以降低失效损失期望费用,大体上,三者与结构可靠度的关系如图 8.6 所示。

1) 初始造价

初始造价既可以根据具体设计方案直接估算,也可以用与其相关的代表性设计参数(如可靠度、设计强度等)近似表示。为了简便起见,本章对型钢混凝土框架结构进行初始费用计算时采用前者,且仅考虑结构的初始材料费用。

2) 检测维修费用

结构的检测维修费用主要由补强费用和在检测维修期间造成的收益损失组成,合理的维修策略应该使维修费用和风险之间达到平衡。通常在结构优化设计阶段并不考虑检测维修费用,而是在确定最优设计之后再来选取合理的维修方法和维修时间。

3) 失效损失期望费用

失效损失期望是结构失效损失费用和结构失效概率的乘积,一般可分为直接损失费用、间接损失费用及人员伤亡损失等。直接损失费用包括因结构自身失效进行的维修和替换费用以及建筑内非结构构件、装修和设备的损失费用;间接损失费用主要是由结构的性能失效而引起的连带损失费用,与初始费用并不直接相关,主要取决于结构的性能和破坏程度;人员伤亡损失主要由建筑倒塌或火灾、爆炸等次生灾害引起[19]。

结构在不同破坏等级下对应的直接损失费用与初始造价的比值见表 8.7,不同破坏等级不同重要程度的建筑物的间接损失和直接损失的比值见表 8.8[20]。

表 8.7　直接损失费用与结构初始造价的比值

破坏程度	基本完好	轻微破坏	中等破坏	严重破坏	倒塌
比值	0.01～0.03	0.09～0.12	0.20～0.40	0.60～0.80	1.00

表 8.8　间接损失费用与直接损失的比值

设防类别	破坏等级				
	基本完好	轻微破坏	中等破坏	严重破坏	倒塌
甲	0	0	0.8～11.0	11.0～55.0	55.0～210.0
乙	0	0	0.4～1.2	2.5～6.5	7.0～21.0

设防类别	破坏等级				
	基本完好	轻微破坏	中等破坏	严重破坏	倒塌
丙	0	0	0.4～0.6	1.8～2.2	5.5～6.5
丁	0	0	0.1～0.3	0.9～1.2	1.8～2.3

如前所述,为了在后续优化过程中方便地应用现行抗震设计规范,本章仍以小震不坏、中震可修和大震不倒作为型钢混凝土框架结构的目标性能,则在地震荷载作用下,型钢混凝土框架结构在这样的目标性能下失效的失效损期望费用可表示为

$$C_F = P(I_{fs})L_{fs} + P(I_{fm})L_{fm} + P(I_{fl})L_{fl} \qquad (8.2)$$

式中,$P(I_{fs})$、$P(I_{fm})$、$P(I_{fl})$分别为型钢混凝土框架结构在设计基准期内($T=50$年)处于小震、中震和大震这三种地震水平下,发生基本完好性能失效、中等破坏性能失效和严重破坏性能失效时的失效概率;L_{fs}、L_{fm}、L_{fl}分别为型钢混凝土框架结构在基本完好性能失效、中等破坏性能失效和严重破坏性能失效时的结构失效损失费用,本章仅考虑直接损失费用和间接损失费用,且不考虑贴现率的影响。

2. 基于性能的型钢混凝土框架全寿命优化模型

目前,对型钢混凝土框架结构进行优化设计主要采用以下两种方法:一种是直接进行的整体优化法;一种是先进行结构整体布局再对结构构件进行优化的分部优化法。

这两种优化方法都把初始造价作为优化目标,虽然这种目标函数在形式表达上比较简单,概念上易于理解,函数具体建立起来也比较容易,但由于过于偏重初始造价,没有考虑结构长远的社会效益和经济效益,本质上追求的是一个满足各种设计规范和经验要求的最低水平设计,且工程质量较低,则保证结构正常运转的维护费用就会相应增加,更重要的是它降低了结构抵挡自然灾害的能力,容易造成重大损失。

为解决上述问题,本章提出将基于性能的抗震设计方法引入型钢混凝土框架结构的优化设计中,并建立型钢混凝土框架结构的性能指标量化值。在此基础上,参考已有抗震优化设计模型,并考虑型钢混凝土框架结构在抗震分析和结构失效时存在的模糊性,以式(8.1)所表述的型钢混凝土框架结构全寿命组成为框架,以"投资—效益"准则作为设计原则,建立基于性能的型钢混凝土框架结构全寿命优化数学模型。该模型考虑了型钢混凝土框架结构在本章确立的各个目标性能下失效的失效损失,寻求型钢混凝土框架结构在可靠性与经济性之间的平衡,从而使型钢混凝土框架结构在整个寿命周期内总费用最小,很好地解决了上述两种优化方法存在的只考虑经济效益而导致的工程质量不高的问题。

基于性能的型钢混凝土框架结构全寿命多目标优化数学模型如下。

待求设计变量：

$$500 < v_s \leqslant 800, \quad \mu_3(d) = 0 \tag{8.3}$$

优化目标函数：

$$W(X) = C_0(X) + \sum_{i=1}^{n} C_{fi} \widetilde{P}_{fi}(X) \tag{8.4}$$

优化约束条件：

$$\widetilde{P}_{fi}(X) \leqslant [P_{fi}], \quad i = 1, 2, \cdots, n \tag{8.5}$$

$$g_j(X) = 0, \quad j = 1, 2, \cdots, p \tag{8.6}$$

$$h_k(X) \leqslant 0, \quad k = 1, 2, \cdots, q \tag{8.7}$$

式中，X 为设计变量向量；目标函数 $W(X)$ 为型钢混凝土框架结构在整个寿命周期内的总费用；第一部分 $C_0(X)$ 为结构的初始造价；第二部分为结构在 n 个性能水平下失效的失效损失期望之和；C_{fi} 为结构相应于性能水平 i 失效时的失效损失值；$\widetilde{P}_{fi}(X)$ 为结构在性能水平 i 失效时的模糊失效概率，$\widetilde{P}_{fi}(X)C_{fi}$ 为结构相应于性能水平 i 失效时的模糊失效损失期望费用；$[P_{fi}]$ 为相应的可靠度目标值；p 为等式约束条件个数；q 为不等式约束条件个数。

传统可靠性分析方法都是从确定可靠度的概念出发来计算结构的失效概率 P_i，这种可靠度定义在判断结构可靠与否时有明确的界限。例如，当外荷载产生的剪力超过构件自身的抗剪承载力时，构件就发生剪切破坏。然而，在实际工程设计中，结构的失效界限常常并不明确或并没有清晰的失效判断准则，例如，三水准抗震准则：小震不坏、中震可修、大震不倒，其中不坏、可修、不倒在概念上就没有明确定义，那么判断结构在不坏、可修、不倒性能水平下是否失效就缺乏明确的标准。即便在基于性能的抗震设计方法中可以采用层间变形作为性能指标来判断结构在各个性能水平下是否失效，但由于这些性能指标的量化值是研究人员根据试验数据和震害分析统计出来的，不可避免地存在误差和离散性。按照这种确定可靠度的概念，即便略微超出性能指标量化值也认为结构完全失效或者已经很接近性能指标量化值仍认为结构完全可靠，显得有些不合理，且结构在某一性能水平下失效本来就是一个渐变过程。本章在建立型钢混凝土框架结构全寿命优化数学模型时，充分考虑结构失效存在的模糊性，并同时考虑结构抗震分析中存在的模糊性，从模糊可靠度的角度出发计算结构在各个性能水平下失效的模糊失效概率 $\widetilde{P}_{fi}(X)$，进而计算结构的模糊失效损失期望费用 $C_{fi}\widetilde{P}_{fi}(X)$，使得型钢混凝土框架结构的全寿命优化目标 $W(X)$ 的计算更合理和全面。

8.2　型钢混凝土框架结构模糊可靠度

针对型钢混凝土框架结构常用优化方法存在的结构性能不高、抵抗自然灾害能力较差的问题,本章引入基于性能的抗震设计方法,建立型钢混凝土框架全寿命多目标优化模型。该模型包括两个部分:第一部分为型钢混凝土框架结构的初始造价,根据上述分析,只考虑初始材料费用;第二部分为结构在不同性能水平下失效的模糊失效损失期望费用之和,要得到这一部分,必须计算型钢混凝土框架结构在不同性能水平下失效的模糊失效概率,或结构对于各个性能水平的模糊可靠度。基于对传统可靠度计算方法的总结,通过考虑结构失效存在的模糊性,得到型钢混凝土框架结构的模糊可靠度计算方法,并讨论如何计算型钢混凝土框架结构可靠度分析中的地震作用效应。最后针对直接计算型钢混凝土框架结构可靠度难度较大,提出简化计算方法。

8.2.1 结构可靠度计算方法

结构的目标性能只有与一个或几个物理量联系起来,才能判断其是否得到满足。因此,本章将结构层间变形作为型钢混凝土框架结构的目标性能指标,并根据试验数据和统计分析得到了型钢混凝土框架结构的性能指标量化值。由可靠度的概念可知,在计算型钢混凝土框架结构基于性能的抗震可靠度时的功能函数为

$$f(u_0, X, P) = u_0 - u(X, P) \qquad (8.8)$$

式中,u_0 为用层间变形表示的抗力项,即型钢混凝土框架结构层间变形能力的随机变量,其标准值即为型钢混凝土框架结构的抗震目标性能指标量化值,见表 8.6;$u(X, P)$ 为层间变形表示的荷载效应项(在此仅考虑水平地震作用效应),X 为与结构本身特性有关的随机变量向量(如结构构件尺寸、材料特性等),P 为荷载作用随机变量向量。

首先分析结构失效存在的模糊性,得到模糊可靠度计算方法,然后对地震作用效应 $u(X, P)$ 的计算进行讨论。

1. 模糊可靠度计算方法

1) 基于性能的结构模糊功能函数

普通集合 $U = \{u_1, u_2, \cdots, u_m\}$ 中要求每个元素的成员资格是十分明确的,是就是,非就非,不存在中立成立。然而,由于事物本身的特性,很多集合并没有如此明确的边界,不能给出明确的定义和评定标准,这种不确定性称为模糊性,具有模糊边界的子集称为模糊子集。Zadeh 在 1965 年提出,对论域中的每一个元素 u_i,在闭区间 $[0, 1]$ 中选择一个数字指标来表明 u_i 对模糊子集 $\tilde{A}$ 的隶属程度,这个数字指标用 $\tilde{A}(u_i)$ 表示,称为元素 u_i 对模糊子集 $\tilde{A}$ 的隶属度,所有隶属度均满足[21] $0 \leqslant \tilde{A}(u_i) \leqslant 1, u_i \in U$。在不易误解的情况下,通常将 $\tilde{A}(u_i)$ 记为 $\mu_{i,A}$,显然 $\mu_{i,A}$ 越大,u_i 对 $\tilde{A}$ 的隶属程度就越高。$\mu_{i,A} = 1$ 时,u_i 肯定属于 $\tilde{A}$;$\mu_{i,A} = 0$ 时,u_i 肯定不属于 $\tilde{A}$。普通集合是模糊集合的特殊情况。

　　传统可靠度理论在用极限状态描述结构可靠与否的界限时,结构是从可靠状态直接跳跃到失效状态的,如图 8.7 所示,此时功能函数的隶属度函数如图 8.8 所示:当 $Z<0$ 时,对可靠性的隶属度为 0,绝对失效,即使荷载效应项仅略微超出抗力项仍被判断为彻底失效;当 $Z>0$ 时,对可靠性的隶属度为 1,绝对安全,即使抗力项只略微比荷载效应项大仍被判断为绝对安全。这种绝对的刚性失效准则既不科学也不符合工程实际,因为在实际工程中结构从可靠到失效是一个渐进的过程,两者之间存在一个模糊过渡状态,如图 8.9 所示,这个模糊状态的存在说明结构的失效过程是逐渐发生的。

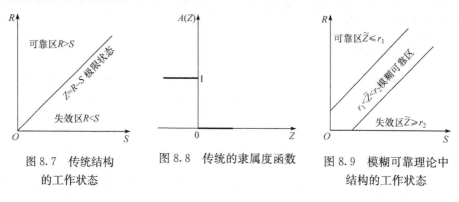

图 8.7　传统结构　　　图 8.8　传统的隶属度函数　　图 8.9　模糊可靠理论中
　　的工作状态　　　　　　　　　　　　　　　　　　结构的工作状态

　　考虑结构失效模糊性的功能函数为

$$\tilde{Z}=\tilde{R}-\tilde{S} \tag{8.9}$$

　　从上述分析可知,经典可靠度理论忽略结构从可靠到失效的中间过渡模糊区,直接划分的做法并不合理。对于这个问题,本章引入模糊理论,用模糊功能函数 $\tilde{Z}$ 的隶属度函数来表示结构从可靠到失效的渐进过程,从而合理地考虑结构失效存在的模糊性。然而要建立一个合理的隶属度函数需要经过大量的模糊统计及专家评定,为简单起见,本章直接将其假定为半梯形分布,即模糊功能函数 $\tilde{Z}$ 的隶属度函数为

$$\tilde{A}_{\tilde{Z}}(z)=\begin{cases}1, & z\leqslant r_1 \\ -\dfrac{z-r_2}{r_2-r_1}, & r_1<z<r_2 \\ 0, & z\geqslant r_2\end{cases} \tag{8.10}$$

　　建立模糊功能函数的隶属度函数后,还须确定过渡区间的上下界限 r_1 和 r_2 值的大小,即容差。确定容差的方法很多,工程上常用扩增系数法,本章也采用这种方法,该方法以常规设计经验为基础,通过引入增大系数 λ(一般取 0.05~0.4 倍的许用值)来确定模糊区间的容差[21~23]。对于型钢混凝土框架结构,只要用 λ 乘以表 8.6 中基本完好、中等破坏、严重破坏性能水平下对应的层间位移角限值,就可以得到型钢混凝土框架结构对应于不同性能状态的模糊隶属度函数的容差。

2) Monte Carlo 模拟法计算模糊可靠度

本章用模糊功能函数 $\widetilde{Z}$ 的隶属度函数来表示结构从可靠到失效的渐进过程，则由模糊随机概率理论可知，型钢混凝土框架结构的模糊失效概率为

$$\widetilde{P}_f = P(\widetilde{\Omega}) = \int_{-\infty}^{+\infty} f(z)\mu(z)\mathrm{d}z \tag{8.11}$$

式中，$\widetilde{\Omega}$ 为结构模糊失效事件；$f(z)$ 和 $\mu(z)$ 分别为描述结构失效事件随机性和模糊性的概率密度函数与隶属度函数。由于 $f(z)$ 和 $\mu(z)$ 通常比较复杂，要通过直接积分的解析方法求得式(8.11)非常困难，故采用可靠度的近似计算方法进行求解。

虽然采用 Monte Carlo 模拟法来计算结构的失效概率是十分方便可行的，但因为在计算结构失效概率的过程中考虑了模糊性，还需要对该方法进行改进，下面就分析如何用 Monte Carlo 模拟法来计算结构的模糊失效概率。

结构的模糊功能函数为 $\widetilde{Z}=\widetilde{R}-\widetilde{S}$，则为了描述结构失效的模糊过渡区，将一般 Monte Carlo 模拟法中的示性函数 $I[g(X_i)]$ 替换为模糊功能函数 $\widetilde{Z}$ 的隶属度函数：

当结构完全失效时，有

$$I[g(X_i)]=1 \tag{8.12}$$

当结构完全有效时，有

$$I[g(X_i)]=0 \tag{8.13}$$

当结构处于模糊过渡区时，有

$$I[g(X_i)]=-\frac{z_i-r_2}{r_2-r_1} \tag{8.14}$$

这样，通过引入模糊隶属度函数，将 Monte Carlo 模拟法中应用确定性失效准则进行判断的示性函数改造为应用模糊失效准则判断的示性函数，即示性函数为如下形式：

$$I[g(X_i)]=\begin{cases}1, & z_i\leqslant r_1 \\ -\dfrac{z_i-r_2}{r_2-r_1}, & r_1<z_i<r_2 \\ 0, & z_i\geqslant r_2\end{cases} \tag{8.15}$$

在进行上述变换之后，只要对通过式(8.15)判断的结构失效总次数进行累加，即可得到结构的模糊随机失效概率估计值 $\hat{P}_f$。需要注意的是，当示性函数 $I[g(Y_i)]$ 采用模糊失效准则计算时，其值不再是非 1 即 0 的两个整数，而是 $[0,1]$ 闭区间上的某个值。

2. 非模糊化的地震模糊反应谱

由于不知道功能函数中用层间位移表示的荷载效应项 S(本章仅考虑地震作

用)如何计算,故在得到结构的模糊可靠度计算方法之后,还不能计算出结构的可靠度。在解决这个问题之前,先对《建筑抗震设计规范》(GB 50011—2010)中的地震反应谱进行讨论,因为地震反应谱的选择将直接影响型钢混凝土框架的地震作用效应 S。由于本章对型钢混凝土框架结构进行可靠度分析时考虑了结构失效存在的模糊性,因此也要考虑荷载效应计算时所用地震反应谱的模糊性。

规范中规定的反应谱曲线从本意上来看是确定性的,但实际上它包含了三类模糊因素:地震烈度、场地类别和设计地震分组。设计地震分组是用来反映震源远近的参数,由规范说明可知,我国绝大多数地区只考虑设计近震,需要考虑设计远震的地区很少(约占县级城镇的 5%),所以本章不考虑设计地震分组这个因素的模糊性而直接将其按规范规定处理。下面分别说明如何在地震反应谱中考虑地震烈度和场地类别这两个因素的模糊性。

1) 考虑模糊性的地震烈度

由于历史原因,地震学界和地震工程界迄今为止一直普遍采用地震烈度的离散论域,例如,12 个等级的烈度论域为

$$U=\{I_1,I_2,\cdots,I_{12}\}=\{1,2,\cdots,12\} \qquad (8.16)$$

式中,$I_i(i=1,2,\cdots,12)$ 和数字代表烈度等级。

然而,地震烈度的论域本质上应该是连续的,因为地震烈度作为地震强烈程度的综合度量只能是渐变的,而不可能划分为界限分明的一些等级;并且即使划分为等级,从一个等级到相邻的另外一个等级的过程也只能是逐渐过渡的,而不应该是一刀切或跳跃式的离散点列。

因此,如果仍以 12 度为最高烈度,则烈度论域实质上应该是实数轴上的一个闭区间,即

$$Z=\{I\mid I\in[0,12]\}=[0,12] \qquad (8.17)$$

这就是与上述普遍采用的 12 等级的离散烈度论域相应的连续烈度论域。

从以上分析可知,地震烈度本身的模糊性是由于把地震动的强烈程度划分为一些地震强度等级(即离散烈度论域)引起的。如果把地震烈度看做连续变化的烈度指标,它就失去了模糊性,从而成为一般的确定性变量,那么此时地震烈度实际上代表的就是地震动的某种参数。

当把离散地震烈度论域转变为连续烈度论域时,水平地震影响系数最大值 α_{max} 与地震烈度 I 间的关系转化为

$$\alpha_{max}=0.04\times2^{(I-6)} \qquad (8.18)$$

2) 场地类别的模糊性

我国《建筑抗震设计规范》(GB 50011—2010)把建筑场地分为四类:Ⅰ类为坚硬场地,Ⅱ类为中硬场地,Ⅲ类为中软场地,Ⅳ为软弱场地,其中,Ⅰ类场地又分为 I_0 和 I_1 两个亚类[5]。这种划分方法便于工程人员查用,但实际上要用精确定义的

判别标准来划分场地类别是十分困难的,尤其是判断处于分界线附近具有高度模糊性的场地。《建筑抗震设计规范》(GB 50011—2010)从实际应用的角度出发,建议用差值法来处理位于边界线附近的场地。

场地分类的模糊性是由场地的复杂性所决定的,它不可能通过数学处理的方法消除,但是可先用模糊综合评判的方法求出场地类别的模糊等级向量 W,再来求出与场地类别有关的参数(即 T_g)的综合评定值,它是一个非模糊量。同时,当场地土的等效剪切波速 $v_s > 800$ 且覆盖层厚度为 0 时才为 I_0 类场地,故不需要对 I_0 类场地进行模糊综合评价。

3) 场地类别模糊综合评判

根据《建筑抗震设计规范》(GB 50011—2010),取场地土等效剪切波速和覆盖层厚度作为场地类别评定因素,各评定因素的隶属度函数取正态函数,即

$$\mu(x) = \exp\left[-\left(\frac{x-m_j}{b_j}\right)^2\right] \tag{8.19}$$

式中,x_j 和 x_{j+1} 分别为场地类别划分中的两个相邻边界点;$m_j = 0.5(x_j + x_{j+1})$,$b_j = 0.6(x_{j+1} - x_j)$,它们反映边界点对相邻两个场地等级具有相同的隶属程度。

等效剪切波速评定因素集 U_1 和覆盖层厚度评定因素集 U_2 分别对应场地土类别评语等级论域 V 和 W。由于评语等级论域不同,本章选用模糊运算法则 $M(\cdot, +)$,采用二次评定方法,对场地类别进行多因素综合评定。

(1) 一次评定。

由上述内容可知,单因素集 $U_1 = \{u_1\}$,其中 u_1 为等效剪切波速评定因素;场地土类别评语等级论域模糊向量 $V = \{v_1, v_2, v_3, v_4\}$,其中 v_1、v_2、v_3 和 v_4 分别为 I_1 类、II 类、III 类和 IV 类场地隶属度;相应的单因素模糊关系向量为 $A = (a_1, a_2, a_3, a_4)$,其中,a_i 为等效剪切波速评定因素对场地类别的隶属度。

由于在一次评定中,只有等效剪切波速这一评定因素,故上述模糊关系也就是该事物对各等级的隶属度,即 $V = A, v_i = a_i$。

由抗震规范中场地类别划分方法和式(8.19)可得等效剪切波速的隶属度函数(图 8.10)为

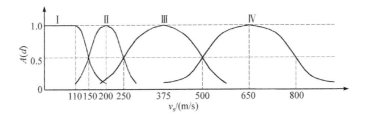

图 8.10　等效剪切波速的隶属度函数

$$A_1(v_s) = \begin{cases} 1, & 0 < v_s \leqslant 110 \\ e^{-\left(\frac{v_s - 110}{48}\right)^2}, & v_s > 110 \end{cases}$$

$$A_2(v_s) = e^{-\left(\frac{v_s - 200}{60}\right)^2}, \quad v_s > 0 \tag{8.20}$$

$$A_3(v_s) = e^{-\left(\frac{v_s - 375}{150}\right)^2}, \quad v_s > 0$$

$$A_4(v_s) = e^{-\left(\frac{v_s - 650}{180}\right)^2}, \quad v_s > 0 \tag{8.21}$$

（2）二次评定。

场地类别评语等级模糊向量 $W = \{w_1, w_2, w_3, w_4\}$，即对四类场地的隶属度分别为 w_1、w_2、w_3 和 w_4，则覆盖层厚度的模糊关系矩阵 B 为

$$B = \begin{bmatrix} b_{11} & b_{12} & b_{13} & b_{14} \\ b_{21} & b_{22} & b_{23} & b_{24} \\ b_{31} & b_{32} & b_{33} & b_{34} \\ b_{41} & b_{42} & b_{43} & b_{44} \end{bmatrix} \tag{8.22}$$

式中，$b_{rs}(r=1,2,3,4; s=1,2,3,4)$ 为第 r 类场地的覆盖层厚度对第 s 类场地的隶属度。

评定因素的度量矩阵为 V，则二次综合评定得到的场地类别评语等级模糊向量 $W = V \circ B = V(\cdot, +)B$，则由抗震规范中场地类别划分方法和式（8.19）可得覆盖层厚度 d 的隶属度函数（图 8.11～图 8.14）如下：

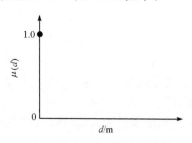

图 8.11　覆盖层厚度的传统隶属度函数

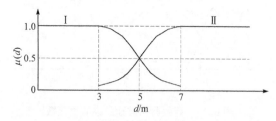

图 8.12　Ⅰ、Ⅱ类场地土覆盖层厚度的隶属度函数

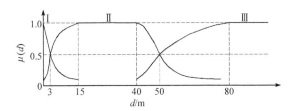

图 8.13　Ⅰ～Ⅲ类场地土覆盖层厚度的隶属度函数

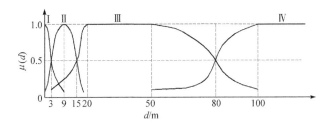

图 8.14　Ⅰ～Ⅳ类场地土覆盖层厚度的隶属度函数

当 $500 < v_s \leqslant 800$ 时,有

$$\mu_1(d) = \begin{cases} 1, & d = 0 \\ 0, & d > 0 \end{cases}$$

$$\mu_2(d) = 0, \quad d \geqslant 0 \tag{8.23}$$

$$\mu_3(d) = 0, \quad d \geqslant 0$$

$$\mu_4(d) = 0, \quad d \geqslant 0 \tag{8.24}$$

当 $250 < v_s \leqslant 500$ 时,有

$$\mu_1(d) = \begin{cases} 1, & 0 < d \leqslant 3 \\ e^{-\left(\frac{d-3}{2.4}\right)^2}, & d > 3 \end{cases}$$

$$\mu_2 = \begin{cases} e^{-\left(\frac{d-7}{2.4}\right)^2}, & 0 < d < 7 \\ 1, & d \geqslant 7 \end{cases} \tag{8.25}$$

$$\mu_3(d) = 0, \quad d > 0$$

$$\mu_4(d) = 0, \quad d > 0 \tag{8.26}$$

当 $150 < v_s \leqslant 250$ 时,有

$$\mu_1(d) = e^{-\left(\frac{d}{3.6}\right)^2}, \quad d > 0$$

$$\mu_2 = \begin{cases} e^{-\left(\frac{d-15}{14.4}\right)^2}, & 0 < d < 15 \\ 1, & 15 \leqslant d \leqslant 40 \\ e^{-\left(\frac{d-40}{12}\right)^2}, & d > 40 \end{cases} \tag{8.27}$$

$$\mu_3 = \begin{cases} e^{-(\frac{d-80}{36})^2}, & 0 < d \leqslant 80 \\ 1, & d \geqslant 80 \end{cases}$$

$$\mu_4(d) = 0, \quad d > 0 \tag{8.28}$$

当 $v_s \leqslant 150$ 时,有

$$\mu_1(d) = e^{-(\frac{d}{3.6})^2}, \quad d > 0$$

$$\mu_2(d) = e^{-(\frac{d-9}{7.2})^2}, \quad d > 0 \tag{8.29}$$

$$\mu_3 = \begin{cases} e^{-(\frac{d-20}{6})^2}, & 0 < d < 20 \\ 1, & 20 \leqslant d \leqslant 50 \\ e^{-(\frac{d-50}{36})^2}, & d > 50 \end{cases}$$

$$\mu_4 = \begin{cases} e^{-(\frac{d-100}{24})^2}, & 0 < d < 100 \\ 1, & d \geqslant 100 \end{cases} \tag{8.30}$$

(3) T_g 的综合评定值。

由《建筑抗震设计规范》(GB 50011—2010)给出的特征周期值[5],即可通过式(8.31)求得 T_g 的综合评定值:

$$T_g = \frac{\sum\limits_{i=1}^{4} w_i T_{gi}}{\sum\limits_{i=1}^{4} w_i} \tag{8.31}$$

当然,I_0 类场地不需要进行模糊综合评价,其对应的特征周期 T_g 直接按抗震规范中查得。

4) 非模糊化的地震模糊反应谱

得到非模糊化的地震模糊反应谱的步骤如下:

(1) 由公式 $\alpha_{max} = 0.04 \times 2^{(I-6)}$ 得到水平地震影响系数最大值 α_{max}。

(2) 根据场地钻孔地质资料确定场地覆盖层厚度 d,并由等效剪切波速公式计算出 v_s,$v_s = d_0 / \sum\limits_{i=1}^{n} (d_i / v_{si})$。

(3) 根据等效剪切波速的隶属度函数(8.20)和(8.21)计算出单因素模糊关系向量 $A = (a_1, a_2, a_3, a_4)$;由于在一次评定中,只有等效剪切波速这一个评定因素,故上述的模糊关系也就是该事物对各等级的隶属度,即 $V = A, v_a = a_i$。

(4) 根据覆盖层厚度的隶属度函数式(8.23)~式(8.30)计算出二次评定的评定因素模糊关系矩阵 $B = \begin{bmatrix} b_{11} & b_{12} & b_3 & b_{14} \\ b_{21} & b_{22} & b_{23} & b_{24} \\ b_{31} & b_{32} & b_{33} & b_{34} \\ b_{41} & b_{42} & b_{43} & b_{44} \end{bmatrix}$,则场地类别评语等级模糊向量为

$W=V \circ B=V(\cdot ,+)B$。

（5）根据式(8.31)得出 T_g 的综合评定值。

（6）在得到充分考虑模糊性又经过模糊处理的参数 α_{max} 和 T_g 之后，将其代入《建筑抗震设计规范》(GB 50011—2010)所采用的地震反应谱曲线中，便可得到非模糊化的地震模糊反应谱。

如此既适当考虑了规范所用地震反应谱中各参数所具有的模糊性，又把它们转化为可用确定性数学手段表示的方式，合理地解决了结构抗震设计所用反应谱中的模糊性问题。

3. 型钢混凝土框架结构地震作用效应

在得到非模糊化的地震模糊反应谱后，便可据此来计算结构可靠度分析中用层间变形表示的地震作用效应 S。

1）型钢混凝土框架结构动力分析

计算地震作用效应，首先要对结构进行动力分析，得到结构的周期和振型等动力特性。不同类型的结构采用不同的动力分析方法，本章对型钢混凝土框架结构进行动力分析时，采用离散化的层间有限元模型。

通过有限元法将结构动力分析问题转化为特征值问题时，采用的无阻尼自由振动方程为

$$[M]\{\ddot{X}\}+[K]\{X\}=0 \tag{8.32}$$

式中，$[M]$ 和 $[K]$ 分别为结构的质量矩阵和刚度矩阵；$\{X\}$ 和 $\{\ddot{X}\}$ 分别为结构相对位移和相对加速度向量。

根据振型分解原理，以结构的振型为广义坐标，则式(8.32)可化为特征值问题：

$$([K]-\omega_k^2[M])\{\varphi_k\}=0 \tag{8.33}$$

式中，ω_k 为第 k 阶振型的原频率；φ_k 为第 k 阶振型向量。求解该特征值问题，即可得到结构的频率和振型。

一般的层间模型常将楼层平面内刚度假设为无限大，忽略横梁刚度的影响，本章在进行型钢混凝土框架结构的动力分析时，采用 D 值法来计算结构的层间侧移刚度，从而考虑横梁刚度的影响，且这种处理方法基本不会增加问题的复杂程度。D_i 为采用 D 值法修正的层间刚度，其计算公式为

$$D_i = \sum_{j=1}^{m} \gamma_{ij,c} \frac{12E_{ij,c}I_{ij,c}}{H_i^3} \tag{8.34}$$

式中，$I_{ij,c}$、$E_{ij,c}$ 和 $\gamma_{ij,c}$ 分别为第 i 层第 j 根柱的截面惯性矩、弹性模量和柱刚度修正系数，具体计算方法见表 8.9；H_i 和 m 分别为第 i 层的层高和该层柱的总数。

表 8.9　γ 值和 K 值计算表

位置	边柱	中柱	γ
一般层	i_c 连接 i_{b2}、i_{b4} $K=\dfrac{i_{b2}+i_{b4}}{2i_c}$	i_{b1}、i_{b2}、i_{b3}、i_{b4} 连接 i_c $K=\dfrac{i_{b1}+i_{b2}+i_{b3}+i_{b4}}{2i_c}$	$\gamma=\dfrac{K}{2+K}$
底层	i_c 连接 i_{b1} $K=\dfrac{i_{b1}}{i_c}$	i_{b1}、i_{b2} 连接 i_c $K=\dfrac{i_{b1}+i_{b2}}{i_c}$	$\gamma=\dfrac{0.5+K}{2+K}$

2) 型钢混凝土框架结构地震作用效应

根据非模糊化的地震模糊反应谱以及上文所述的动力分析方法,便可得到用层间变形表示的地震作用效应 S。

(1) 型钢混凝土框架结构的层间剪力。

框架结构第 k 阶振型在第 i 层的水平地震作用标准值 F_{ki} 为

$$F_{ki}=\alpha_k r_k X_{ki} G_i,\quad i=1,2,\cdots,n;\quad k=1,2,\cdots,\tau$$

$$r_k=\frac{\displaystyle\sum_{i=1}^{n}X_{ki}G_i}{\displaystyle\sum_{i=1}^{n}X_{ki}^2 G_i} \tag{8.35}$$

式中,F_{ki} 和 X_{ki} 分别为第 k 阶振型在第 i 层的水平地震作用标准值和水平相对位移;α_k 和 r_k 分别为第 k 阶振型对应的地震影响系数和振型参数;G_i 为第 i 层楼的重量;n 为楼层总数。

由式(8.35)可得水平地震作用下第 i 层的层间剪力 V_{ic} 为

$$V_{ic}=\sqrt{\sum_{k=1}^{\tau}F_{ki}^2} \tag{8.36}$$

式中,τ 为需要参加组合的振型数,在计算较规则结构的等效地震作用时,一般取 2 或 3 个振型组合即可满足工程要求。

(2) 弹性层间变形。

用 D 值法计算第 i 层的层间变形 Δu_{ei} 为

$$\Delta u_{ei} = \frac{V_{ic}}{\sum_{j=1}^{m} D_{ij,c}}$$

$$D_{ij,c} = 12\gamma_{ij,c}\left(\frac{E^c I^c_{ij,c}}{H_i^3} + \frac{E^a I^a_{ij,c}}{H_i^3}\right) \tag{8.37}$$

式中,$D_{ij,c}$ 为第 i 层第 j 根柱的修正刚度;$I^c_{ij,c}$ 和 $I^a_{ij,c}$ 分别为第 i 层第 j 根柱中混凝土和型钢的截面惯性矩;E^c 和 E^a 分别为混凝土和型钢的弹性模量。

由层间变形可得顶点侧移为

$$\Delta_n^M = \sum_{i=1}^{n} \Delta u_{ei} \tag{8.38}$$

（3）弹塑性层间变形。

结构在中震和大震作用下往往会进入弹塑性状态,一般来说,型钢混凝土框架结构的弹塑性分析可采用以下几种方法:考虑型钢与混凝土之间黏结滑移机理的有限元分析;基于型钢混凝土整体单元的有限元分析;基于结构弹性变形的弹塑性变形近似分析,包括弹塑性系数增大法和塑性内力重分布法。由于可靠度计算过程和结构优化过程均需进行大量的结构重分析,结构分析的效率对优化过程至关重要,故本章采用弹塑性系数增大法对结构进行塑性变形计算。

对于层间侧移无突变的剪切型结构,薄弱层的弹塑性层间变形 Δu_p 为

$$\Delta u_p = n_p \Delta u_e \tag{8.39}$$

式中,Δu_e 为结构薄弱层弹性层间位移（此时地震影响系数分别按中震、大震取值）;n_p 为弹塑性增大系数,当薄弱层的屈服强度系数 ξ_y 不小于相邻层平均 ξ_y 的 80% 时,见表 8.10;当薄弱层 ξ_y 小于相邻层平均 ξ_y 的 50% 时,取表 8.10 中数值的 1.5 倍,其余情况可由式（8.40）近似计算。

$$n_p = \frac{1.05}{\sqrt{\xi_y}} - 0.05\xi_y^2$$

$$\xi_y = \frac{V_y^a}{V_e} \tag{8.40}$$

表 8.10　弹塑性增大系数

结构类型	总层数 n 或部位	ξ_y		
		0.5	0.4	0.3
多层均匀框架结构	2~4	1.30	1.40	1.60
	5~7	1.50	1.65	1.80
	8~12	1.80	2.00	2.20

屈服强度系数 ξ_y 是楼层实际屈服剪力与楼层按弹性分析的计算剪力之比;V_y^a 为按楼层实际配钢配筋及材料强度标准值计算的楼层承载力;V_e 为分别按中震和大震作用,由等效地震荷载按弹性计算所得的楼层剪力。

8.2.2　可靠度计算简化方法

1. 型钢混凝土框架结构可靠度简化计算方法

根据 8.2.1 节对地震作用效应的分析可知,型钢混凝土框架结构可靠度计算中的功能函数(8.8)是设计变量的高度非线性隐函数,若用这个功能函数直接进行可靠度计算,计算量大且不易收敛。故本章对型钢混凝土框架结构的可靠度计算进行简化处理,将对应于各个性能水平的功能函数变为显式形式,则此时功能函数变化为

$$f(u_0, u_p) = u_0 - u_p \tag{8.41}$$

式中,u_p 为地震作用效应随机变量的显式形式。

经过这样的简化后,只要知道随机变量 u_0 和 u_p 的标准值及其概率统计特征,便可进行结构的可靠度计算,其主要步骤如下:

(1) 得到结构抗力项和地震作用效应项的概率统计特征,主要包括分布类型、均值与标准值的比值和变异系数。

(2) 根据 8.2.1 节所述方法计算型钢混凝土框架结构地震作用效应的标准值,由步骤(1)即可得到地震作用效应的平均值;型钢混凝土框架结构抗力项的抗震目标性能水平量化值见表 8.6,则由步骤(1)即可得抗力项的平均值。

(3) 在得到抗力项和地震作用效应项的概率分布类型、平均值、变异系数后,建立式(8.41)所示的显式功能函数,之后便可按 8.2.1 节所述的改进 Monte Carlo 模拟法来计算结构在不同性能水平下的模糊可靠度。

对结构的可靠度计算进行简化之后,只需进行一次结构分析,就可以得到结构在不同性能水平下的模糊可靠度。

对于简单的剪切型框架结构,结构各层之间可视为串联关系,那么结构的整体失效概率为

$$P = \prod_{i=1}^{n} \left[\mu_i + (1 - \mu_i) P_i \right] \tag{8.42}$$

式中,μ_i 为结构第 i 层失效时的关联系数,本章按下述原则取值:假定结构在小震时层间失效互不关联,则 $\mu_i = 0$;假定结构在中震和大震时层间失效相关,则 $\mu_i = 0.06 I_D + 0.30 (i = 1, 2, \cdots, n)$,其中,$I_D$ 为场地基本烈度。

2. 型钢混凝土框架结构层间变形统计特征

由可靠度的简化计算方法可知,要对型钢混凝土框架结构进行可靠度简化计

算,需要知道层间变形分别作为抗力项和地震作用效应项的概率统计特征(即层间变形作为抗力项 u_0 的分布类型、均值 μ_0、变异系数 δ_0 和作为地震作用效应 u_p 的分布类型、均值 μ_p、变异系数 δ_p)。

1) 层间变形概率分布类型的检验方法

我国很早就开始对框架结构层间变形的概率分布特征进行研究。1986 年,韦承基等通过对钢筋混凝土柱的参数分析统计,认为钢筋混凝土框架的破坏与柱相近,在 0.05 或 0.1 的置信度下均不拒绝极值 I 型概率分布和对数正态概率分布[23]。吴波等也用柱的极限变形近似代替框架极限变形,并整理分析了大量试验数据和滞回曲线,认为层间位移角服从对数正态分布[24]。由于要对层间变形表示的抗力项 u_0 的分布类型进行检验,必须先对型钢混凝土框架结构进行大量的弹性和弹塑性分析,从而求出相应于设计随机变量样本的层间位移限值样本,分析的难度和强度都十分巨大,故本章直接假定层间变形表示的抗力项 u_0 服从对数正态分布。

在假定抗力项 u_0 服从对数正态分布之后,还需知道层间变形表示的地震作用效应项 u_p 的分布类型。参考文献[24]和[25]可知,层间变形可能的概率分布类型有正态分布、对数正态分布、极值 I 型分布三种,本章采用 Kolmogorov-Smirnov 检验法对地震作用效应项 u_p 分别进行这三种分布类型的假设检验,其步骤如下。

(1) 产生地震作用效应样本。本章考虑的随机变量有三类:材料特性,几何尺寸,恒载、活载、地震作用;其中材料特性服从正态分布或对数正态分布,几何尺寸服从正态分布,恒载服从正态分布,活载服从极值 I 型分布,地震作用在设计基准期内服从极值 II 型概率分布,在给定烈度下服从极值 I 型分布。通过数值模拟,产生符合上述分布类型的随机变量样本。之后,按 8.2.1 节所述的地震作用效应计算方法得到其随机样本。

(2) 假设检验问题。

H_0:地震作用效应样本来自的总体服从某特定分布,即 $F(x)=F_0(x)$。

H_1:地震作用效应样本来自的总体不服从某特定分布,即 $F(x)\neq F_0(x)$。
式中,$F(x)$ 为地震作用效应样本总体的实际分布函数;$F_0(x)$ 为某假定的地震作用效应特定概率分布类型的分布函数。

(3) 排序、计算函数概率。

样本:将地震作用效应样本按照从小到大的顺序排列,即 $x_1 \leqslant x_2 \cdots \leqslant x_i \leqslant \cdots x_n$,并列出 x_i 的出现频率 f 和累积次数 F,那么地震作用效应样本的累积频率函数在点 x_i 的函数值为 $F_n(x_i)=F/n$,这是一个阶梯函数,n 为样本容量。

样本理论值:假设 H_0 成立,则地震作用效应样本理论上服从 $F_0(x)$ 的函数分布,把每个样本变量 x_i 代入函数 $F_0(x)$ 中,求出 $F_0(x)$ 在每个样本 x_i 点的理论值 $F_0(x_i)$。

(4) 计算 D_i、$D_{n,\max}$。

$D_i = |F_n(x_i) - F_0(x_i)|$ 为经验分布函数与理论分布函数差的绝对值,然后找出所有 D_i 中的最大值 $D_{n,\max}$,即 $D_{n,\max} = \max(D_1, D_2, \cdots, D_n)$。

(5) 给定检验分位数 α,查表得到 $D_{n|\alpha}$ 的临界值。一般在没有特殊规定的情况下分位数取 0.05。

(6) 若 $D_{n,\max} \leqslant D_{n|\alpha}$,则接受 $H_0 : F(x) = F_0(x)$,即认为地震作用效应服从 $F_0(x)$ 的分布类型;否则接受假设检验 $H_1 : F(x) \neq F_0(x)$,此时需要对地震作用效应的分布类型进行重新假设,直到检验的结果为 $H_0 : F(x) = F_0(x)$,便找到了符合的地震作用效应分布类型。

2) 层间变形作为抗力项 u_0 的统计参数

对型钢混凝土框架结构而言,层间变形作为抗力项 u_0 的标准值即为表 8.6 所确定的性能指标量化值。而层间变形作为抗力项 u_0 的均值 μ_0,本章采用作者及其课题组进行的型钢混凝土框架拟动力试验的试验结果,见表 8.11。吴波、高小旺等指出,求解作为抗力的层间变形的变异系数时主要考虑以下四个方面的不确定性:计算模式的不确定性,主要是层间位移变形的计算值和相应试验结果比值的离散性;材料性能的不确定性,主要是混凝土和钢筋强度的离散性,而对型钢混凝土框架结构而言,显然还应考虑型钢强度的离散性、几何尺寸的不确定性和重力荷载的变异性[25]。本章以上述结论为基础,计算层间变形表示的抗力项 u_0 的变异系数,采用作者及其课题组进行的型钢混凝土框架拟动力试验顶层位移的有限元模拟值和试验值的比值(表 8.12)作为计算模式变异系数 $\delta_{\varphi,0}$。

表 8.11　型钢混凝土框架拟动力试验的层间位移角试验值

弹性阶段			弹塑性阶段		
三层	二层	一层	三层	二层	一层
1/841	1/633	1/566	1/40	1/33	1/44
1/833	1/612	1/451	1/37	1/30	1/41
均值	1/748		均值	1/37	

表 8.12　型钢混凝土框架拟动力试验顶层位移试验值与模拟值

弹性阶段			弹塑性阶段		
模拟结果	试验结果	比值	模拟结果	试验结果	比值
4.02	4.61	0.8720	62.72	77.15	0.8130
4.12	5.21	0.7908	68.20	83.88	0.8131
4.05	5.18	0.7819	89.64	117.13	0.7653

层间位移限值 u_0 的变异系数 δ_0 计算如下。

弹性:

$$\delta_{0e} = \sqrt{\delta_{\varphi,0e}^2 + \delta_{fc}^2 + \delta_{fa}^2 + \delta_{fs}^2 + \delta_G^2} \tag{8.43}$$

塑性:

$$\delta_{0p} = \sqrt{\delta_{\varphi,0p}^2 + \delta_{fc}^2 + \delta_{fa}^2 + \delta_{fs}^2 + \delta_G^2} \tag{8.44}$$

3) 层间变形作为地震作用效应 u_p 的统计参数

层间变形表示的地震作用效应 u_p 的均值 μ_p 可按 8.2.1 节直接计算得出。且由型钢混凝土框架结构地震作用效应的计算方法可知,型钢混凝土框架结构的弹性层间变形可表示为水平地震影响系数最大值 α_{max},结构几何尺寸 L,结构材料弹性模量 E_c、E_a 和重力荷载 G 的函数,即 $\Delta u_e = f(\alpha_{max}, E_c, E_a, L, G)$。

α_{max} 与地震作用有关,其随机性的变异系数可近似取地震作用的变异系数,$\delta_\alpha = 0.3$。型钢弹性模量的概率特性过于复杂,本章不再考虑其变异性,型钢高强高性能混凝土的弹性模量按作者及其课题组的试验结果,通过数据回归分析可知,$E_c = (0.271\sqrt{f_{cu}} + 1.523) \times 10^4$,则由误差的传递性可知 $\delta_{E_c} = \delta_{f_{cu}}$,其中高强高性能混凝土的抗压强度变异系数可由一般混凝土的抗压强度变异系数通过插值法得出。重力荷载的变异系数取值参考文献[24],则层间变形作为地震作用效应 u_p 在弹性阶段的变异系数 $\delta_{pe} = \sqrt{0.3^2 + \delta_{f_{cu}}^2 + \delta_L^2 + 0.07^2}$。

对于弹塑性阶段的地震作用效应,其变异系数除与上述因素有关外,还与弹塑性增大系数 n_p 的变异性有关,而 n_p 主要与楼层屈服强度系数 ξ_y 有关,两者的变异系数可近似认为相等。文献[23]经过统计分析得出楼层屈服强度的变异系数为 0.2,则 n_p 的变异系数也近似取为 0.2,那么在弹塑性阶段地震作用效应 u_p 的变异系数 $\delta_{pp} = \sqrt{0.3^2 + \delta_{f_{cu}}^2 + \delta_L^2 + 0.07^2 + 0.2^2}$。

按上述方法和步骤,通过 MATLAB 语言编写分布类型假设检验程序和统计参数计算程序,便可得到层间变形分别作为抗力项和地震作用效应项的概率统计特征。在此基础上,就可按简化可靠度计算方法来编写型钢混凝土框架结构在各个性能水平下失效的失效概率计算程序。

8.3　基于性能的型钢混凝土框架结构全寿命分阶段优化方法

本章在对型钢混凝土框架结构进行优化设计时采用基于性能的全寿命优化分析模型,该模型解决了两种常用优化方法均存在的结构工程质量较低、抵抗自然灾害能力较差的问题。

但由常用优化方法存在问题的讨论可知,仅建立这样一个基于性能的全寿命优化设计模型,并不能解决优化过程中存在的设计变量和约束条件过多,优化过程过于复杂,收敛过程缓慢且容易陷入局部最优的问题。对于这个问题,本章提出针对型钢混凝土框架结构全寿命优化模型的分阶段优化计算方法,该方法通过分阶段有效地控制各阶段优化过程中设计变量和约束条件的个数,简化优化过程,从而使上述问题得到解决。

8.3.1　基于性能的型钢混凝土框架结构全寿命优化模型

根据前述分析讨论,并依据《组合结构设计规范》(JGJ 138—2016),得到基于性能的型钢混凝土框架结构全寿命优化模型的具体形式。

1. 设计变量

通常在设计中,型钢的锚固长度 l_a,混凝土、型钢、纵筋和箍筋的强度等级 (f_c,f_a,f_s,f_{sv}),箍筋加密区长度和间距 (l_{sv1},s_1) 均由规范、经验和施工地点的材料供应情况事先确定,并不作为优化设计的变量;且对于型钢混凝土框架结构,纵向钢筋的变化对框架性能的影响并不明显,故本章不再将纵筋的截面尺寸和数量作为优化设计变量,而是依据《组合结构设计规范》(JGJ 138—2016)提前给定;在考虑框架结构的抗震性能时,型钢混凝土框架结构梁柱一般均采用对称配钢,故在本章中型钢的截面尺寸均采用对称设计。

型钢混凝土框架结构的全寿命优化目标由初始造价和失效损失期望两部分构成,其中结构的初始造价函数包括的变量有

$$X=[A_{ij,c}^c \quad A_{ij,b}^c \quad A_{ij,c}^a \quad A_{ij,b}^a \quad A_{ij,c}^{sv} \quad A_{ij,b}^{sv}] \tag{8.45}$$

式中,$A_{ij,b}^c$ 和 $A_{ij,c}^c$ 分别为型钢混凝土框架梁柱中混凝土的截面面积;$A_{ij,b}^a$ 和 $A_{ij,c}^a$ 分别为型钢混凝土框架梁柱中型钢的截面面积;$A_{ij,b}^{sv}$ 和 $A_{ij,c}^{sv}$ 分别为型钢混凝土框架结构梁柱中箍筋截面面积;由于纵筋的截面尺寸和数量提前给定,在总造价中是一个常数。

由型钢混凝土框架结构的可靠度分析可知,计算结构在不同性能水平下失效的失效损失期望需要知道型钢混凝土框架结构层间模型的质量矩阵 $[M_0]$ 和刚度矩阵 $[K_0]$;对于优化过程中的变形约束条件和承载力约束条件,本章通过框架结构的杆件有限元模型来计算,而这就需要知道型钢混凝土框架结构杆件有限元模型的质量矩阵 $[M_1]$ 和刚度矩阵 $[K_1]$;上述这些矩阵都要通过型钢混凝土框架结构梁柱的截面尺寸、型钢截面尺寸和配箍情况求出。

综上所述,基于性能的型钢混凝土框架结构全寿命优化模型的优化设计变量有

$$X=\begin{bmatrix} b_{ij,c} & h_{ij,c} & b_{ij,b} & h_{ij,b} & b_{ij,c}^{af} & b_{ij,b}^{af} & t_{ij,c}^{af} & t_{ij,b}^{af} \\ h_{ij,c}^w & h_{ij,b}^w & t_{ij,c}^w & t_{ij,b}^w & d_{ij,c}^{sv} & d_{ij,b}^{sv} & s_{ij,c}^{sv} & s_{ij,b}^{sv} \end{bmatrix} \tag{8.46}$$

式中,$b_{ij,c}$ 和 $h_{ij,c}$ 分别为型钢混凝土框架第 i 层第 j 根柱的宽度和高度;$b_{ij,c}^{af}$ 和 $t_{ij,c}^{af}$ 分别为型钢混凝土框架第 i 层第 j 根柱中型钢翼缘的宽度和厚度;$h_{ij,c}^w$ 和 $t_{ij,c}^w$ 分别为

型钢混凝土框架第 i 层第 j 根柱中型钢腹板的高度和厚度；$d_{ij,c}^{sv}$ 和 $s_{ij,c}^{sv}$ 分别为型钢混凝土框架第 i 层第 j 根柱中箍筋的直径和间距；$b_{ij,b}$ 和 $h_{ij,b}$ 分别为型钢混凝土框架第 i 层第 j 根梁的宽度和高度；$b_{ij,b}^{af}$ 和 $t_{ij,b}^{af}$ 分别为型钢混凝土框架第 i 层第 j 根梁中型钢翼缘的宽度和厚度；$h_{ij,b}^{w}$ 和 $t_{ij,b}^{w}$ 分别为型钢混凝土框架第 i 层第 j 根梁中型钢腹板的高度和厚度；$d_{ij,b}^{sv}$ 和 $s_{ij,b}^{sv}$ 分别为框架第 i 层第 j 根梁中箍筋的直径和间距。

2. 目标函数

基于已建立的优化模型可知，型钢混凝土框架结构的全寿命优化目标函数为

$$\min F(X) = \alpha_1 C_0(X) + \alpha_2 \sum_{i=1}^{n} C_{fi} P_{fi}, \quad \alpha_1, \alpha_2 \geqslant 0, \quad \alpha_1 + \alpha_2 = 1 \quad (8.47)$$

式中，α_1 和 α_2 为加权系数，反映结构的不同重要性，随着加权系数 α_1 越来越小，α_2 就会越来越大，则结构失效引起的损失就越大，结构的重要程度就越高。

3. 约束条件

型钢混凝土框架结构的约束一般有以下几类：

(1) 承载力约束条件。小震作用下，型钢混凝土框架结构应满足承载力要求。

(2) 构造约束条件。型钢混凝土框架结构应满足《组合结构设计规范》(JGJ 138—2016) 和《建筑抗震设计规范》(GB 50011—2010) 中的构造要求。

(3) 性能要求约束条件。如第 2 章所述，以层间变形作为型钢混凝土框架结构的性能指标，则结构的目标性能要求为 $\Delta s_i \leqslant [\Delta s]$，$\Delta m_i \leqslant [\Delta m]$，$\Delta l_i \leqslant [\Delta l]$；其中 Δs_i、Δm_i、Δl_i 分别为按设计变量标准值计算得到的结构在小震、中震、大震下各层层间变形的标准值；$[\Delta s]$、$[\Delta m]$、$[\Delta l]$ 分别为型钢混凝土框架结构抗震目标性能指标的量化值，见表 8.6。

(4) 概念设计约束条件。由于地震作用的复杂性和不确定性，单凭计算设计是很难给出安全又经济的设计方案的，概念设计对结构设计也是十分重要和必需的。我国规范对概念设计给予了充分重视，结构在设计时应满足强柱弱梁、强剪弱弯、强压弱拉、强节点弱构件、具有多道防线等概念设计原则。

本章以型钢混凝土框架结构基于性能的抗震设计为基础，提出基于性能的型钢混凝土框架结构全寿命优化理论，将框架结构的初始造价和失效损失期望之和作为优化目标，设置多项约束条件，建立优化模型。

该结构优化设计过程是一个两层次的迭代过程，外层对设计变量优化，里层对结构进行可靠度分析，其优化流程如图 8.15 所示。

8.3.2　型钢混凝土框架结构分阶段优化计算方法

针对型钢混凝土框架结构在优化时存在的设计变量和约束条件过多、优化过

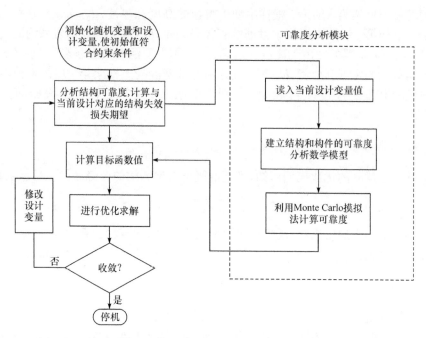

图 8.15　基于性能的型钢混凝土框架结构全寿命优化设计方法流程

程过于复杂、收敛过程缓慢且容易陷入局部最优的问题,把型钢混凝土框架结构的优化过程分成两个阶段来处理。首先,在小震时,框架结构处于弹性阶段,对一部分设计变量进行优化;之后,在中震、大震时,框架结构处于弹塑性阶段,在已经确定了一部分设计变量的前提下,对剩下的设计变量进行优化。

1. 小震时第一阶段优化

1) 设计变量

框架梁高度对抗震性能的影响比宽度大得多,故本章只把梁高作为设计变量,梁宽按规范和设计要求按比例随梁高变化。在小震时,要计算型钢混凝土框架结构的初始造价和结构相应于基本完好性能失效时的失效损失期望,且约束条件中要包含结构的承载力约束,则第一阶段的优化设计变量为

$$X = \begin{bmatrix} b_{ij,c} & h_{ij,c} & h_{ij,b} & A_{ij,c}^{\mathrm{a}} & A_{ij,b}^{\mathrm{a}} & A_{ij,c}^{\mathrm{w}} & A_{ij,b}^{\mathrm{w}} & \rho_{ij,c}^{\mathrm{sv}} & \rho_{ij,b}^{\mathrm{sv}} \end{bmatrix} \quad (8.48)$$

式中,$A_{ij,b}^{\mathrm{w}}$ 和 $A_{ij,c}^{\mathrm{w}}$ 分别为型钢混凝土框架梁柱中型钢腹板的截面面积;$\rho_{ij,b}^{\mathrm{sv}}$ 和 $\rho_{ij,c}^{\mathrm{sv}}$ 分别为沿框架梁柱箍筋的配筋率,由梁柱截面尺寸和该配筋率就可得到箍筋面积;梁柱内箍筋的直径 $d_{ij,b}^{\mathrm{sv}}$、$d_{ij,c}^{\mathrm{sv}}$ 和间距 $s_{ij,b}^{\mathrm{sv}}$、$s_{ij,c}^{\mathrm{sv}}$ 根据规范要求自行布置。

2) 优化目标

当型钢混凝土框架结构处于弹性阶段时,对于结构全寿命优化目标函数表达

式(8.47),只考虑其中的初始造价和结构在基本完好目标性能下的失效损失期望,则经过分解后的第一阶段优化目标为

$$\min F(X) = \alpha_1 C_0(X) + \alpha_2 C_{fs} P_{fs} \tag{8.49}$$

式中,$C_0(X)$表示型钢混凝土框架结构的初始造价;C_{fs}表示结构相应于基本完好性能失效的失效损失,见表 8.7 和表 8.8,P_{fs}表示结构在基本完好性能下失效的失效概率,$C_{fs}P_{fs}$表示型钢混凝土框架结构在基本完好性能下失效的失效损失期望。

型钢混凝土框架结构初始造价的具体表达式为

$$C_0(X) = C_{cost,C} + C_{cost,A} + C_{cost,S} + C_{cost,SV} \tag{8.50}$$

$$C_{cost,C} = C_c \left[\sum_{i=1}^{n} \sum_{j=1}^{m} L_{ij,c} (b_{ij,c} h_{ij,c} - A_{ij,c}^a - 2A_{ij,c}^s) \right.$$
$$\left. + \sum_{i=1}^{n} \sum_{j=1}^{p} L_{ij,b} (b_{ij,b} h_{ij,b} - A_{ij,b}^a - 2A_{ij,b}^s) \right] \tag{8.51}$$

$$C_{cost,A} = C_a \left(\sum_{i=1}^{n} \sum_{j=1}^{m} L_{ij,c} A_{ij,c}^a + \sum_{i=1}^{n} \sum_{j=1}^{p} L_{ij,b} A_{ij,b}^a \right) \tag{8.52}$$

$$C_{cost,S} = C_s \left(\sum_{i=1}^{n} \sum_{j=1}^{m} L_{ij,c} A_{ij,c}^s + \sum_{i=1}^{n} \sum_{j=1}^{p} L_{ij,b} A_{ij,b}^s \right) \tag{8.53}$$

$$C_{cost,SV} = C_{sv} \left(\sum_{i=1}^{n} \sum_{j=1}^{m} L_{ij,c} b_{ij,c} h_{ij,c} \rho_{ij,c} + \sum_{i=1}^{n} \sum_{j=1}^{p} L_{ij,b} b_{ij,b} h_{ij,b} \rho_{ij,b} \right) \tag{8.54}$$

$$A_{ij,c}^s = n_{ij,c}^s \frac{\pi (d_{ij,c}^s)^2}{4}, \quad A_{ij,b}^s = n_{ij,b}^s \frac{\pi (d_{ij,b}^s)^2}{4} \tag{8.55}$$

式中,$C_{cost,C}$、$C_{cost,A}$、$C_{cost,S}$和$C_{cost,SV}$分别为型钢混凝土框架中混凝土、型钢、纵筋和箍筋的造价;C_c、C_a、C_s 和 C_{sv}分别为混凝土、型钢、纵筋、箍筋的单价;$L_{ij,b}$、$L_{ij,c}$分别为梁柱构件长度;q、m 分别为每层梁柱构件的总数;$n_{ij,b}^s$、$n_{ij,c}^s$、$d_{ij,b}^s$、$d_{ij,c}^s$分别为框架梁柱构件截面单侧纵向钢筋的数量和直径;$A_{ij,b}^s$、$A_{ij,c}^s$分别为框架梁柱构件截面单侧纵向钢筋的截面面积。

本章在进行第一阶段优化时,把梁柱构件的截面尺寸和型钢的截面面积作为设计变量,这样只要在编制优化程序时提前把型钢规格表存入程序中,那么根据型钢的截面面积便可快速地搜索到相应的型钢截面惯性矩 I^a,从而由《组合结构设计规范》(JGJ 138—2016)得到型钢混凝土构件的抗弯刚度和抗剪刚度分别为

$$EI = E^c I^c + E^a I^a, \quad EA = E^c A^c + E^a A^a \tag{8.56}$$

这样就可得到建立型钢混凝土框架结构层间模型和杆件模型所需的质量矩阵和刚度矩阵,进而对框架结构进行动力分析以及内力、变形和可靠度的计算,从而对框架结构进行优化。

3) 约束条件

(1) 承载力约束要求。

柱的承载力约束为

$$V_{ij,c} \leqslant \frac{1}{\gamma_{\mathrm{RE}}} \left(\frac{0.16}{\lambda_{ij,c}+1.5} f_c b_{ij,c} h_{0ij,c} + 0.8 f_{yv} \frac{A_{ij,c}^{\mathrm{sv}}}{s_{ij,c}^{\mathrm{sv}}} h_{0ij,c} + \frac{0.58}{\lambda_{ij,c}} f_a A_{ij,c}^{\mathrm{w}} + 0.056 N_{ij,c} \right)$$

$$(8.57)$$

式中，$N_{ij,c}$ 为考虑地震组合作用的框架柱轴向压力设计值，当 $N_{ij,c} \geqslant 0.3 f_c b_{ij,c} h_{0ij,c}$ 时，取 $N_{ij,c}=0.3 f_c b_{ij,c} h_{0ij,c}$；$\lambda_{ij,c}$ 为计算截面处的剪跨比，$\lambda_{ij,c}=M_{ij,c}/V_{ij,c} h_{0ij,c}$，当 $\lambda_{ij,c}<1.5$ 时，取 $\lambda_{ij,c}=1.5$；当 $\lambda_{ij,c}>2.2$ 时，取 $\lambda_{ij,c}=2.2$；此处的弯矩设计值 $M_{ij,c}$ 为与剪力设计值 $V_{ij,c}$ 相应的弯矩设计值。

梁的承载力约束为

$$V_{ij,b} \leqslant \frac{1}{\gamma_{\mathrm{RE}}} \left(0.06 f_c b_{ij,b} h_{0ij,b} + 0.8 f_{yv} \frac{A_{ij,b}^{\mathrm{sv}}}{s_{ij,b}^{\mathrm{sv}}} h_{0ij,b} + 0.58 f_a A_{ij,b}^{\mathrm{w}} \right) \quad (8.58)$$

（2）构造要求。

梁的尺寸要求为

$$h_{ij,b} \geqslant 300\mathrm{mm} \quad\quad\quad (8.59)$$

柱的尺寸要求为

$$b_{ij,c} \geqslant 350\mathrm{mm}, \quad h_{ij,c} \geqslant 350\mathrm{mm} \quad\quad (8.60)$$

梁箍筋直径要求为

$$d_{ij,b}^{\mathrm{sv}} \geqslant 6 + 2\min\left[1, \mathrm{int}\left(\frac{h_{ij,b}}{800}\right)\right] \quad\quad (8.61)$$

$$d_{ij,b}^{\mathrm{sv}} \geqslant 0.25 d_{ij,b}^{\mathrm{s}} \cdot \max\left\{\min\left[1, \mathrm{int}\left(\frac{n_{ij,b}^{\mathrm{s}}}{3.0}\right)\right], \min\left[1, \mathrm{int}\left(\frac{d_{ij,b}^{\mathrm{s}}}{18.0}\right)\right]\right\} \quad (8.62)$$

梁箍筋间距要求为

$$S_{ij,b}^{\mathrm{sv}} \leqslant \frac{15 d_{ij,b}^{\mathrm{s}}}{\left\{\max\left[\min\left(1, \frac{n_{ij,b}^{\mathrm{s}}}{3.0}\right), \min\left(1, \frac{d_{ij,b}^{\mathrm{s}}}{18.0}\right)\right]\right\}^3}$$
$$- 5 d_{ij,b}^{\mathrm{s}} \cdot \min\left[1, \mathrm{int}\left(\frac{n_{ij,b}^{\mathrm{s}}}{6}\right)\right] \cdot \min\left[1, \mathrm{int}\left(\frac{d_{ij,b}^{\mathrm{s}}}{20}\right)\right] \quad (8.63)$$

$$S_{ij,b}^{\mathrm{sv}} \leqslant \min\left[1, \mathrm{int}\left(\frac{0.999 V_{ij,b}}{0.07 f_c b_{ij,b} h_{0ij,b}}\right)\right] \times 50 \times \left\{4 + \min\left[1, \mathrm{int}\left(\frac{h_{ij,b}}{525}\right)\right]\right.$$
$$\left. + \min\left[1, \mathrm{int}\left(\frac{h_{ij,b}}{825}\right)\right]\right\} + \mathrm{int}\left[\frac{\min(V_{ij,b}, 0.07 f_c b_{ij,b} h_{0ij,b})+1}{V_{ij,b}+1}\right] \times 300$$

$$(8.64)$$

$$s_{ij,b}^{\mathrm{sv}} > 100 \quad\quad\quad (8.65)$$

梁的配箍率要求为

$$\frac{A_{ij,b}^{sv}}{b_{ij,b}s_{ij,b}^{sv}} \geqslant \varphi f_t f_{yv} \tag{8.66}$$

φ 和抗震等级有关,一级抗震时取 0.3,二级抗震时取 0.28,三、四级抗震时取 0.26。

柱箍筋直径要求为

$$d_{ij,c}^{sv} \geqslant 6 + 2\min\left\{1, \mathrm{int}\left[\frac{n_{ij,c}^s \pi \left(d_{ij,c}^s\right)^2}{0.06 b_{ij,c}(h_{ij,c}-35)}\right]\right\} \tag{8.67}$$

柱箍筋间距要求为

$$s_{ij,c}^{sv} \leqslant \min\left\{400 - 200 \times \min\left\{1, \mathrm{int}\left[\frac{n_{ij,c}^s \pi \left(d_{ij,c}^s\right)^2}{0.06 b_{ij,c}(h_{ij,c}-35)}\right]\right\},\right.$$

$$\left. 15d_{ij,c}^s - 5d_{ij,c}^s\min\left\{1, \mathrm{int}\left[\frac{n_{ij,c}^s \pi \left(d_{ij,c}^s\right)^2}{0.06 b_{ij,c}(h_{ij,c}-35)}\right]\right\}, b_{ij,c}, h_{ij,c}\right\}$$

$$\tag{8.68}$$

$$s_{ij,c}^{sv} \geqslant 100 \tag{8.69}$$

柱最小配箍率要求为

$$\frac{A_{ij,c}^{sv}}{b_{ij,c}s_{ij,c}^{sv}} \geqslant 0.6 + 0.2\min\left\{\mathrm{int}\left[\frac{N_{ij,c}}{0.4(f_c A_{ij,c}^c + f_a A_{ij,c}^a)}\right], 1\right\}$$

$$+ 0.2\min\left\{\mathrm{int}\left[\frac{N_{ij,c}}{0.5(f_c A_{ij,c}^c + f_a A_{ij,c}^a)}\right], 1\right\} \tag{8.70}$$

梁的剪压比要求为

$$\frac{\gamma_{RE} V_{ij,b}}{b_{ij,b} h_{0ij,b}} \leqslant \mu_V \tag{8.71}$$

柱的剪压比要求为

$$\frac{\gamma_{RE} V_{ij,c}}{b_{ij,c} h_{0ij,c}} \leqslant \mu_V \tag{8.72}$$

对于高跨比>2.5 的梁和剪跨比>2 的柱 $\mu_V = 0.2$,其他情况下 $\mu_V = 0.15$。

梁挠度要求为

$$\frac{y_{\max}}{L_{ij,b}} \leqslant \left[\frac{f}{L_{ij,b}}\right] = \frac{1}{250} L_{ij,b} \tag{8.73}$$

柱轴压比要求为

$$\frac{N_{ij,c}}{f_c A_{ij,c}^c + f_a A_{ij,c}^a} \leqslant 0.75 \tag{8.74}$$

(3)小震下性能要求为

$$\Delta s_i \leqslant [\Delta s] \tag{8.75}$$

(4)概念设计要求为

$$E^{c}I_{ij,c}^{c}+E^{a}I_{ij,c}^{a}\geqslant 1.4(E^{c}I_{ij,b}^{c}+E^{a}I_{ij,b}^{a}) \tag{8.76}$$

2. 中震和大震时第二阶段优化

1) 设计变量

在所有设计变量中,除去第一阶段优化确定的设计变量,剩余的便是第二阶段的优化设计变量,即第二阶段优化是在得到梁柱构件尺寸、型钢截面面积和配箍情况的基础上关于型钢截面尺寸的详细优化。

这个阶段的设计变量为

$$X=\begin{bmatrix} b_{ij,c}^{af} & b_{ij,b}^{af} & t_{ij,c}^{af} & t_{ij,b}^{af} & h_{ij,c}^{w} & h_{ij,b}^{w} & t_{ij,c}^{w} & t_{ij,b}^{w} \end{bmatrix} \tag{8.77}$$

2) 目标函数

在第一阶段的优化中已经确定了型钢混凝土框架结构的初始造价和基本完好性能下失效的失效损失期望,则第二阶段的优化目标为结构在中等破坏性能和严重破坏性能下失效的失效损失期望之和。此时目标函数为

$$\min F(X)=C_{fm}P_{fm}+C_{fl}P_{fl} \tag{8.78}$$

这一阶段,将型钢的截面尺寸作为设计变量,结合第一阶段确定的参数,便可得出由楼层实际配钢配筋计算出的以剪力形式表示的楼层实际承载力 V_{y}^{a};建立结构的层间有限元模型,计算结构在中震、大震作用下由等效地震荷载按弹性计算所得的楼层剪力 V_{e} 和层间位移 Δu_{e};至此便可用弹塑性系数增大法计算结构在塑性阶段的层间位移,并在此基础上进行可靠度计算,从而进行优化。

3) 约束条件

由于在中震、大震作用下结构往往会进入弹塑性状态,故第二阶段优化中并不存在承载力约束要求,而概念设计要求也无须再重复考虑。

(1) 构造要求。

框架梁中型钢的尺寸要求为

$$0<b_{ij,b}^{af}\leqslant \min\left(\frac{b_{ij,b}-200}{3},\frac{b_{ij,b}-2b_{ij,b}}{3}\right) \tag{8.79}$$

$$h_{ij,b}^{w}+2t_{ij,b}^{af}\leqslant h_{ij,b}-a_{ij,b}^{a}+0.5t_{ij,b}^{af}-100, \quad h_{ij,b}^{w}>0 \tag{8.80}$$

框架柱中型钢的尺寸要求为

$$100\leqslant b_{ij,c}^{af}\leqslant b_{ij,c}-240, \quad h_{ij,c}^{w}\geqslant 100, \quad h_{ij,c}^{w}+2t_{ij,c}^{af}\leqslant h_{ij,c}-240 \tag{8.81}$$

基于型钢板件的可焊性和施工稳定性要求为

$$t_{ij,c}^{w}\geqslant 6\mathrm{mm}, \quad t_{ij,c}^{w}\geqslant 6\mathrm{mm}, \quad t_{ij,b}^{af}\geqslant 6\mathrm{mm}, \quad t_{ij,c}^{af}\geqslant 6\mathrm{mm} \tag{8.82}$$

(2) 型钢混凝土框架柱延性约束。

良好的延性能避免脆性破坏发生并进行内力重分布,要使构件具有足够的延性,则需满足:

$$\mu_{ij,c} = 65.45 \, (f_c)^{-0.551} (\rho_{ij,c}^v)^{0.36} \left(\frac{N_{ij,c}}{f_c A_{ij,c}^c + f_a A_{ij,c}^a} \right)^{-0.665} \geqslant 3 \qquad (8.83)$$

式中

$$\rho_{ij,c}^v = \frac{\pi \, (d_{ij,c}^{sv})^2 / 4}{A_{cor} s_{ij,c}^{sv}} l_{cor}$$

$$A_{cor} = b_{cor} h_{cor} - b_{ij}^{af} h_{ij,c}^w \qquad (8.84)$$

$$l_{cor} = 2(h_{ij,c} - 2c) + (b_{ij,c} - 2c)$$

$$h_{cor} = h_{ij,c} - 2c$$

$$b_{cor} = b_{ij,c} - 2c \qquad (8.85)$$

(3) 中震、大震下的性能要求为

$$\Delta m_i \leqslant [\Delta m], \quad \Delta l_i \leqslant [\Delta l] \qquad (8.86)$$

8.3.3　承载力约束中的随机性

地震作用具有强烈的随机性,本章对型钢混凝土框架结构进行可靠度计算时,显然考虑了结构几何尺寸、材料特性和荷载作用的随机性,那么再用确定性方法,如式(8.57)和式(8.58)来分析承载力约束便不再合理,本节就来考虑承载力约束中包含的随机性问题。

《组合结构设计规范》(JGJ 138—2016)中给出的型钢混凝土构件承载力极限状态设计表达式为

$$S \leqslant \frac{R}{\gamma_{RE}} \qquad (8.87)$$

式中,R 为结构构件承载力设计值;γ_{RE} 为承载力抗震调整系数;S 为各荷载效应设计值的组合,本章仅考虑水平地震荷载作用效应和重力荷载效应的组合,计算公式为

$$S = \gamma_G S_G + \gamma_E S_E \qquad (8.88)$$

其中,S_G 为重力荷载作用效应;S_E 为水平地震荷载作用效应;γ_G 为重力荷载分项系数;γ_E 为水平地震作用分项系数。参照《建筑抗震设计规范》(GB 50011—2010)γ_G 和 γ_E 分别取 1.2 和 1.3。

式(8.87)中调整系数和式(8.88)中分项系数的引入实质上就是考虑了荷载作用的随机性,然而由于结构几何尺寸、材料特性和荷载作用都具有随机性,且这种确定性的处理方式并不能完全保证结构承载力安全,故用可靠度的方式更为合理地考虑承载力约束中的随机性问题。

1. 极限状态方程的建立

根据式(8.57),可得型钢混凝土框架柱的受剪承载力极限状态方程为

$$Z_{ij,c}^{v} = B_{ij,c}^{v} \left(\frac{0.16}{\lambda+1.5} f_c b_{ij,c} h_{0ij,c} + 0.8 f_{yv} \frac{A_{ij,c}^{sv}}{s_{ij,c}^{sv}} h_{0ij,c} + \frac{0.58}{\lambda_{ij,c}} f_a A_{ij,c}^{w} + 0.056 N_{ij,c} \right)$$
$$- S_{ij,c}^{G} - S_{ij,c}^{E} \tag{8.89}$$

式中，随机变量 $B_{ij,c}^{v}$ 考虑了框架柱受剪计算模式的不确定性；$S_{ij,c}^{G}$ 和 $S_{ij,c}^{E}$ 分别为框架柱中不含荷载分项系数的重力荷载作用产生的剪力效应和水平地震作用产生的剪力效应。

根据式(8.58)，可得型钢混凝土框架梁的受剪承载力极限状态方程为

$$Z_{ij,b}^{v} = B_{ij,b}^{v} \left(0.06 f_c b_{ij,b} h_{0ij,b} + 0.8 f_{yv} \frac{A_{ij,b}^{sv}}{s_{ij,b}^{sv}} h_{0ij,b} + 0.58 f_a A_{ij,b}^{w} \right) - S_{ij,b}^{G} - S_{ij,b}^{E}$$

$$\tag{8.90}$$

式中，随机变量 $B_{ij,b}^{v}$ 考虑了框架梁受剪计算模式的不确定性；$S_{ij,b}^{G}$ 和 $S_{ij,b}^{E}$ 分别为框架梁中不含荷载分项系数的重力荷载作用产生的剪力效应和水平地震作用产生的剪力效应。

2. 基本随机变量的取值

随机变量 B 表示由计算公式的不精确所导致的计算模式不确定性，它为构件实际抗力与按公式计算所得抗力的比值，实际抗力值一般多取试验实测值。在本章中，受剪计算模式的不确定性随机变量 B^{v} 的统计参数可通过本课题组的试验实测值和公式计算值的比值得出，见表 8.13。

表 8.13　型钢混凝土框架结构随机变量统计参数

随机变量	物理意义	分布类型	均值/标准值	变异系数
b、h	梁柱截面尺寸	正态分布	1.0	0.01
A^s	钢筋截面面积	正态分布	1.0	0.03
A^a	型钢截面面积	正态分布	1.0	0.07
S^G	重力荷载效应	正态分布	0.75	0.1
S^E	地震作用效应	极值 I 型	1.06	0.3
B_c^v	框架柱抗剪计算模式不确定性	正态分布	0.84	0.37
B_b^v	框架梁抗剪计算模式不确定性	正态分布	0.92	0.34

续表

随机变量	物理意义	分布类型	均值/标准值			变异系数
f_c	混凝土强度设计值	正态分布	C30		1.39	0.17
			C40		1.36	0.16
			C50		1.33	0.15
			C60		1.30	0.14
f_y	钢筋强度设计值	对数正态分布	Ⅰ级		1.02	0.0895
			Ⅱ级		1.13	0.0743
			Ⅲ级		1.08	0.0713
f_a	型钢强度设计值	正态分布	Q235	钢材厚度 t/mm	$t\leqslant16$	1.070	0.081
					$16<t\leqslant40$	1.074	0.077
					$40<t\leqslant60$	1.118	0.066
					$60<t\leqslant100$	1.087	0.066
			Q345	钢材厚度 t/mm	$t\leqslant16$	1.040	0.066
					$16<t\leqslant35$	1.018	0.067
					$35<t\leqslant50$	1.125	0.057
					$50<t\leqslant100$	1.184	0.083

除计算模式不确定性外,本章中所考虑的随机性还包括以下三种:

(1) 构件几何尺寸的随机性,梁柱构件的几何尺寸 b、h,钢筋截面面积 A^s,型钢截面面积 A^a 的统计参数参考文献[21]和[22],见表 8.13。

(2) 材料特性的随机性,型钢强度 f_a、钢筋强度 f_y 和混凝土受压强度 f_c 的统计参数参考文献[21],见表 8.13。对于高强高性能混凝土,目前还缺乏对其受压强度统计特性的分析研究,本章通过对普通混凝土受压强度统计值进行差值获得。

(3) 荷载作用效应的随机性,重力荷载效应为构件自重(恒载)和其他重力荷载(活载)在地震发生时可能的组合[21];本章在分析型钢混凝土框架结构的承载力可靠度时采用确定烈度下水平地震荷载作用效应的统计参数,参考文献[22]可得荷载作用效应的统计特性见表 8.13。

3. 可靠度表示的型钢混凝土框架结构承载力约束条件

1) 承载力可靠度计算方法

型钢混凝土框架结构的承载力可靠度计算是作为承载力约束条件嵌套在框架结构第一阶段优化中的,求解步骤如下:

(1) 在第一阶段优化中,通过有限元对框架结构进行动力分析以及内力、变形计算后,可得到型钢混凝土框架梁柱构件在重力荷载和水平地震荷载作用下的剪

力效应标准值 S^G 和 S^E。

（2）根据设计变量、材料特性、步骤（1）所得的荷载效应的标准值，由表 8.13 中各随机变量的统计特性，产生一系列相互独立的随机数列。

（3）将随机数列代入式（8.88）和式（8.89），用 Monte Carlo 模拟法进行数值模拟即可求出构件的承载力可靠度。

2）型钢混凝土框架结构用可靠度表示的承载力约束

求出承载力可靠度之后，便可得到用可靠度表示的承载力约束

$$\beta^v_{ij,b} - [\beta^v] \geqslant 0, \quad \beta^v_{ij,c} - [\beta^v] \geqslant 0 \tag{8.91}$$

式中，$\beta^v_{ij,b}$ 和 $\beta^v_{ij,c}$ 分别为型钢混凝土框架梁柱在荷载作用下的抗剪承载力可靠度；$[\beta^v]$ 为抗剪承载力目标可靠度指标，参考文献[21]和[22]，见表 8.14。

表 8.14　抗剪承载力目标可靠度指标

可靠度类型	抗震等级			
	一	二	三	四
$[\beta^v]$	2.5	2.0	2.0	1.5

8.3.4　优化算例

1. 算例

本章的优化对象为两跨三层的型钢混凝土框架，其立面布置及构件的截面如图 8.16 所示，预定设计参数按试验设计保持不变，将试验初始值作为设计变量初始值。

预定设计参数：混凝土强度等级 C80，$f_c = 56.40\text{MPa}$，$f_t = 3.69\text{MPa}$；型钢采用 Q235，$f_a = 210\text{MPa}$；纵向钢筋采用 HRB335（Ⅱ级钢），$f_y = 310\text{MPa}$；箍筋采用 HPB235（Ⅰ级钢），$f_{yv} = 210\text{MPa}$。

材料价格：混凝土单价为 1.0×10^{-3} 元/$(\text{mm}^2 \cdot \text{m})$；型钢单价为 2.886×10^{-2} 元/$(\text{mm}^2 \cdot \text{m})$；纵向钢筋单价为 2.340×10^{-2} 元/$(\text{mm}^2 \cdot \text{m})$；箍筋单价为 2.106×10^{-2} 元/$(\text{mm}^2 \cdot \text{m})$。

2. 优化程序

本章采用 MATLAB 语言来编制优化计算程序对图 8.17 所示的型钢混凝土框架结构进行优化分析，程序主要包括以下四个部分。

（1）地震反应有限元分析程序。

输入图 8.16 所示的结构布置信息、预定参数、设计初始值等结构参数；集成杆件有限元模型中的单元刚度矩阵和整体刚度矩阵；建立层间模型的质量矩阵和刚

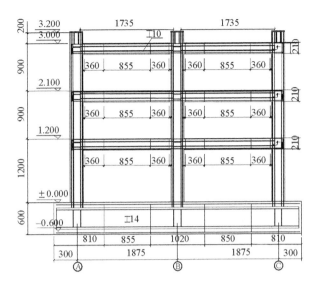

图 8.16　型钢混凝土框架立面图和梁柱构件的截面图

度矩阵(注意其与杆件有限元的矩阵并不相同),利用 MATLAB 语言中的矩阵特征值函数求解动力方程,根据层间剪力计算公式得到荷载向量;引入边界条件修改杆件刚度矩阵;计算线性方程组得到位移,计算应变和应力。MATLAB 语言求解单元刚度矩阵和整体刚度矩阵的程序摘录如下:

```
[element_number,dummy]=size(gElement);
for ie=1:1:element_number
    k=StiffnessMatrix(ie,1);
        AssembleStiffnessMatrix(ie,k);
end
```

(2) 层间变形概率分布类型检验程序。

MATLAB 语言进行 Kolmogorov-Smirnov 检验的程序摘录如下:

```
m=length(ss);
ss=sort(ss);
if s<ss(1)
   h=0;
   else if s>=ss(n)
        h=1;
      else
      for k=1:m- 1
         if s>=ss(g)&s<ss(g+ 1)
            h=g/m
         end
```

```
        end
    end
end
```

（3）可靠度计算程序。

MATLAB 判断结构失效的程序摘录如下：

```
for i=1:n
    if z(i)<=r1
        I=0;
        else if z(i)>r1&z(i)<r2
                I=(z(i)- r2)/(r1- r2);
            else if z(i)>=r2
                    I=1;
                end
            end
end
```

（4）优化计算程序。

本章采用 MATLAB 优化工具箱来进行优化计算，优化工具箱的启动程序为 Start→ Toolboxes → Optimization → Optimization tool（optimtool），启用后如图 8.17 所示，建立了描述目标函数和约束条件的 m 文件后便可启用优化工具箱设定相关参数进行优化。

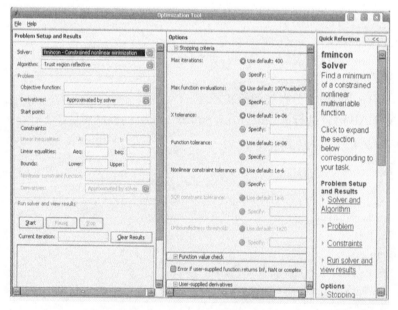

图 8.17　优化工具箱使用界面

有限元分析程序、层间变形概率分布检验程序和可靠度计算程序从程序结构的角度来看是嵌套在优化计算程序中的,在实际运行时是通过优化的 m 文件来分别进行调用的,它们一起组成型钢混凝土框架结构的优化设计程序。

用上述程序对图 8.17 所示框架进行优化,其结果如图 8.18 和图 8.19 所示。分析图 8.18 所示的优化结果可知,结构的全寿命总费用经过优化后下降了27.31%,结构的初始造价在优化之后下降了31.0%,但结构的失效损失期望经过优化后仅从初始造价的 31% 增加到初始造价的 38%,可见采用本章所述的优化方

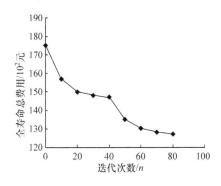
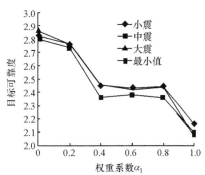

图 8.18　$\alpha_1 = 0, \alpha_2 = 1$ 时的总费用优化　　图 8.19　目标可靠度指标随权重系数的关系

法进行计算,既能获得很好的经济效益,又能在一定程度上保障结构的性能,使结构设计在经济性和安全性之间取得平衡;分析图 8.19 所得优化结果可知,随着权重系数 α_1 的增加,优化所得的结构可靠度指标不断下降,即结构的可靠性降低,失效损失增大,这与实际情况相符合,因为权重系数反映的是结构的重要程度,当权重系数 α_1 不断增加时,失效引起的损失值影响越来越小,即结构的重要程度不断降低,则对其可靠性要求也相应降低,图 8.19 所示的优化结果正好符合这个趋势。

8.4　本章小结

本章总结了型钢混凝土框架结构两种常用优化设计方法的特点与不足,针对仅考虑初始造价,所得优化结构性能较差,抵抗自然灾害能力较低的问题,将基于性能的抗震设计方法引入优化设计理论中对其进行改进,建立基于性能的型钢混凝土框架结构全寿命优化设计模型;而对于设计变量和约束条件过多、优化过程复杂的问题,采用两阶段分层次的优化计算方法对结构进行优化,从而使优化过程得到简化。理论分析和实际编程计算均证明了该优化模型的正确性,主要研究结论包括如下方面:

(1) 以作者及其课题组进行的型钢混凝土框架柱试验为主要依据,结合国

内外相关试验研究结果,通过统计分析对型钢混凝土框架柱各目标性能水平的极限状态进行宏观描述,在此基础上得到型钢混凝土框架结构的性能指标量化值;以型钢混凝土框架结构的性能指标量化值为依据,将基于性能的抗震设计方法引入优化设计中,并考虑结构失效存在的模糊性,建立基于性能的型钢混凝土框架结构全寿命总费用优化模型。

(2)考虑结构失效存在的模糊性,通过模糊数学理论对 Monte Carlo 模拟法进行改进,得到型钢混凝土框架结构的模糊可靠度计算方法;考虑地震反应谱中存在的模糊因素,得到非模糊化的模糊地震反应谱,在此基础上通过层间有限元模型和杆件有限元模型分析结构可靠度计算中的地震作用效应,使结构对于各个性能水平的可靠度计算得以实现;将可靠度计算中的功能函数从隐式变为显式,得到简化的可靠度计算方法,并分析型钢混凝土框架结构层间变形的概率特性,使简化计算能够顺利进行。在得到型钢混凝土框架关于各个性能水平的可靠度计算方法之后,便可计算结构在不同性能水平下失效的模糊失效损失期望,从而得到全寿命优化模型的具体表示形式。

(3)本章针对型钢混凝土框架结构在优化时存在的设计变量和约束条件过多,优化过程复杂,得到最优解比较困难的问题,提出了两阶段分层次的优化计算方法,该方法能有效控制优化各阶段中设计变量和约束条件的数量,从而简化了优化过程;采用 MATLAB 语言,编写优化程序,对设计算例进行优化分析,验证了上述全寿命优化模型的正确性和分阶段优化计算方法的可行性。

参 考 文 献

[1] Yamanouchi H, et al. Performance-Based Engineering for Structural Design of Buildings [M]. Tokyo:Building Research Institute,2000.

[2] 李应斌,刘伯权,史庆轩. 基于结构性能的抗震设计理论研究与展望[J]. 地震工程与工程振动,2001,21(4):73-79.

[3] Li G,Cheng G D. Optimal decision for the target value performance based structural system reliability[J]. Structural and Multidisciplinary Optimization,2001,22(4):261-267.

[4] Cheng G D,Li G,Cai Y. Reliability-based structural optimization under hazard loads[J]. Structural Optimization,1998,16:128-135.

[5] 中华人民共和国住房和城乡建设部. GB 50011—2010　建筑抗震设计规范[S]. 北京:中国建筑工业出版社, 2010.

[6] Federal Emergency Management Agency. NEHRP guidelines for the seismic rehabilitation of building seismic safety council[R]. Washington DC:FEMA,1997.

[7] Wen Y K,Kang Y J. Minimum building life-cycle cost design criteria. Ⅰ:Methodology and Ⅱ:Applications[J]. Journal of Structure Engineering,ASCE,2001,127(3):330-346.

[8] Park Y J,Ang A H S. Mechanistic seismic damage model for reinforced concrete[J]. Journal

of Structure Engineering,ASCE,1985,111(4):722-739.

[9] 陈永,龚思礼. 结构在地震动下延性和累积塑性耗能的双重破坏准则[J]. 建筑结构学报,1986,7(1):12-20.

[10] SEAOC Vision 2000 Committee. A framework for performance based engineering[R]. California:Structural Engineering Association of California,1995.

[11] 李俊华. 低周反复荷载下型钢高强混凝土柱受力性能研究[D]. 西安:西安建筑科技大学,2005.

[12] 贾金青,徐世琅. 钢骨高强混凝土短柱轴压力系数限值的试验研究[J]. 建筑结构学报,2003,24(1):14-18.

[13] 蒋东红,王连广,刘之洋. 高强钢骨混凝土框架柱的抗震性能[J]. 东北大学学报(自然科学版),2002,23(1):67-70.

[14] 张春梅,王立超,阴毅,等. 几种钢-高强混凝土柱轴压试验研究[J]. 哈尔滨工业大学学报,2004,36(12):1678-1682.

[15] 周正海. 高强钢骨混凝土柱抗震性能的试验研究[D]. 北京:清华大学,1997.

[16] 郑山锁. 型钢高强高性能混凝土结构梁、柱和节点的试验研究报告[R]. 西安:西安建筑科技大学,2007.

[17] 张国军,吕西林. 高强混凝土框架柱的地震损伤模型[J]. 地震工程与工程振动,2005,25(2):41-45.

[18] 程耿东. 工程结构优化设计基础[M]. 北京:水利水电出版社,1993.

[19] 高小旺,李荷,肖伟,等. 工程抗震设防标准的若干问题的探讨[J]. 土木工程学报,1997,2(6):52-59.

[20] 高小旺,李荷,王菁,等. 不同重要性建筑抗震设防标准的讨论[J]. 建筑科学,1999,15(2):11-16.

[21] 王光远,程耿东,邵卓民,等. 抗震结构的最优设防烈度与可靠度[M]. 北京:科学出版社,1999.

[22] 王光远. 结构软设计理论初探[M]. 哈尔滨:哈尔滨建筑工程学院出版社,1987.

[23] 韦承基,魏琏,高小旺,等. 结构抗震弹塑性变形可靠度分析[J]. 工程力学,1986,3(1):60-70.

[24] 吴波,李艺华. 直接基于位移可靠度的抗震设计方法中目标位移代表值的确定[J]. 地震工程与工程振动,2002,22(6):44-51.

第9章 型钢混凝土框架-核心筒混合结构抗震性能试验研究及连续倒塌分析

建筑物的倒塌是地震灾害中大量人员伤亡的主要原因,地震作用下建筑结构的损伤发生及演化将导致结构构件出现弹塑性、构件失效——断裂、局部坍塌或结构发生整体倒塌。1976 年我国唐山大地震的直接死亡人数约为 24 万人,而 1985 年同样大小的 7.8 级地震袭击智利百万人口的 Valparaiso 城,死亡人数仅为 150 人,其原因主要在于房屋抗倒塌能力的差距。2008 年发生的汶川特大地震和 2010 年发生的智利地震中,仍有大量建筑物在地震中整体倒塌[1,2]。这些重大灾害发生后,国内外土木工程界认识到深入研究结构地震倒塌破坏机理,在结构设计中融入抗倒塌设计思想,寻求各类结构合理的倒塌模式,提高抗地震倒塌能力的重要性和紧迫性。

钢与混凝土组合结构具有优异的抗震性能,且兼具钢结构施工快和混凝土结构刚度大、成本低的优点,大量应用于高层建筑特别是超高层建筑结构中。在各种组合结构体系中,框架-核心筒混合结构最具中国特色,由于型钢混凝土柱相比钢柱和钢筋混凝土柱具有刚度大、承载能力高、抗震性能好、防火性能好的优点,大量超高层建筑都采用了型钢混凝土柱作为框架-核心筒混合结构的外框架,型钢混凝土框架-钢筋混凝土核心筒(以下简称 SRC 框架-RC 核心筒)混合结构已成为我国超高层建筑结构体系的一种主要形式。

然而,至今我国已建的大量高层 SRC 框架-RC 核心筒混合结构尚未经过强烈地震的考验,该类结构发生整体倒塌所致的灾害效应远大于其他结构体系,而且我国的抗震设防水平普遍低于美国、欧洲、日本等发达国家和地区的抗震设防水平[3,4],我国相应的建筑结构设计规范中也没有抗倒塌设计的具体规定和技术要求。另外,采用型钢混凝土柱的高层框架-核心筒结构形式属于我国特有的新型结构体系,缺少相关的震害资料和研究成果参考。以上原因导致该类结构体系的理论研究落后于工程实践,且其迅速发展的态势使得人们更加关注这种结构体系的抗倒塌性能,不少问题和疑虑亟待研究。

本章主要内容如下:

(1) 以 8 度抗震设防、二类场地土条件设计了一个 10 层 SRC 框架-RC 核心筒混合结构原型,框架部分由十字截面型钢混凝土柱和工字钢梁组成,核心筒部分为钢筋混凝土。基于原型结构进行了 1∶5 比例缩尺模型的拟静力试验,试验中采用两台作动器联机施加水平低周往复荷载,模拟此类混合结构在地震作用下的复杂受力行为和倒塌破坏过程。

(2) 考虑材料非线性、几何非线性及 P-Δ 效应,利用有限元软件 OpenSees 建立数值分析模型。模型中梁柱采用杆单元,剪力墙和楼板采用分层壳单元,模型尺寸、材料属性和工况均与试验相同。计算得到分析模型的滞回曲线、骨架曲线、结构变形和动力特性。

(3) 基于已有的分析模型,采用拆除构件法,分别拆除不同位置的框架柱和剪力墙进行静力分析,并输入三条不同强度的天然地震波和一条人工地震波进行动力时程分析,计算得到结构变形和失效构件附近梁的受力情况,并采用供需比(demand capacity ratio,DCR)判断结构的抗连续性倒塌性能。

(4) 根据场地土条件,选取 10 条地震动记录,以 OpenSees 为平台对三个不同框架-核心筒刚度比的结构模型进行增量动力分析(incremental dynamic analysis,IDA),基于 IDA 分析结果得到易损性曲线,进而建立地震概率需求模型,从概率意义上定量地刻画结构的抗震性能,并分析框架-核心筒刚度比对结构易损性的影响。

9.1 试验研究

9.1.1 SRC框架-RC核心筒混合结构原型设计

按照我国现行《高层建筑混凝土结构技术规程》(JGJ 3—2010)和《高层民用建筑钢结构技术规程》(JGJ 99—2015),以 8 度抗震设防、Ⅱ类场地土条件设计原型结构,原型结构共 10 层,层高 4m,平面尺寸为 12m×12m,模型平面布置为矩形,外围设置 12 根矩形型钢混凝土柱,其尺寸为 500mm×500mm,四角处布置纵筋。同时,外部布置 12 根焊接工字钢梁与各柱连接,内部布置 8 根焊接工字钢梁将柱与核心筒连接。钢筋混凝土核心筒平面尺寸为 3000mm×3000mm,壁厚 250mm,墙内布置双层双向钢筋网,四角处布置通长钢筋。各层楼板为组合楼板,采用压型钢板上现浇混凝土,布置单层双向钢筋网,厚度均为 150mm,用自攻螺栓将压型钢板与工字钢梁锚固以防止混凝土楼板掀起,加强结构整体性。按相似理论制作 1∶5 比例的缩尺模型,模型基础底板采用双向双层配置钢筋,底板内预埋工字钢,型钢混凝土框架柱底与预埋工字钢焊接,保证基础与试件的可靠连接,模型采用核心筒和框架分开逐层现浇的施工方法。考虑实验室模型安装条件的限制等各方面因素,采用欠人工质量模型,考虑自重和活荷载模拟,通过楼层堆加砝码和重物实现。

本章进行 SRC 框架-RC 核心筒混合结构缩尺模型的拟静力试验研究,通过两个电液伺服作动器分别在第 4 层与第 9 层进行两点水平加载,采用计算机-作动器联机方式控制加载过程,计算机实时采集加载点的位移和荷载。在第 1~6 层核心筒附近楼板上安装速度拾振器,在试验过程中实时测量结构模型的动力特性参数(自振频率、振型、阻尼比、模态质量、模态刚度、模态阻尼等),根据原型场地条件、原型结构理论与实测数据分析结构的动力特性。通过各层设置的位移计采集结构模型在不同阶段的位移、层间位移及层间位移角等动力反应,通过底层核心筒混凝土表面、柱内型钢和梁上布置的应变片采集构件各部位的应变情况分析其受力状态。

9.1.2 试验概况

1. 构件模型设计

根据实验室现有条件,按照原型设计 1:5 比例的试件模型,如图 9.1 和图 9.2 所示。平面尺寸为 1800mm×1800mm 的正方形,该模型共 10 层,基础、首层和标准层高度分别为 500mm、1000mm 和 800mm,总高度为 8700mm。

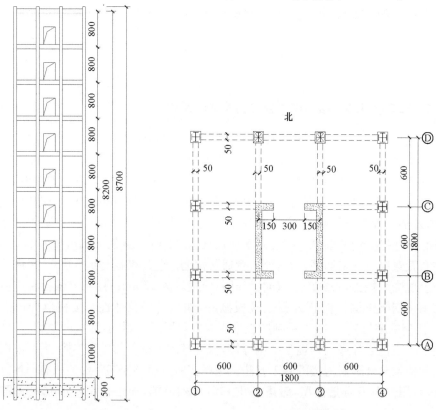

图 9.1　立面布置图(单位:mm)　　　　图 9.2　平面布置图(单位:mm)

1) 框架柱

框架柱截面为矩形,由型钢、钢筋和混凝土三部分组成。其中,型钢骨架为十字形截面,四角布置纵筋,横向布置箍筋,相应的尺寸和配筋参数如图 9.3 和表 9.1 所示。

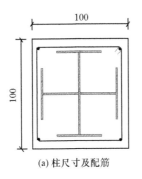
(a) 柱尺寸及配筋

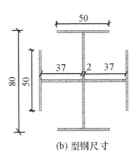
(b) 型钢尺寸

图 9.3　型钢混凝土框架柱截面尺寸及配钢(单位:mm)

表 9.1　柱的配筋形式

纵筋布置	箍筋布置	配筋率/%	配钢率/%
4Φ12mm	Φ6@50mm	1.13	7.0

2) 梁

梁截面为焊接工字钢,由三块钢板焊接而成,每层布置 20 根梁,连接剪力墙和框架柱,截面尺寸如图 9.4 所示。

3) 楼板

以压型钢板为底模,配置单层双向钢筋网片,钢筋布置为 Φ6@50mm,现浇混凝土形成组合楼板,钢板底部以梅花形布置钉入自攻螺栓以增加混凝土与钢板的黏结力,加强整体性,防止掀起,楼板厚度及配筋如图 9.5 和表 9.2 所示。

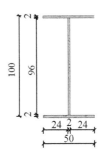

图 9.4　工字钢梁截面尺寸(单位:mm)

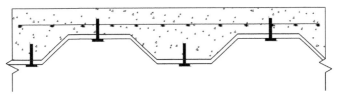

图 9.5　组合楼板

表 9.2　楼板的配筋形式

楼板厚/mm	钢板厚度/mm	配筋	螺栓长度/mm
30	2	Φ6@50mm 单层双向	10

　　4）核心筒

　　核心筒采用矩形截面剪力墙,第一层和第二层墙体厚度为50mm,其他各层厚度为30mm。内置双层双向钢筋网片,筒体四角各有一根Φ12mm通长纵向钢筋,与梁交汇处设置外包型钢支撑,南北面剪力墙在每层楼板处均开300mm×500mm的洞口,尺寸和配筋如图9.6、图9.7和表9.3所示。

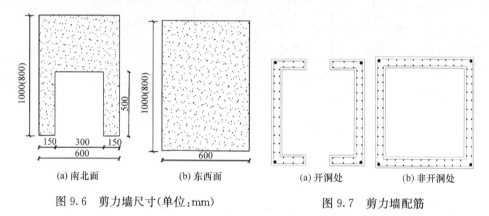

图9.6　剪力墙尺寸(单位:mm)　　　　　图9.7　剪力墙配筋

表9.3　剪力墙钢筋尺寸与布置

位置	厚度/mm	水平钢筋	垂直钢筋	布置
开洞处	50(30)	Φ6@50mm	Φ6@50mm	双排
非开洞处	50(30)	Φ6@50mm	Φ6@50mm	双排

　　2. 材料属性

　　1）混凝土

　　设计混凝土强度均为C40,由于试件尺寸较小,采用细石混凝土。配合比及实测的混凝土立方体抗压强度和弹性模量见表9.4。

表9.4　混凝土配合比及实测材料属性

混凝土强度等级	水泥 /(kg/m³)	砂 /(kg/m³)	石子 /(kg/m³)	水 /(kg/m³)	混凝土立方体抗压强度 /MPa	弹性模量 /MPa
C40	485	655	1065	210	41.5	3.03×10^4

　　2）钢材

　　型钢骨架采用厚2mm的Q345钢板焊接而成,钢筋的规格见表9.5。

表 9.5　钢材的属性　　　　　　　　　　（单位：MPa）

钢筋类型	屈服强度	极限抗拉强度	弹性模量
Φ6mm 钢筋	304	424	2.1×10^5
Φ12mm 钢筋	347	451	2.1×10^5
钢板	327	463	2.0×10^5

3. 加载装置

原型结构设计为住宅和写字楼用途，楼面均布活载标准值取 2.0kN/m²。核心筒部分和框架部分已浇筑完毕，恒载仅包括内部填充墙，计算后取为 1.6kN/m² 的均布荷载。取 0.5 倍活载加上 1 倍恒载，采用重物堆载均匀地施加于各个楼层。

水平方向采用 2 台液压伺服作动器联合运行，施加水平低周往复荷载，加载点为第 4、9 层楼板位置，如图 9.8 所示。采用 ETABS 软件对结构模型进行模态分析，根据分析结果确定水平加载位移比值，考虑前 8 阶的振型参与系数见表 9.6，计算可得第 4 层和第 9 层位移控制值之比为 1：1.5，加载制度见表 9.7。

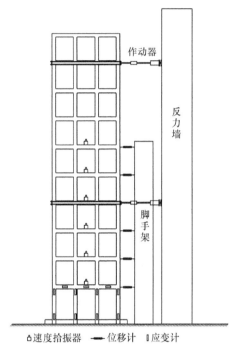

◬速度拾振器　➡位移计　▯应变计

图 9.8　加载与测试装置

表 9.6　前 8 阶的振型参与系数

模态	第 1 阶	第 2 阶	第 3 阶	第 4 阶	第 5 阶	第 6 阶	第 7 阶	第 8 阶
振型参与系数/%	74.41	14.26	5.50	2.82	1.49	0.77	0.36	0.15

表 9.7　位移加载制度

加载分级		1	2	3	4	5	6	7	8	9	10
作动器位移控制值/mm	上端	2	4	6	8	16	24	32	40	48	56
	下端	1.333	2.667	4.000	5.333	10.667	16.000	21.333	26.667	32.000	37.333
加载频率/Hz		0.010	0.010	0.010	0.005	0.005	0.005	0.005	0.005	0.005	0.005
循环次数		1	1	1	3	3	3	3	3	3	3

加载分级		11	12	13	14	15	16	17	18	19	20
作动器位移控制值/mm	上端	64	72	80	88	96	104	112	120	128	136
	下端	42.667	49.000	53.333	59.667	64.000	69.333	74.667	80.000	85.333	90.667
加载频率/Hz		0.005	0.005	0.005	0.005	0.005	0.005	0.005	0.005	0.005	0.005
循环次数		3	3	3	3	3	3	3	3	3	3

4. 测试方案

1) 应变与位移

在试件第 1、2 和 3 层主要构件的型钢和混凝土上分别设置应变片。框架柱脚和柱顶设置应变花,梁柱节点区域的框架柱型钢正面和侧面、梁端及梁跨中设置应变花,底层核心筒以及洞口处混凝土设置应变片,其布置如图 9.9 所示。

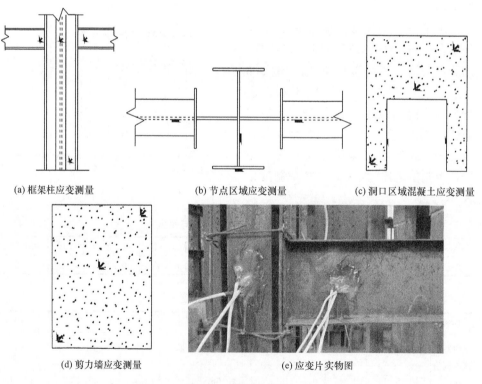

(a) 框架柱应变测量　　　　　(b) 节点区域应变测量　　　　　(c) 洞口区域混凝土应变测量

(d) 剪力墙应变测量　　　　　(e) 应变片实物图

图 9.9　应变片布置

试件第1、2、3、5和6层楼板处安装水平位移计,第4和9层水平位移由作动器记录。位移计与应变片均连接至应变箱采集数据。

2) 动力特性

如图9.10所示,试件的动力响应通过INV3018CT高精度USB采集仪进行测量,该仪器适用于2～100Hz范围内频率的测量。选用速度拾振器测量,在水平荷载施加前和试验完成后分别进行测量,经DASP(Data Acquisition and Signal Processing)软件分析可得试件初始阶段和破坏后的动力特性。

(a) 拾振器　　　　　　　　　(b) 数据采集设备

图9.10　动力特性测试系统

5. 试件施工

试件型钢架采取满焊方式连接以保证其刚度和稳定性,钢筋一次性绑扎完成后再浇筑混凝土,试件整体如图9.11(a)所示。剪力墙钢筋交叉点最外两行全数绑扎,其他采取梅花形绑扎,如图9.11(b)所示,内模板采取滑模加内撑的方式以保证其施工精度。框架柱型钢骨架与基础中埋置的型钢焊接,如图9.11(c)所示。由于框架柱尺寸较小,采用细石混凝土,浇筑前后如图9.11(d)和(e)所示。出于安全考虑,第10层仅浇筑框架柱和剪力墙,顶层楼板没有浇筑,故将第9层视为顶层。

6. 相似关系

模型的相似关系见表9.8。材料弹性模量E和屈服强度f_y等属性的相似率为1,使试件和原模型处于等应力状态,其破坏形态可以真实地反映原型的破坏形态。

(b) 剪力墙钢筋网

(a) 型钢架

(c) 基础与型钢混凝土柱

(d) 节点型钢架

(e) 节点混凝土

图 9.11　试件型钢架构造

表 9.8　模型的相似关系

项目	材料属性(E、f_y)	长度	位移	周期	重量	应力、应变	受力	弯矩
模型/原型	1	1/5	1/5	$1/\sqrt{5}$	1/25	1	1/25	1/125

9.1.3　试验结果

1. 试验过程

从试验开始至加载位移达到 8mm,作动器每次循环卸载至原点的位移和荷载均为 0,最大层间位移角为 0.0038,试件始终保持弹性;加载至 16mm 时,平行于加载方向的底层柱脚开始出现弯曲裂缝;加载至 24mm 时,柱脚弯曲裂缝逐渐发展延伸,一层核心筒开始出现斜裂缝,主要分布在垂直于加载方向的剪力墙上,最大层间位移角为 0.0079;加载至 32mm 时,垂直于加载方向剪力墙上的斜裂缝沿着 45°方向逐渐扩展,平行于加载方向的两面剪力墙出现水平裂缝;加载至 56mm 时,第 1 层和第 2 层平行于加载方向的梁柱节点处混凝土出现剪切裂缝,剪力墙斜裂缝交叉贯通,第 4、7、8 和 9 层楼板底部钢板出现凸起,试件发出"咔咔"声,最大层间位移角为 0.0209;加载至 72mm 时,楼板混凝土少量剥落,核心筒底部混凝土已经被拉开,裂缝宽度 3mm 左右,混凝土大量剥落,剪力墙纵向钢筋外露;加载至 88mm 时,核心筒底部四角混凝土大面积剥落,纵向角筋暴露并压屈,不能继续承受荷载,最大层间位移角为 0.0264;加载至 104mm 时,主要由框架承担水平荷载,第 1、2 层梁柱节点混凝土全部开裂,第 1 层尤为严重,东面节点出现 X 形裂缝,南面第 1、2 层楼板开裂并与压型钢板脱离;之后的加载使节点和楼板裂缝继续发展,节点混凝土大面积脱落,露出型钢和钢筋,楼板裂缝扩大并延伸至核心筒;加载至 136mm,试件承载力下降至极限承载力的 85%,最大层间位移角达到 0.03225,基本宣告破坏,试验停止,底层核心筒裂缝发展情况如图 9.12 所示。

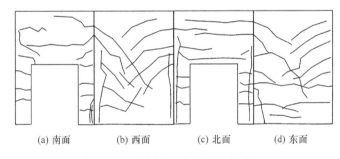

(a) 南面　　　(b) 西面　　　(c) 北面　　　(d) 东面

图 9.12　底层核心筒裂缝发展情况

2. 构件破坏形态

SRC 框架-RC 核心筒混合结构体系由 SRC 框架和 RC 核心筒两部分组成。从试验现象可以看出,SRC 框架和 RC 核心筒结构能够有效协调工作抵抗水平荷载,形成了一个具有多道抗震防线的结构体系,破坏形态可以简述如下:在水平位移 8mm 前,结构整体处于弹性状态,水平剪力绝大部分由 RC 核心筒承担,结构整体侧移由 RC 核心筒的抗侧刚度控制;随着水平位移的增加,结构整体处于弹塑性状态,RC 核心筒墙体开裂进而屈服,抗侧刚度降低,所承担的水平剪力比例下降,但是其抗侧刚度和损伤状态仍对内力重分布和破坏形态有重要影响。此状态下,外围的 SRC 框架尚未屈服,内力重分布导致分担的水平剪力增加,但仍以承受竖向荷载为主;水平位移达到 56mm 后,RC 核心筒损伤进一步加剧,较多进入塑性状态,水平抗侧刚度退化,但由于 SRC 框架分担了更多的水平剪力,RC 核心筒塑性发展程度不大,且 SRC 框架具有足够的竖向和水平承载力及位移延性,少量进入塑性状态,有效地发挥了第二道抗震防线的作用。结构体系各部分的主要试验现象描述如下。

1) SRC 框架柱

在水平往复荷载作用下,南北面的框架柱出现水平受拉裂缝,混凝土压碎剥落,钢筋暴露并屈服,如图 9.13 所示。

(a) 角柱　　　　　　　　　　　　　　(b) 边柱

图 9.13　框架柱裂缝

2) RC 剪力墙

剪力墙裂缝主要分两种:一是垂直于加载方向剪力墙上出现的水平受拉裂缝,随着顶点位移增加,墙底部沿水平方向拉开,宽度可达 5~10mm,墙中纵向钢筋被拉断,角落混凝土剥落,四角通常纵筋弯曲屈服,箍筋被拉断;二是平行于加载方向剪力墙上出现的剪切裂缝,随着荷载往复增加,通常呈 45°角斜向发展并交叉贯通,形成 X 形裂缝,如图 9.14 所示。

3) 梁柱节点

节点区出现剪切裂缝,混凝土剥落,型钢和钢筋外露,如图 9.15 所示。

4) 楼板

平行于加载方向的楼板混凝土出现水平裂缝,楼板与剪力墙交界处混凝土受压破碎,压型钢板局部受压凸起,如图 9.16 所示。

3. 结构变形

顶点位移角表示为

(a) 南北面剪力墙裂缝　　　　　　　　　　　　(b) 东西面剪力墙裂缝

图 9.14　底层核心筒裂缝

(a) 中节点　　　　　　　　　　　　　　　(b) 边节点

图 9.15　节点混凝土裂缝

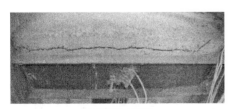

(a) 中间梁上的板　　　　　　　　　　　　(b) 边梁上的板

图 9.16　楼板混凝土裂缝

$$\theta_9 = \frac{\Delta_9}{H} \tag{9.1}$$

各楼层层间位移角表示为

$$\theta_i = \frac{\Delta_i}{h} \tag{9.2}$$

式中，θ_9 和 Δ_9 分别为第 9 层顶点位移角和水平位移；H 为试件总高度；θ_i 为第 i 层层间位移角，$i=1,2,\cdots,6$；h 为楼层高度，第 1 层为 1000mm，其他各层为 800mm。

表 9.9 给出了各加载阶段第 1~6 层层间位移角随顶点位移角的变化情况。其中最大层间位移角 θ_{max} 出现在第 4 层，θ_{max} 随顶点位移的变化如图 9.17 所示。

表 9.9　第 1~6 层层间位移角随顶点位移角的变化

第 1~6 层层间位移角	顶点位移角 θ_9							
	0.0009	0.0018	0.0027	0.0037	0.0064	0.0101	0.0119	0.0156
θ_1	0.0009	0.0022	0.0033	0.0043	0.0086	0.0159	0.0190	0.0270
θ_2	0.0012	0.0024	0.0039	0.0054	0.0092	0.0179	0.0216	0.0289
θ_3	0.0019	0.0070	0.0080	0.0091	0.0100	0.0144	0.0176	0.0238
θ_4	0.0039	0.0022	0.0061	0.0088	0.0209	0.0264	0.0289	0.0322
θ_5	0.0027	0.0029	0.0031	0.0035	0.0060	0.0031	0.0063	0.0103
θ_6	0.0010	0.0018	0.0024	0.0032	0.0054	0.0088	0.0101	0.0127

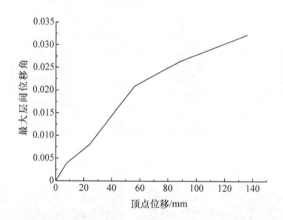

图 9.17　最大层间位移角随顶点位移的变化

顶层作动器施加水平位移为 8mm、24mm、56mm、88mm 和 136mm 时，第 1~6 层的各层间位移如图 9.18 所示，相应的位移角计算值见表 9.9，最大层间位移角随顶点位移的变化如图 9.17 所示。在顶点位移达到 32mm 时，最大层间位移角为 0.0169，试件部分进入塑性阶段。顶点位移达到 56mm 时，最大层间位移角达到

0.0209,顶点位移角为 0.0068。顶点位移达到 88mm 时,试件处于承载能力极限状态。顶点位移达到 136mm 时,试件达到破坏阶段,此时最大层间位移角达到 0.0322,顶点位移角为 0.0165。

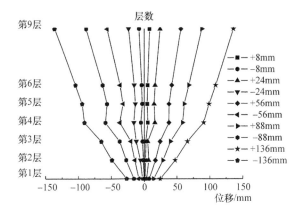

图 9.18 SRC 框架-RC 核心筒混合结构试件部分层间位移

4. 动力特性

采用脉动法在试件上布置 6 个速度拾振器,对测得的速度时程响应数据采用 DASP 软件进行滤波和模态分析。试件在初始阶段和破坏阶段的频率如图 9.19 和图 9.20 所示,结构在破坏前后的第一阶自振频率分别为 5.942Hz 和 3.258Hz。结构破坏前后的高阶频率对比见表 9.10。可以看出,试件在破坏后的频率较初始阶段的频率均有所降低,其中第二阶频率退化率最大,达到了 68.89%,而其他高阶频率退化率较小。

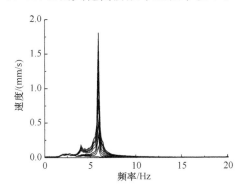

图 9.19 SRC 框架-RC 核心筒混合结构
试件初始状态频率

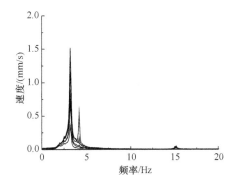

图 9.20 SRC 框架-RC 核心筒混合结构
试件破坏状态频率

表 9.10　结构破坏前后的高阶频率对比

模态阶数	初始阶段频率/Hz	破坏阶段频率/Hz	频率退化率/%
1	5.942	3.258	45.17
2	19.981	6.215	68.89
3	25.130	15.961	36.49
4	37.935	31.817	16.13
5	50.034	42.009	16.04

　　上述现象说明,SRC 框架-RC 核心筒混合结构发生损伤时自振频率降低,而结构自振频率是结构刚度与质量的函数,是基于整体结构层次的物理参数,结构自振频率的变化是分析整体结构地震倒塌判断的重要参量,若能建立频率与结构损伤位置和损伤程度的函数,则可以较好地反映地震作用下该类结构的损伤迁移转化特征与规律。

5. 应变

　　混合结构底层各构件的应变由应变花采集,其中 X、Y 和 T 表示与水平方向夹角分别为 0°、90°和 45°。在整个加载过程中底层角柱和边柱的应变如图 9.21 所示。可以看出,试件破坏时角柱的应变较大,底层柱应变均大于 $1000\mu\varepsilon$,最大值达到了 $3000\mu\varepsilon$,框架柱的型钢达到了屈服应变。

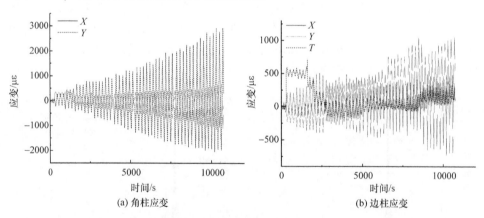

(a) 角柱应变　　　　　　　　　　(b) 边柱应变

图 9.21　底层角柱和边柱的应变

　　底层东面和南面梁的应变如图 9.22 所示,可以看出梁的应变不大,底层梁应变均小于 $500\mu\varepsilon$,大部分梁的型钢没有屈服。

　　底层剪力墙的底部和顶部的混凝土应变如图 9.23 所示。东面和南面剪力墙分别平行和垂直于荷载方向。可以看出,任意一侧剪力墙底部混凝土的应变均大

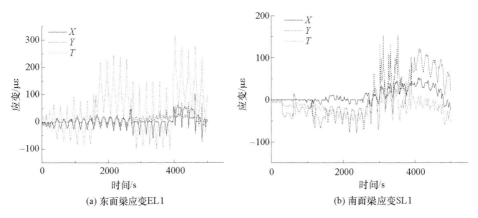

(a) 东面梁应变EL1   (b) 南面梁应变SL1

图 9.22 底层东面和南面梁的应变

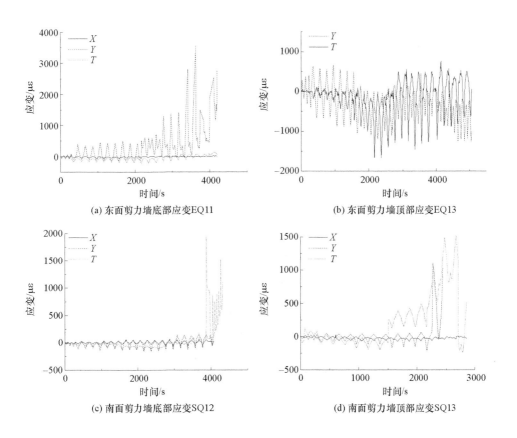

(a) 东面剪力墙底部应变EQ11   (b) 东面剪力墙顶部应变EQ13

(c) 南面剪力墙底部应变SQ12   (d) 南面剪力墙顶部应变SQ13

图 9.23 剪力墙混凝土的应变

于上部应变,东面平行于加载方向剪力墙的混凝土应变较大,上下端应变差距较大,而南面垂直于加载方向的剪力墙顶上下端应变差距较小。

底层南北两面剪力墙均垂直于荷载方向,其洞口处混凝土的应变如图 9.24 所示。可以看出,应变为 $2000 \sim 3000\mu\varepsilon$,达到了混凝土弹性极限应变 0.002 和极限压应变 0.003。

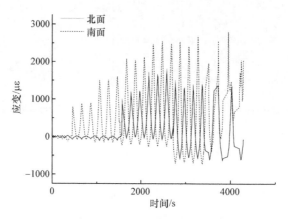

图 9.24　洞口处混凝土的应变

总体来说,试件在水平低周往复荷载的作用下,底层剪力墙和柱的应变较大,而梁应变较小。破坏时框架柱型钢屈服,剪力墙混凝土达到了极限压应变。

6. 滞回特性

试件的顶点水平位移-荷载滞回曲线如图 9.25 所示。加载的初期阶段,试件保持弹性,加载和卸载路径呈直线,有较小的残余变形。随着水平位移增大,试件处于弹塑性状态,滞回环面积增加。同一级后两次循环的峰值荷载逐渐降低。顶点位移达到 32mm 时,核心筒的裂缝增多,逐渐变宽并延伸交叉,试件刚度有一定

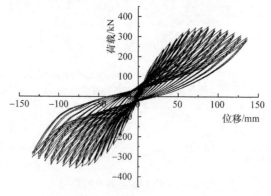

图 9.25　试件的顶点水平位移-荷载滞回曲线

退化,滞回环向横轴倾斜,试件的残余变形逐渐增大。试件达到极限荷载时,核心筒四角混凝土大面积剥落,纵向角筋暴露并压屈,剪力墙箍筋拉断,第1层和第2层框架梁柱节点处混凝土出现X形裂缝,柱脚出现水平裂缝。顶点位移达到136mm时,试件承载力降到极限荷载的85%以下,滞回环形状饱满且呈梭形,试件有较好的耗能能力。

7. 承载力与骨架曲线

试件在加载过程中的基底剪力见表9.11,最大基底剪力分别为356.124kN(推)和351.723kN(拉)。当顶点位移达到88mm时,顶点位移角为0.0101,结构达到最大承载力,随后由于核心筒损坏不能继续承受荷载,试件承载力开始降低。破坏阶段顶点位移达到136mm,顶点位移角为0.0156,基底剪力降至304.958kN(推)和299.469kN(拉),平均降为最大值的0.8467。

表 9.11　试件在加载过程中不同顶点位移下的基底剪力

正向加载		反向加载	
顶点位移/mm	基底剪力/kN	顶点位移/mm	基底剪力/kN
9.191	85.359	−7.642	−79.142
16.084	152.453	−15.621	−137.539
24.300	200.058	−23.532	−199.021
32.158	239.490	−31.398	−243.522
40.145	271.415	−39.240	−282.340
49.201	292.173	−47.176	−301.585
56.217	321.318	−55.013	−331.127
64.130	339.721	−62.930	−344.601
72.310	345.547	−70.918	−349.991
80.343	349.549	−79.832	−355.290
87.938	351.723	−86.554	−356.124
96.235	343.895	−94.377	−349.329
104.301	337.935	−102.491	−339.001
112.398	333.047	−110.263	−334.983
120.247	322.074	−117.885	−320.415
129.187	306.318	−126.176	−305.623
136.275	299.469	−133.920	−304.958

参考《建筑抗震试验规程》(JGJ/T 101—2015),试件的承载力退化以降低系数 λ_i 表示

$$\lambda_i = \frac{P_i}{P_{i-1}} \tag{9.3}$$

式中，P_i 为第 i 次循环对应的峰值荷载。

在加载过程中各阶段试件强度退化情况见表 9.12。可以看出，每一级加载水平下，第二次和第三次循环时试件的峰值荷载都比前一次低。达到极限荷载之前，同级的峰值荷载降低程度基本一致；达到极限荷载之后，试件出现一定的残余变形，峰值荷载降低速度加快，且负向承载力退化得更快一些。

表 9.12　在加载过程中各阶段试件强度退化情况

顶点位移角/%	正向加载	反向加载
	强度降低/%	强度降低/%
1.01	1.00	1.00
1.10	0.97	0.97
1.19	0.98	0.97
1.28	0.98	0.97
1.37	0.96	0.94
1.47	0.96	0.95

每一级荷载下第一次循环的峰值点所连成的包络线即为骨架曲线，反映了试件不同阶段受力与变形的特征。如图 9.26 所示，试件的骨架曲线在正负两个方向对称，其趋势呈抛物线形。每个方向上均经历了直线上升、水平和下降三个阶段。加载开始至顶部位移达到 32mm 时，试件底部剪力为 240kN 左右，试件处于屈服阶段，骨架曲线逐渐向横轴倾斜。随着荷载增加，试件混凝土出现裂缝，骨架曲线出现拐点，向横轴倾斜的程度越来越大。达到最高点时，极限荷载为 350kN 左右，顶点极限位移为 87mm。随后骨架曲线进入下降段，承载力迅速降低至 300kN 左

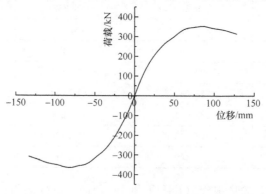

图 9.26　混合结构试件骨架曲线

右,约为极限荷载的 85.7%,试件达到破坏阶段,对应的破坏位移为 136mm。

试件屈服点的确定采用等效能量法,取荷载下降至极限荷载的 85% 作为破坏点。表 9.13 列出了试件各阶段的荷载与位移。其中,P_y 和 Δ_y 分别为屈服荷载与位移;P_{max} 和 Δ_{max} 分别为极限荷载与位移;P_u 和 Δ_u 分别为破坏荷载与位移。

表 9.13　试件各阶段结构屈服、极限和破坏点的荷载与位移

荷载	方向	试验值/kN	位移	方向	试验值/mm
P_y	正向	239.490	Δ_y	正向	32.158
	反向	−243.522		反向	−31.398
P_{max}	正向	351.723	Δ_{max}	正向	87.938
	反向	−356.124		反向	−86.554
P_u	正向	299.469	Δ_u	正向	136.275
	反向	−304.958		反向	−133.920

8. 延性与耗能

延性系数和等效黏滞阻尼系数 h_e 按照第 1 章的相关方法确定。通过计算得到混合结构的延性系数为 4.27,等效黏滞阻尼系数为 0.374。

9. 刚度退化

试件的刚度可用割线刚度 K_i 表示,计算方法根据式(1.2)计算得到。试件刚度具体计算结果如图 9.27 所示。进入塑性阶段以后,试件刚度缓慢退化,并随着水平荷载的增加而降低,破坏时刚度为初始刚度的 32.51%。

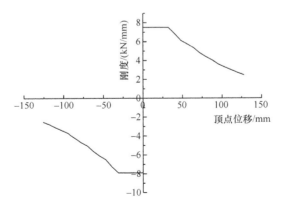

图 9.27　混合结构试件刚度退化

9.2　有限元分析

本章采用弹塑性分析程序 OpenSees 建立 SRC 框架-RC 核心筒混合结构的数值模型并进行连续性倒塌分析。具体分析步骤如下。

9.2.1　分析模型的建立

1. 定义材料本构及单元类型

本章所定义的混凝土、钢材本构模型以及梁柱单元类型均同 7.4 节中的定义，此处不再赘述。梁和柱的纤维截面分布如图 9.28 和图 9.29 所示。

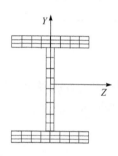

图 9.28　梁纤维截面分布

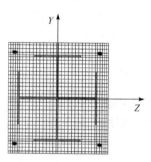

图 9.29　柱纤维截面分布

对于混合结构中的剪力墙和楼板，采用分层壳单元"LayeredShell"。类似于梁柱纤维截面的划分方法，该单元将楼板或剪力墙沿横断面分割成厚度不一的薄层，将钢筋网离散为正交的钢筋层，根据实际尺寸和配筋情况将对应位置上的薄层分别定义不同的本构关系。根据平截面假定，由中心层应变和曲率计算其他各层的应力和应变，积分可得到单元内力，优点在于该单元考虑了弯曲-剪切耦合作用，能较好地反映板和墙等壳体的力学性能，其单元截面分布如图 9.30 所示。

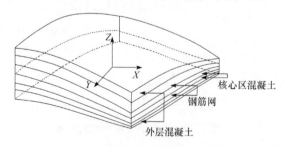

图 9.30　分层壳单元截面分布

整体结构模型各单元组成数量见表 9.14。

表 9.14　整体结构模型各单元组成

类型	数量
节点	340 个
"dispBeamColumn"单元	420 个
"LayeredShell"单元	220 个

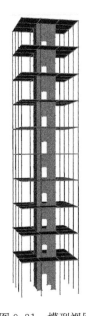

2. 边界条件和荷载

根据试验工况,将模型底部所有节点设置成固定端约束,竖向荷载以集中力的形式施加于相应节点,结构阻尼比取 0.05。水平加载采用位移控制,其幅值与作用位置均参照 9.1 节试验研究的加载制度。加载点所在楼层的各节点位移耦合以防止结构扭转。计算时采用能量收敛准则,计算结果输出各层节点水平位移和底层每根柱及剪力墙的剪力,即可得出底层墙柱剪力分配情况与各层层间位移。

按照上述建模方法建立的结构整体模型如图 9.31 所示。

9.2.2　计算结果与试验结果对比

1. 滞回曲线

根据试验工况计算得到的滞回曲线与试验结果得到的

图 9.31　模型视图

滞回曲线对比如图 9.32 所示。计算曲线形状饱满,呈梭形,有明显的屈服、极限和

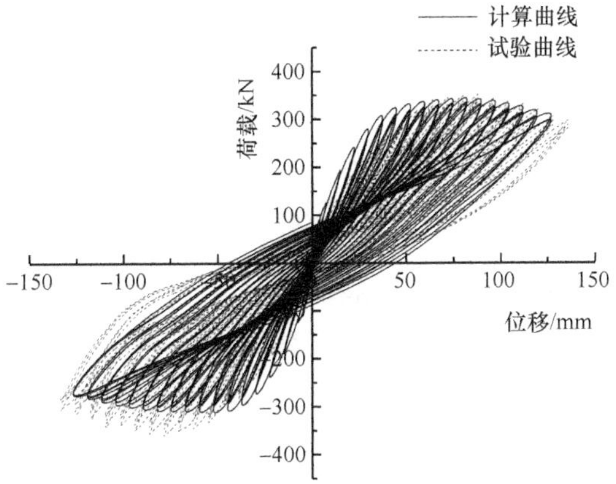

图 9.32　试验与计算滞回曲线对比

破坏三个阶段,滞回规律与试验结果吻合较好。

2. 骨架曲线

试验与计算骨架曲线的对比如图 9.33 所示,弹塑性上升阶段和达到极限后下降阶段的趋势均相符,屈服荷载、极限荷载与破坏荷载的对比见表 9.15。可以看出,计算曲线与试验曲线的误差在 10% 左右,吻合程度较好。

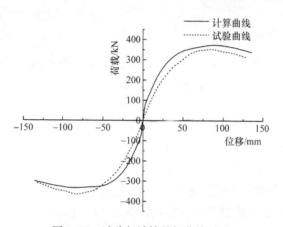

图 9.33　试验与计算骨架曲线对比

表 9.15　屈服荷载、极限荷载与破坏荷载计算值和试验值的对比

荷载	方向	试验值/kN	计算值/kN	绝对误差/%
P_y	正向	239.490	256.716	7.19
	负向	−243.522	−251.888	3.43
P_{max}	正向	351.723	373.689	6.24
	负向	−356.124	−333.911	6.23
P_u	正向	299.469	339.437	10.04
	负向	−304.958	−300.545	1.44

3. 结构变形

顶层位移分别为 8mm、24mm、56mm、88mm 和 136mm 时的各层间位移计算值与试验值对比如图 9.34 所示,其中虚线部分是试验值。可以看出,计算结果可以较好地与试验结果相吻合。

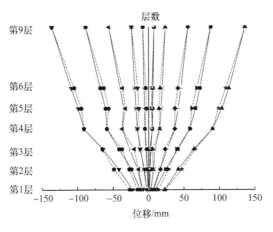

图 9.34　各层间位移计算值与试验值对比

4. 动力特性

结构在初始状态和破坏状态的第 1~5 阶频率结果见表 9.16。可以看出,试验实测频率与数值分析结构表现出来的规律一致,结构自振频率随损伤加剧而降低,计算结果误差在 5% 以内。

表 9.16　第 1~5 阶频率结果对比

模态阶数	初始状态			破坏状态		
	试验测量频率/Hz	数值计算频率/Hz	绝对误差/%	试验测量频率/Hz	数值计算频率/Hz	绝对误差/%
1	5.942	5.864	1.312	3.258	3.347	2.732
2	19.981	19.126	4.279	6.215	6.014	3.234
3	25.130	23.974	4.601	15.961	15.247	4.473
4	37.935	36.469	3.865	31.817	32.472	2.059
5	50.034	49.433	1.201	42.009	40.851	2.757

9.3　结构连续性倒塌分析

本章建立了原型结构的有限元模型,采用构件失效法,对 SRC 框架-RC 核心筒混合结构进行了静力工况和动力时程工况的连续性倒塌分析。失效工况分别选取洞口边柱失效、角柱失效、侧面边柱失效、洞口剪力墙失效和侧面剪力墙失效,通过失效构件附近梁的 DCR 计算值判断结构是否发生连续倒塌。

9.3.1 失效模式及荷载的确定

1. 失效工况

如图 9.35 所示,由于模型截面呈中心对称,通过程序"杀死"单元命令,拆除图 9.35 和表 9.17 所示的底层剪力墙、角柱或边柱以模拟连续倒塌工况,分析关键构件失效后的结构在静力或动力荷载作用下的性能,选取图 9.36 所示拆除构件相邻梁进行受力分析,判断结构抗连续性倒塌性能。

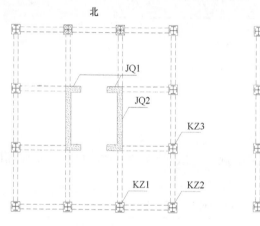

图 9.35　移除构件位置

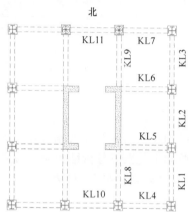

图 9.36　邻近梁编号

表 9.17　连续性倒塌分析工况

工况	1	2	3	4	5
失效部位	底层 KZ1	底层 KZ2	底层 KZ3	底层 JQ1	底层 JQ2

对于底层关键构件失效的工况,连续性倒塌分析时需要采用的荷载组合如下[5~7]:

静力分析时,有

$$Load = 2(DL + 0.25LL) \tag{9.4}$$

动力分析时,有

$$Load = DL + 0.25LL \tag{9.5}$$

对于其他楼层关键构件失效的工况,连续性倒塌分析时需要采用的荷载组合如下:

静力分析时,有

$$Load = 2(1.2DL + 0.5LL) + 0.2WL \tag{9.6}$$

动力分析时,有

$$\text{Load}=1.2\text{DL}+0.5\text{LL}+0.2\text{WL} \tag{9.7}$$

式中,DL 为恒载;LL 为活载;WL 为风荷载。

根据美国建筑结构抗倒塌规范 GSA 2003,采用 DCR 判断构件在失效后的抗倒塌能力。根据模型计算结果可以得出原型结构的受力情况,并与设计值对比,可得出相应部位的 DCR,典型结构构件 DCR 应小于或等于 2.0,非典型结构突变处的构件 DCR 应小于或等于 1.5。

$$\text{DCR}=Q_{\text{UD}}/Q_{\text{CE}} \tag{9.8}$$

式中,Q_{UD} 为失效后的构件内力;Q_{CE} 为承受极限荷载时的构件内力。

由于试件采用的是工字钢梁,根据《钢结构设计标准》(GB 50017—2017)规定结构梁的极限弯矩 M_x 由式(9.9)计算:

$$M_x=\gamma_x W_{\text{n}x} f \tag{9.9}$$

式中,γ_x 为截面塑性发展系数,梁受压翼缘外伸宽度与其厚度之比大于 $13\sqrt{235/f_y}$ 时,γ_x 取 1.0,否则取 1.05;f_y 为钢材屈服强度;$W_{\text{n}x}$ 为绕截面 x 轴的净截面模量;f 为钢材抗弯强度设计值。

框架柱为十字配钢型钢混凝土柱,其轴压力限值 N_0 由式(9.10)计算[8]:

$$N_0\leqslant n(f_c A+f A_{\text{ss}}) \tag{9.10}$$

式中,n 为型钢混凝土柱轴压比限值,由表 9.18 确定;A 为混凝土截面面积;f_c 为混凝土轴心抗压强度设计值;A_{ss} 为型钢截面面积。

表 9.18　轴压比限值与设防烈度的关系

设防烈度	6 度	7、8 度	9 度
轴压比	0.8	0.7	0.6

根据《钢骨混凝土结构技术规程》(YB 9082—2006),型钢混凝土柱的正截面受弯承载力采用下列公式计算:

$$N\leqslant N_{\text{cy}}^{\text{ss}}+N_{\text{cu}}^{\text{rc}} \tag{9.11}$$

$$M\leqslant M_{\text{cy}}^{\text{ss}}+M_{\text{cu}}^{\text{rc}} \tag{9.12}$$

式中,N、M 分别为型钢混凝土柱的轴力和弯矩设计值;$N_{\text{cy}}^{\text{ss}}$、$M_{\text{cy}}^{\text{ss}}$ 分别为型钢部分承担的轴力及相应的弯矩;$N_{\text{cu}}^{\text{rc}}$、$M_{\text{cu}}^{\text{rc}}$ 分别为钢筋混凝土部分承担的轴力及相应的弯矩。

2. 地震波的选取

选择地震记录应考虑地震动三要素,即强度、频谱和持续时间。如图 9.37 所示,根据地震波反应谱中两个频率段选取合适的地震波,即 $[0.1, T_g]$ 段和 $[T_1-\Delta T_1,$

$T_1+\Delta T_2$]段,其中,T_g为地震波特征周期;T_1为结构自振周期;ΔT_1和 ΔT_2分别取 0.2s 和 0.5s[9,10]。地震波的选取要求其谱加速度均值与规范设计反应谱的误差不超过 10%,进行动力分析时可以获得结构理想倒塌失效模式,并使其离散性最小。根据《建筑抗震设计规范》(GB 50011—2010),采用时程分析法时,应按建筑场地类别和设计地震分组选用不少于两组的实际强震记录和一组人工模拟的加速度时程曲线。关于选取地震波的数量,采取 3 条地震波加 1 条人工波是比较合理的,既满足工程计算精度的要求,也能节约计算成本[11,12]。

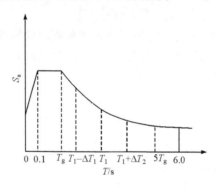

图 9.37　地震波选取频段

采用上述方法,选取 3 条地震记录分别作为多遇地震、设防地震和罕遇地震输入分析结构的受力情况。该模型以 8 度抗震设防、二类场地土条件设计,特征周期为 0.45s,地震影响系数最大值为 0.9,阻尼调整系数为 1.0,时程分析选取的地震波持续时间取为结构基本周期的 5~10 倍。

本章还采用人工地震波合成程序拟合出一条地震记录,选取的地震波与对应的地震峰值加速度(peak ground acceleration,PGA)见表 9.19,其加速度时程曲线如图 9.38 所示,选取地震反应谱与规范设计反应谱对比如图 9.39 所示。

表 9.19　选取的地震波及相应的 PGA

编号	地震名	PGA/g
1	HOLLYWOOD 波	0.041
2	ELCENTRO 波	0.278
3	NRIGDE 波	0.603
4	人造波	0.540

天然地震记录的加速度峰值不满足规范要求时,需要对其进行调幅处理,调幅公式如下:

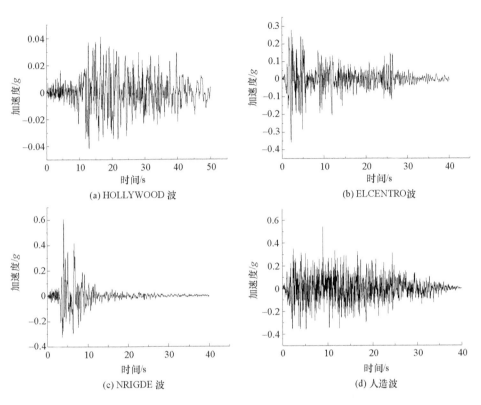

图 9.38　选取的地震波时程曲线

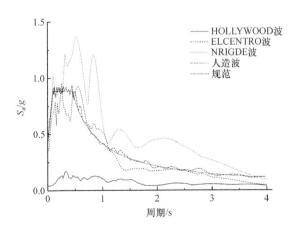

图 9.39　选取地震与规范设计反应谱对比

$$a'(t) = \frac{A'_{max}}{|A|_{max}} a(t) \tag{9.13}$$

式中，$a(t)$为天然地震记录的加速度时程；$|A|_{max}$为天然地震记录的加速度峰值；$a'(t)$为调整后地震的加速度时程；A'_{max}为调整后地震的加速度峰值，由表 9.20 确定[13]。

表 9.20　调整后地震的加速度峰值 A'_{max}　　　　　（单位：Gal）

抗震烈度	7 度	8 度	9 度
多遇地震	35	70	140
设防地震	107	215	429
罕遇地震	220	400	620

9.3.2　边柱 KZ1 失效分析

1. 静力分析

底层边柱 KZ1 失效后，附近楼层的梁受力状况见表 9.21。

表 9.21　KZ1 失效后梁的受力状况

梁编号	失效后弯矩平均值/(kN·m)		DCR
KL4	正向	110.00	0.23
	负向	−202.50	0.42
KL8	正向	280.00	0.58
	负向	−419.75	0.86
KL10	正向	311.25	0.64
	负向	−207.50	0.43

由表 9.21 可以看出，当边柱失效以后，梁 KL8 的 DCR 较大。该柱附近梁的 DCR 均小于 1.5，结构不会发生连续性倒塌。

结构沿横截面 X 和 Y 的侧向位移如图 9.40 所示，沿 X 方向的位移明显比沿 Y 方向的位移大很多，最大值达到了 24.5mm。楼层层间最大位移 Δ_u 与层高 h 之比 Δ_u/h 远小于规范限值 1/800。

2. 非线性动力分析

底层边柱 KZ1 失效后，仅考虑地震方向的结构位移，4 种地震波作用下的顶点位移时程曲线及层间位移角如图 9.41 和图 9.42 所示。

KZ1 失效后，结构在多遇及设防地震作用下最大层间位移角分布在第 5 层和

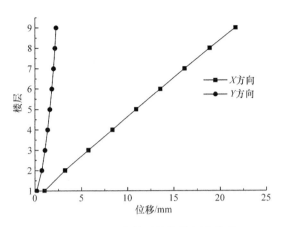

图 9.40　KZ1 失效后结构的侧向位移

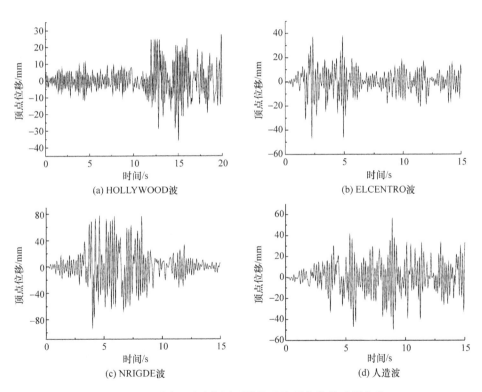

图 9.41　不同地震波作用下结构试件顶点位移时程曲线

第 6 层,分别为 0.0008 和 0.0011,仍然能保持在限值 1/800 之内,结构没有发生连续倒塌;在罕遇及人工地震作用下其最大层间位移角分别为 0.0016 和 0.0022,超过了限值,结构发生连续倒塌。在其他条件相同的情况下,相较于其他柱失效的工况,KZ1 失效后的结构水平变形最大。

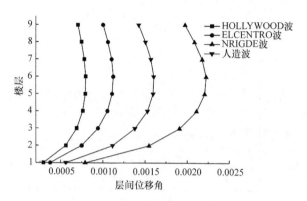

图 9.42　不同地震波作用下结构层间位移角

　　结构在地震作用下底层的剪力分配如图 9.43 所示。多遇地震作用时,框架柱部分承担的剪力为总剪力的 35.1%,满足规范不少于 20% 的规定;设防地震作用时,框架柱与核心筒剪力比约为 1:3,核心筒承担了大部分侧向荷载,起到第一道防线的作用;罕遇地震和人造地震作用时,在结构初始阶段框架柱与核心筒的剪力

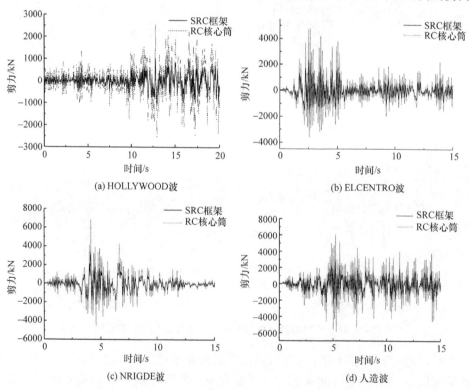

图 9.43　不同地震波作用下 SRC 框架与 RC 核心筒底层剪力分配

比为 32.4%,损伤或破坏阶段核心筒发生刚度退化,剪力比为 46.1%,框架部分起到第二道防线的作用。

底层边柱 KZ1 失效后,附近楼层的梁受力状况见表 9.22,正负方向弯矩绝对值相加并求平均值,可以看出,在多遇地震和设防地震作用下,KL8 和 KL10 的 DCR 最大,分别为 1.79 和 1.87,但均小于 2.0,结构没有发生连续倒塌;在罕遇地震和人造地震作用下,KL8 和 KL10 的 DCR 值最大达到了 2.92 和 3.04,均超过了 2.0,结构发生连续倒塌。

表 9.22 不同地震波作用下 KZ1 失效后梁的受力状况

梁编号	工况	失效后弯矩平均值/(kN·m)	DCR
KL4	HOLLYWOOD 波	457.50	0.94
	ELCENTRO 波	559.75	1.15
	NRIGDE 波	885.00	1.82
	人造波	763.75	1.57
KL8	HOLLYWOOD 波	555.00	1.14
	ELCENTRO 波	900.00	1.79
	NRIGDE 波	1440.00	2.92
	人造波	1347.50	2.77
KL10	HOLLYWOOD 波	622.50	1.28
	ELCENTRO 波	870.00	1.87
	NRIGDE 波	1473.75	3.04
	人造波	1303.75	2.68

9.3.3 角柱 KZ2 失效分析

1. 静力分析

底层角柱 KZ2 失效后,附近楼层梁受力状况见表 9.23。

表 9.23 KZ2 失效后梁的受力状况

梁编号	失效后弯矩平均值/(kN·m)		DCR
KL1	正向	213.75	0.439
	反向	−429.75	0.882
KL4	正向	419.75	0.861
	反向	−207.50	0.427

可以看出,当角柱失效以后,梁 KL1 与 KL4 的 DCR 值差距较小,体现了明显的对称性。该柱附近的梁 DCR 均小于 1.5,结构不会发生连续倒塌。

结构沿横截面 X 方向和 Y 方向的侧向位移如图 9.44 所示。两个方向的位移差距不大,最大值达到了 21.8mm。Δ_u/h 远远小于规范限值 1/800。

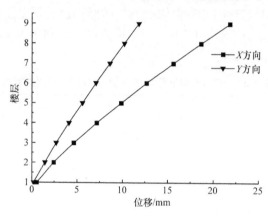

图 9.44　KZ2 失效后结构的侧向位移

2. 非线性动力分析

底层角柱 KZ2 失效后,4 种地震波作用下最大层间位移角见表 9.24。

表 9.24　不同地震波作用下 **KZ2** 失效后结构的最大层间位移角

地震波	HOLLYWOOD 波	ELCENTRO 波	NRIGDE 波	人造波
最大层间位移角	0.00078	0.00108	0.00206	0.00149

同 KZ1 失效工况一样,结构在 KZ2 失效后,在多遇及设防地震作用下结构最大层间位移角均保持在限值之内,结构不发生连续倒塌,在罕遇及人工地震作用下均超过了限值,结构发生连续倒塌。

结构在 4 种地震波作用下框架与核心筒剪力分配情况见表 9.25。在罕遇地震和人工地震作用的破坏阶段框架与核心筒的最大剪力比为 1:2.17。

表 9.25　不同地震波作用下 **KZ2** 失效后框架与核心筒的剪力分配

地震波	HOLLYWOOD 波	ELCENTRO 波	NRIGDE 波	人造波
框架与核心筒剪力比	1:1.76	1:2.19	1:2.01	1:2.17

底层角柱 KZ2 失效后,附近楼层的梁受力状况见表 9.26。

表 9.26　不同地震波作用下 KZ2 失效后梁的受力状况

梁编号	工况	失效后弯矩平均值/(kN·m)	DCR
KL1	HOLLYWOOD 波	749.75	1.54
	ELCENTRO 波	885.00	1.82
	NRIGDE 波	1576.25	3.24
	人造波	1445.00	2.97
KL4	HOLLYWOOD 波	787.50	1.62
	ELCENTRO 波	846.25	1.74
	NRIGDE 波	1639.75	3.37
	人造波	1546.25	3.18

在多遇地震和设防地震作用下,KL1 和 KL4 的 DCR 均小于 2.0,结构没有发生连续倒塌;在罕遇地震和人造地震作用下,KL1 和 KL4 的 DCR 最大达到了 3.24 和 3.37,均超过了 2.0,结构发生连续倒塌。相较于边柱失效的工况,角柱失效后附近构件失效的程度较大,结构更加容易发生连续倒塌。

9.3.4　边柱 KZ3 失效分析

1. 静力分析

底层边柱 KZ3 失效后,附近楼层的梁受力状况见表 9.27。

表 9.27　KZ3 失效后梁的受力状况

梁编号	失效后弯矩平均值/(kN·m)		DCR
KL1	正向	206.25	0.42
	负向	−89.75	0.18
KL2	正向	313.75	0.64
	负向	−142.50	0.29
KL5	正向	401.25	0.82
	负向	−271.25	0.55

可以看出,当边柱失效以后,梁 KL5 的 DCR 较大。该柱附近梁的 DCR 均小于 1.5,结构不会发生连续倒塌。

结构沿横截面 X 方向和 Y 方向的侧向位移如图 9.45 所示,沿 Y 方向的位移明显比沿 X 方向的位移大很多,最大值达到 12.5mm。Δ_u/h 远远小于规范限值 1/800。

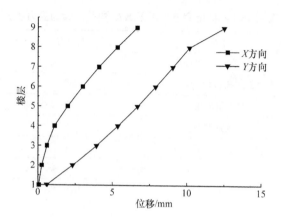

图 9.45　KZ3 失效后结构的侧向位移

2. 非线性动力分析

底层边柱 KZ3 失效后,4 种地震波作用下最大层间位移角见表 9.28。

表 9.28　不同地震波作用下 KZ3 失效后结构的最大层间位移角

地震波	HOLLYWOOD 波	ELCENTRO 波	NRIGDE 波	人造波
最大层间位移角	0.00076	0.00105	0.00199	0.00142

在其他条件相同的情况下,相较于其他柱失效的工况,KZ3 失效后的结构水平变形最小。

结构在 4 种地震作用下的框架与核心筒剪力分配情况见表 9.29。在罕遇及人工地震作用的破坏阶段框架与核心筒剪力比为 1∶1.19。

表 9.29　不同地震波作用下 KZ3 失效后框架与核心筒的剪力分配

地震波	HOLLYWOOD 波	ELCENTRO 波	NRIGDE 波	人造波
框架与核心筒剪力比	1∶1.81	1∶2.03	1∶2.05	1∶2.19

底层边柱 KZ3 失效后,附近楼层的梁受力状况见表 9.30。

表 9.30　不同地震波作用下 KZ3 失效后梁的受力状况

梁编号	工况	失效后弯矩平均值/(kN·m)	DCR
KL1	HOLLYWOOD 波	365.00	0.75
	ELCENTRO 波	447.50	0.92
	NRIGDE 波	730.00	1.50
	人造波	627.50	1.29

续表

梁编号	工况	失效后弯矩平均值/(kN・m)	DCR
KL2	HOLLYWOOD 波	622.50	1.28
	ELCENTRO 波	870.00	1.79
	NRIGDE 波	1245.00	2.56
	人造波	1090.00	2.24
KL5	HOLLYWOOD 波	447.50	0.92
	ELCENTRO 波	705.00	1.45
	NRIGDE 波	1085.00	2.23
	人造波	1046.25	2.15

在多遇地震和设防地震作用下,KL1、KL2 和 KL5 的 DCR 均小于 2.0,结构没有发生连续倒塌;在罕遇地震和人造地震作用下,KL1 的 DCR 始终小于 2.0,KL2 和 KL5 的 DCR 最大值达到了 2.56 和 2.23,均超过了 2.0,结构发生连续倒塌。相较于洞口边柱失效的工况,非洞口边柱失效后附近构件失效的程度较小。

9.3.5　开洞剪力墙 JQ1 失效分析

1. 静力分析

底层剪力墙 JQ1 失效后,附近楼层的梁受力状况见表 9.31。

表 9.31　JQ1 失效后梁的受力状况

梁编号	失效后弯矩平均值/(kN・m)		DCR
KL5	正向	347.50	0.71
	负向	−380.00	0.78
KL8	正向	401.25	0.82
	负向	−415.00	0.85

可以看出,当剪力墙 JQ1 失效以后,梁 KL5 的 DCR 较大。附近梁的 DCR 值均小于 1.5,结构不会发生连续倒塌。

结构沿横截面 X 方向和 Y 方向的侧向位移如图 9.46 所示,两个方向的位移差距不大,最大值达到了 7.8mm。Δ_u/h 远小于规范限值 1/800。

2. 非线性动力分析

底层剪力墙 JQ1 失效后,4 种地震波作用下最大层间位移角见表 9.32。

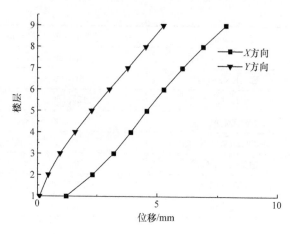

图 9.46　JQ1 失效后结构的侧向位移

表 9.32　不同地震波作用下 JQ1 失效后结构的最大层间位移角

地震波	HOLLYWOOD 波	ELCENTRO 波	NRIGDE 波	人造波
最大层间位移角	0.00077	0.00101	0.00209	0.00151

　　与框架柱失效工况一样,底层剪力墙失效后,结构在多遇和设防地震作用下不发生连续倒塌,在罕遇和人工地震作用下发生连续倒塌。

　　结构在 4 种地震作用下的框架与核心筒剪力分配情况见表 9.33。可以看出,相对于柱失效的工况,剪力墙失效后的框架与核心筒剪力比明显变大。剪力重新分配,大部分剪力转移至框架承担。

表 9.33　不同地震波作用下 JQ1 失效后框架与核心筒的剪力分配

地震波	HOLLYWOOD 波	ELCENTRO 波	NRIGDE 波	人造波
框架与核心筒剪力比	1∶1.37	1∶1.61	1∶1.47	1∶1.59

　　底层剪力墙 JQ1 失效后,附近楼层的梁受力状况见表 9.34。

表 9.34　不同地震波作用下 JQ1 失效后梁的受力状况

梁编号	工况	失效后弯矩平均值/(kN·m)	DCR
KL5	HOLLYWOOD 波	602.50	1.24
	ELCENTRO 波	782.50	1.61
	NRIGDE 波	1426.25	2.93
	人造波	1196.25	2.46

续表

梁编号	工况	失效后弯矩平均值/(kN·m)	DCR
KL8	HOLLYWOOD 波	647.50	1.33
	ELCENTRO 波	1129.75	2.32
	NRIGDE 波	1551.25	3.19
	人造波	1366.25	2.81

　　在多遇地震和设防地震作用下,KL5 的 DCR 均小于 2.0,但 KL5 在设防地震作用下 DCR 已经超过 2.0,结构发生连续倒塌;在罕遇地震和人造地震作用下,KL5 和 KL8 的 DCR 值最大达到了 2.93 和 3.19,均超过了 2.0,结构发生连续倒塌。相较于框架柱失效的工况,剪力墙失效后结构在设防地震等级作用下也会发生连续倒塌。

9.3.6　侧墙 JQ2 失效分析

1. 静力分析

底层剪力墙 JQ2 失效后,附近楼层的梁受力状况见表 9.35。

表 9.35　JQ2 失效后梁的受力状况

梁编号	失效后弯矩平均值/(kN·m)		DCR
KL5	正向	497.50	1.02
	负向	−440.00	0.90
KL8	正向	400.00	0.82
	负向	−322.50	0.66

　　可以看出,当剪力墙 JQ2 失效以后,梁 KL5 的 DCR 较大。附近梁的 DCR 均小于 1.5,结构不会发生连续倒塌。

　　结构沿横截面 X 方向和 Y 方向的侧向位移如图 9.47 所示,两个方向的位移差距不大,最大值达到了 5.7mm。Δ_u/h 远小于规范限值 1/800。

2. 非线性动力分析

底层剪力墙 JQ2 失效后,4 种地震波作用下最大层间位移角见表 9.36。

表 9.36　不同地震波作用下 JQ2 失效后结构的最大层间位移角

地震波	HOLLYWOOD 波	ELCENTRO 波	NRIGDE 波	人造波
最大层间位移角	0.00074	0.00093	0.00192	0.00136

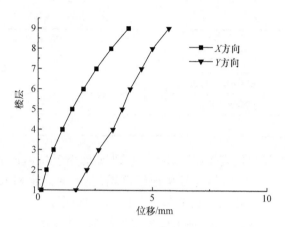

图 9.47　JQ2 失效后结构的侧向位移

　　相对于 JQ1 失效的工况,JQ2 失效后的结构水平变形较小。剪力墙失效后的结构水平变形比框架柱失效的变形要小,表明核心筒在失效后,框架能较好的承担第二道防线的作用。

　　结构在 4 种地震作用下的框架与核心筒剪力分配情况见表 9.37。可以看出,相对于开洞处剪力墙失效的工况,侧面剪力墙失效后的框架与核心筒剪力比更大。底层剪力墙 JQ2 失效后,附近楼层的梁受力状况见表 9.38。

表 9.37　不同地震波作用下 JQ2 失效后框架与核心筒的剪力分配

地震波	HOLLYWOOD 波	ELCENTRO 波	NRIGDE 波	人造波
框架与核心筒剪力比	1 : 1.23	1 : 1.58	1 : 1.44	1 : 1.56

表 9.38　不同地震波作用下 JQ2 失效后梁的受力状况

梁编号	工况	失效后弯矩平均值/(kN·m)	DCR
KL5	HOLLYWOOD 波	715.00	1.47
	ELCENTRO 波	1026.25	2.11
	NRIGDE 波	1502.50	3.09
	人造波	1430.00	2.94
KL8	HOLLYWOOD 波	787.50	1.62
	ELCENTRO 波	1279.75	2.63
	NRIGDE 波	1740.00	3.58
	人造波	1381.25	2.84

　　在多遇地震 KL5 和 KL8 的 DCR 均小于 2.0,结构不发生连续倒塌;在设防地震、罕遇地震和人造地震作用下,KL5 和 KL8 的 DCR 最大达到 3.09 和 3.58,均

超过了 2.0，结构发生连续倒塌。相较于洞口剪力墙失效的工况，侧面剪力墙失效后结构在设防地震等级作用下也会发生连续倒塌。

9.4　地震易损性分析

结构地震易损性是指结构在不同强度的地震激励下，发生不同破坏程度的可能性或者结构达到某一极限状态(性能水平)的概率。分析结构地震易损性的方法有易损性指标方法、解析易损性方法、Monte Carlo 模拟法和增量动力分析方法，其中使用最广泛的是增量动力分析方法[14]。近年来，国内外学者在基于 IDA 方法对结构进行地震易损性分析方面进行了大量研究。研究对象包括钢筋混凝土框架结构、型钢混凝土框架结构和门式框架结构[15~19]。研究表明，基于 IDA 方法的地震易损性分析，对结构具有很强的适用性，能较好地建立结构的地震需求概率模型，分析结构的地震易损性。目前，对于 SRC 框架-RC 核心筒混合结构的地震易损性研究甚少。但由于 SRC 框架-RC 核心筒混合结构的应用十分广泛，因此对该混合结构的地震易损性研究具有十分重要的意义。为了研究 SRC 框架-RC 核心筒混合结构地震易损性，本节以 OpenSees 软件为平台建立三个不同框架-核心筒刚度比的模型，并对数值模型进行增量动力分析，然后基于 IDA 分析结果，得到该混合结构的易损性曲线，进而分析混合结构的地震易损性及其影响因素。

9.4.1　增量动力分析

1. IDA 方法的基本步骤

(1) 创建一个可用于弹塑性分析的计算模型，并选择一系列符合结构所处场地条件的地震动记录。

(2) 确定比例系数 SF，选择合适的地震动强度指标 IM 和结构损伤指标 DM。

(3) 取一条地震动记录进行调幅，以首次调幅后的加速度进行一次弹塑性动力时程分析，得到第一个 DM-IM 点，将原点与该点之间连线的斜率记为 k_e，则 k_e 即为初始斜率，继续计算下一调幅地震下结构的动力反应，得到第二个 DM-IM 点，如果该点与前一个 DM-IM 点之间的斜率大于 $0.2k_e$，继续计算下一调幅地震动下的 DM-IM 点，否则认为结构发生倒塌。

(4) 以结构损伤指标 DM 为 X 坐标，地震动强度指标 IM 为 Y 坐标，将弹塑性动力时程分析获得的与地震强度相关的结构性能参数点进行插值，得到相应的单条 IDA 曲线，并在 IDA 曲线上定义极限状态点。

(5) 重复步骤(3)、(4)，即可得到多条地震动记录下的结构响应曲线，即多条 IDA 曲线。

(6) 对 IDA 分析结果进行统计分析得到三条分位数曲线。

(7) 评估结构的地震易损性。

2. 分析模型的建立

为了研究混合结构的地震易损性并考虑 SRC 框架-RC 核心筒刚度比对地震易损性的影响,基于前述试验模型建立 3 个不同刚度比的有限元模型,模型设计参数见表 9.39。在此基础上,对数值模型进行系列非线性分析,从而得到模型的 IDA 曲线。

表 9.39　各模型的设计参数

模型	柱		梁 /(mm×mm× mm×mm)	核心筒厚 /mm	楼板厚 /mm	框架-核心筒 刚度比
	截面 /(mm×mm)	内置型钢/(mm× mm×mm×mm)				
模型 1	120×120	80×50×2×2	100×50×2×2	30	30	1:2.1
模型 2	110×110	80×50×2×2	100×50×2×2	40	30	1:3.2
模型 3	100×100	80×50×2×2	100×50×2×2	50	30	1:4.0

3. 结构损伤指标与地震动强度指标的选取

在 IDA 分析中选择合理的 DM 和 IM 参数是非常重要的。结构损伤指标 DM 的表达方式常有顶层位移、层间位移、破坏指数、最大层间位移角和最大基底剪力等。最大层间位移角(θ_{max})与层间倒塌能力、构件破坏程度、节点转动等直接相关,因此通常选用 θ_{max} 作为 DM 参数。地震动强度指标 IM 的表达方式常有地面峰值加速度、地面峰值速度(peak ground velocity,PGV)、阻尼比 5% 的结构基本周期对应的加速度谱值 $S_a(T_1,5\%)$ 和结构屈服强度系数 R 等。通常选择 $S_a(T_1,5\%)$ 作为地震动强度指标。本节对结构体系进行增量动力分析时,选择 θ_{max} 作为结构损伤指标,$S_a(T_1,5\%)$ 作为地震动强度指标。

4. 地震记录的选择与调幅

根据现今所得到的真实地震记录发现,即使是同次地震,在同一场地的不同方向地震记录也不尽相同。不同地震动输入,结构体系的位移、内力不同,与底部剪力法或振型分解反应谱法的结果差别有时可达到数倍乃至数十倍。在结构的动力非线性时程分析中,不同的地震动记录作用下结构的地震反应可能有很大区别[20]。因此,地震波的选取对增量动力分析结果的准确性有重要影响。

本章根据建设场地的类别,考虑震中距、峰值加速度、场地卓越周期和地震波反应谱平台的影响,选择 10 条地震波,见表 9.40。由地震波数据很容易得到相应的反应谱曲线,以地震波 Imperial Valley-02 为例,图 9.48 给出了其加速度时程曲线和阻尼比为 5% 对应的反应谱曲线。

表 9.40　选用的 10 条地震动记录

序号	地震波名称	站名	分量 /(°)	峰值加速度 /g	持续时间 /s	步长 /s
①	Northern Calif-01. 1941	Ferndale City Hall	315	0.122	40.00	0.01
②	Kern County. 1952	LA-Hollywood Stor FF	90	0.042	70.00	0.01
③	Imperial Valley-01. 1938	El Centro Array ♯9	90	0.02	30.00	0.01
④	Southern Calif. 1952	San Luis Obispo	324	0.05	40.00	0.01
⑤	Helena Montana-01. 1935	Carroll College	180	0.16	50.92	0.01
⑥	Borrego. 1942	El Centro Array ♯9	90	0.045	50.00	0.01
⑦	Imperial Valley-02. 1940	El Centro Array ♯9	180	0.281	53.72	0.01
⑧	Humbolt Bay. 1937	Ferndale City Hall	315	0.039	40.00	0.01
⑨	Northwest Calif-01. 1938	Ferndale City Hall	45	0.15	40.00	0.01
⑩	Imperial Valley-03. 1951	El Centro Array ♯9	0	0.031	40.00	0.01

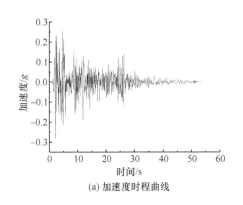
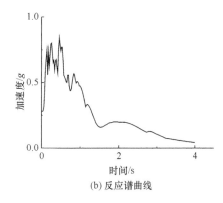

(a) 加速度时程曲线　　　　　　　　(b) 反应谱曲线

图 9.48　地震波 Imperial Valley-02 加速度时程曲线和反应谱曲线

增量动力分析的基本思想就是对地震动记录进行比例化调整,调整对象只是地震动的幅值,而地震记录中包含的频谱特性,并不发生改变。为了能更好地捕捉结构弹塑性变形随地震强度变化而发生的改变,在对地震记录调幅时采用了 Hunt-Fill 算法[21]。在调幅第一步,选择一个非常小的 $S_a(T_1,5\%)$ 来保证结构处于线性阶段,然后逐渐增大 $S_a(T_1,5\%)$ 的值,直到结构倒塌。每一步 $S_a(T_1,5\%)$ 的计算方法如下:

$$S_a(T_1,5\%)_i = S_a(T_1,5\%)_{i+1} + \alpha(i-1) \tag{9.14}$$

式中,i 为调幅的步数;α 为调幅因子,一般取 0.05。

5. 极限状态的定义

为了评估结构体系的抗震性能,在 IDA 曲线上定义极限状态是十分必要的。采用 Vamvatsikos 等提出的极限状态定义方法,定义了立即使用(immediate occupancy,IO),抗倒塌(collapse prevention,CP)及整体失稳(global instability,GI)三个极限状态。其中,IO 极限状态指的是结构损伤很微小,结构刚度和强度接近震前水平,因此没有必要进行任何修补。CP 极限状态指的是结构已有实质性损伤,刚度和强度退化很严重,水平变形很大,处于局部或整体倒塌边缘,失去了修复的必要性。GI 极限状态即为结构发生整体动力失稳,即整体倒塌[22]。

6. IDA 结果

通过一系列计算,可以得到很多(DM,IM)点,数据处理后可以得到一系列的 IDA 曲线,如图 9.49 所示。可以看出,结构在地震作用下,从弹性到弹塑性,直至失稳,都在曲线上得到反映。不同的地震动记录导致了 IDA 曲线之间的差异,单一的 IDA 曲线不能准确反映结构的地震易损性。为了考虑这种差异性,本章用分

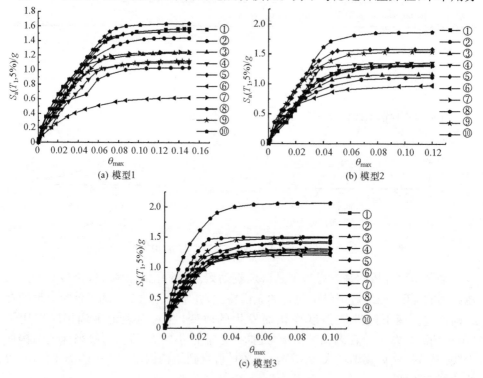

图 9.49　三种模型的 IDA 曲线

位数回归方法将 IDA 分析结果进行统计分析,分别得到 16%、50%、84%三条分位数曲线,如图 9.50 所示,以此来表征 IDA 曲线簇的离散性和平均水平,同时通过分位数曲线对结构进行基于统计概率的性能评估。由图可知,每个分位数曲线起始段存在一个明显的线弹性范围,大致从坐标原点到 IO 点,随后曲线斜率开始减小,IM 与 DM 的关系呈非线性,并伴随一定的波动,随着地震动强度的增加,曲线斜率最终趋于 0,曲线趋于水平。汇总后 IDA 曲线的极限状态点见表 9.41。得到不同极限状态的边界值后,可以建立相应的地震概率需求模型,同时还可以得到混合结构的易损性曲线。

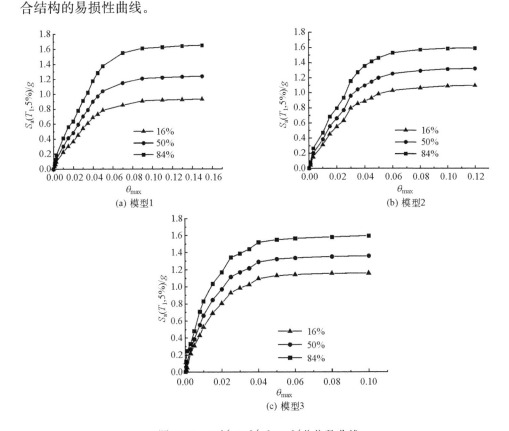

图 9.50　16%、50% 和 84%分位数曲线

表 9.41　汇总后 IDA 曲线的极限状态点

模型	分位数曲线	IO		CP		GI	
		θ_{max}	$S_a(T_1,5\%)/g$	θ_{max}	$S_a(T_1,5\%)/g$	θ_{max}	$S_a(T_1,5\%)/g$
模型 1	16%	0.01	0.226	0.05	0.786	0.11	0.919
	50%	0.01	0.305	0.05	1.040	0.11	1.223
	84%	0.01	0.412	0.05	1.377	0.11	1.626

模型	分位数曲线	IO		CP		GI	
		θ_{max}	$S_a(T_1,5\%)/g$	θ_{max}	$S_a(T_1,5\%)/g$	θ_{max}	$S_a(T_1,5\%)/g$
模型 2	16%	0.01	0.312	0.04	0.886	0.1	1.087
	50%	0.01	0.383	0.04	1.096	0.1	1.313
	84%	0.01	0.470	0.04	1.356	0.1	1.586
模型 3	16%	0.003	0.217	0.03	0.987	0.08	1.156
	50%	0.003	0.268	0.03	1.171	0.08	1.352
	84%	0.003	0.331	0.015	1.037	0.08	1.581

9.4.2　易损性分析

结构的地震易损性是指结构在不同强度水平的地震作用下,达到或超过某种特定极限状态的概率,可以理解为地震动强度和结构本身在特定地震强度下产生的破坏程度之间的概率关系,这种基于统计概率的易损性分析是比较常用的易损性分析方法。由此可知,在地震工程研究中,结构地震易损性分析是结构抗震性能水平评估的关键组成部分。以下根据 IDA 计算结果,进行结构地震易损性分析。

1. 地震需求概率模型的建立

文献[23]假设 IM 和 DM 之间服从指数分布,则 IM 和 DM 的对数关系为

$$\ln(DM) = \ln\alpha + \beta\ln(IM) \tag{9.15}$$

式中,α 和 β 可以通过对 IDA 数据进行统计回归得到,计算值见表 9.42。将表 9.41 中的数据取对数,再进行线性回归,可得到模型的 $\ln[S_a(T_1,50\%)]$-$\ln(\theta_{max})$ 回归曲线,即各模型的地震概率需求模型,如图 9.51 所示。

表 9.42　α 和 β 的值

模型	α	β
模型 1	0.057	1.376
模型 2	0.039	1.411
模型 3	0.024	1.445

2. 结构的地震易损性曲线

易损性曲线可以清楚地显示特定强度极限下结构损伤概率。在计算分析中,结构的地震易损性计算模型为

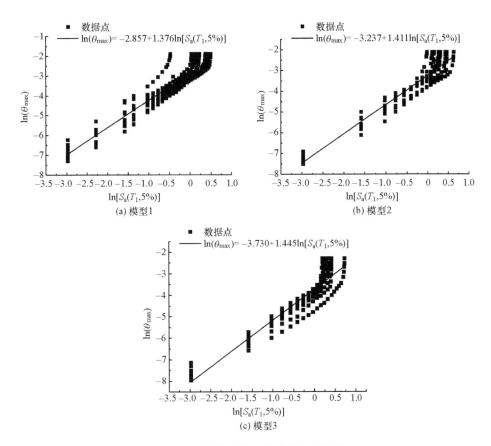

图 9.51　各模型的地震需求概率模型

$$P_{f}=P(C/D\leqslant1)=\varPhi\left(\frac{-\ln\hat{C}/\hat{D}}{\sqrt{\beta_{c}^{2}+\beta_{d}^{2}}}\right)=\varPhi\left(\frac{\ln\{\alpha\left[S_{a}(T_{1},5\%)\right]^{\beta}/\hat{C}\}}{\sqrt{\beta_{c}^{2}+\beta_{d}^{2}}}\right) \quad (9.16)$$

式中，P_{f} 表示结构在地震作用下的反应超越某性态的概率，也称为失效概率；$\varPhi$ 为正态分布函数，其值通过查标准正态分布表来确定；C 为结构能力参数；D 为结构反应参数；$\hat{C}$ 和 $\hat{D}$ 分别为 C 和 D 平均值，均服从对数正态分布，$\hat{C}$ 可由 IDA 分析结果获取，$\hat{C}=\alpha[S_{a}(T_{1},5\%)]\beta$；$\beta_{c}$ 和 β_{d} 分别为 C 和 D 的对数标准差，根据 HAZUS 99 建议，当地震动参数为谱加速度 S_{a} 时，$\sqrt{\beta_{c}^{2}+\beta_{d}^{2}}$ 取 0.4。

　　根据式(9.16)可以求出对应于不同性态水平的失效概率，所得曲线即为模型的地震易损性曲线。计算所得的 IO、CP 和 GI 三个状态所对应的地震易损性计算模型如下。

　　模型 1：

$$(\text{IO})\,P_{\text{f}}=\varPhi\{3.44\ln[S_{\text{a}}(T_1,5\%)]+4.37\} \tag{9.17}$$

$$(\text{CP})\,P_{\text{f}}=\varPhi\{3.44\ln[S_{\text{a}}(T_1,5\%)]+0.347\} \tag{9.18}$$

$$(\text{GI})\,P_{\text{f}}=\varPhi\{3.44\ln[S_{\text{a}}(T_1,5\%)]-1.624\} \tag{9.19}$$

模型 2：

$$(\text{IO})\,P_{\text{f}}=\varPhi\{3.528\ln[S_{\text{a}}(T_1,5\%)]+3.42\} \tag{9.20}$$

$$(\text{CP})\,P_{\text{f}}=\varPhi\{3.528\ln[S_{\text{a}}(T_1,5\%)]-0.045\} \tag{9.21}$$

$$(\text{GI})\,P_{\text{f}}=\varPhi\{3.528\ln[S_{\text{a}}(T_1,5\%)]-2.336\} \tag{9.22}$$

模型 3：

$$(\text{IO})\,P_{\text{f}}=\varPhi\{3.613\ln[S_{\text{a}}(T_1,5\%)]+5.198\} \tag{9.23}$$

$$(\text{CP})\,P_{\text{f}}=\varPhi\{3.613\ln[S_{\text{a}}(T_1,5\%)]-0.559\} \tag{9.24}$$

$$(\text{GI})\,P_{\text{f}}=\varPhi\{3.613\ln[S_{\text{a}}(T_1,5\%)]-3.011\} \tag{9.25}$$

各模型在不同性能极限状态下的地震易损性曲线如图 9.52 所示。

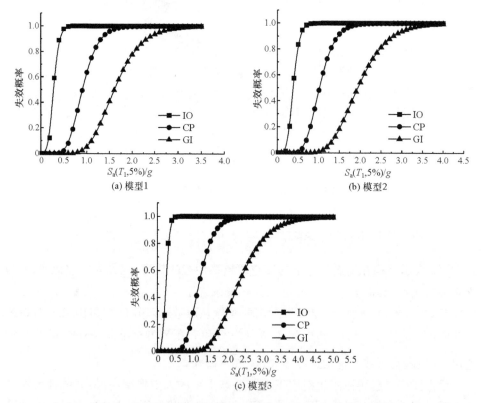

图 9.52　各模型在不同性能极限状态下的地震易损性曲线

通过这些易损性曲线可以得到以下结论：在相同的地震动强度下，结构超过 IO 状态的概率最大，超过 CP 和 GI 状态的概率依次减小。也就是说，结构的失效概率随着目标损伤程度的增加而减小。随着地震动强度的增大,结构从正常使用状态发展到倒塌状态,易损性曲线也逐渐变得平缓,最终趋于水平。此外,比较各模型的易损性曲线可以看出,在相同的地震动强度下,模型1、模型2和模型3达到各极限状态的破坏概率依次减小。结果表明,结构的倒塌概率随着框架-核心筒刚度比的减小而减小,即适当减小框架-核心筒刚度比,可以改善结构的抗震性能。利用易损性曲线,可以预测混合结构在不同地震强度下的失效概率。

3. 结构的抗倒塌分析

对于结构的抗倒塌能力的评价指标至今没有达成一致。一些研究人员认为以大震或特大地震下结构的倒塌概率作为结构的抗倒塌能力评价参数,如大震下结构倒塌可能性小于1%,特大地震下结构倒塌可能性小于10%。ATC-63报告建议:在设防大震下倒塌概率小于10%即认为达到大震性能的要求。为从宏观上评估结构在罕遇地震作用下的抗震性能,美国应用技术委员会(Appled Technology Council,ATC)开展了倒塌储备系数(collapse margin ratio,CMR)的分析,比较结构的实际抗地震倒塌能力与抗震设防要求之间的储备量[24]。倒塌储备系数的分析方法如下:

$$CMR = \frac{S_a(T_1)_{50\%}}{S_a(T_1)_{MEC}} \tag{9.26}$$

式中,$S_a(T_1)_{50\%}$表示50%的地震动下结构发生倒塌时相应的地震动强度;$S_a(T_1)_{MEC}$表示抗震规范规定的罕遇地震作用下结构的基本周期对应的谱加速度值,可按式(9.27)确定:

$$S_a(T_1)_{MEC} = \alpha(T_1)g \tag{9.27}$$

式中,$\alpha(T_1)$为对于基本周期在罕遇地震下的水平影响系数。

根据结构的地震易损性曲线,计算CMR来对结构的抗震性能进行定量分析。将图9.52中GI极限状态的易损性曲线作为结构的地震倒塌能力曲线。由图可知,三个模型的$S_a(T_1)_{50\%}$分别为1.61g、1.95g和2.31g。根据《建筑抗震设计规范》(GB 50011—2010),$\alpha(T_1)$取0.9。各模型的CMR及其在罕遇地震作用下的倒塌概率见表9.43。

表 9.43　各模型的 CMR 值及其在罕遇地震作用下的倒塌概率

模型	模型 1	模型 2	模型 3
倒塌概率/%	2.3	0.34	0.035
CMR	1.79	2.17	2.57

从表9.43可以发现,模型在罕遇地震下的倒塌概率的最大值是2.3%,小于10%,满足ATC-63报告的要求。这说明按常规设计的SRC框架-RC核心筒混合

结构具有较好的抗倒塌能力。此外,模型的 CMR 随着核心筒刚度的增大而增大,也就是说,适当地增大核心筒的刚度可以提高其抗倒塌能力。

9.5　本章小结

本章主要进行了 SRC 框架-RC 核心筒混合结构拟静力试验,研究其抗震性能,并基于试验数据建立了试件的有限元分析模型,分析其抗连续倒塌性能和易损性,得到结论如下:

(1) 按照我国抗震设计规范,以 8 度抗震设防、二类场地土条件设计原型结构,进行了 1∶5 比例的 SRC 框架-RC 核心筒混合结构模型的拟静力试验研究。根据试件振型参与系数,在第 4 层和第 9 层楼板处安装两台作动器施加低周反复荷载,上下位移控制比例为 1∶1.5。在试验过程中,核心筒破坏最严重,主要表现为平行于加载方向的剪力墙发生剪切破坏,垂直于加载方向的剪力墙发生受拉破坏;底层框架柱出现受拉水平裂缝;楼板鼓起,混凝土开裂,压型钢板屈服。核心筒完全发挥了承载力,承担了第一道防线的作用,失效后框架部分作为第二道防线能继续承受荷载。

结合试验数据,分析研究了试件的滞回性能、骨架曲线、混凝土和型钢应变、承载力、刚度、延性、耗能性能和动力特性。试件最大层间位移角为 0.0322,顶点位移角为 0.0165;经测量,试件在破坏前后的第一阶自振频率由 5.942Hz 降为 3.258Hz;试件承受的最大剪力分别为 360.290kN 和 −351.723kN;滞回曲线形状饱满,骨架曲线正负两个方向对称,呈抛物线形,有明显的屈服、极限和破坏阶段;根据骨架曲线计算割线刚度,试件破坏时刚度退化了 32.51%;混合结构的延性系数为 4.27,等效黏滞阻尼系数为 0.374。总体来说,SRC 框架-RC 核心筒混合结构具有良好的抗震性能。

(2) 基于 OpenSees 程序,利用杆单元和分层壳单元,合理划分纤维截面,建立了试件的数值分析模型。模型的几何参数、材料参数和试验工况均与试验一致,计算得到滞回曲线、骨架曲线、结构变形和动力特性,其结果与试验结果吻合良好,表明分析模型有较好的准确性和有效性。

(3) 基于已有的有限元分析模型,采用拆除构件法,分别拆除洞口边柱、角柱、侧面边柱、洞口剪力墙和侧面剪力墙,根据规定施加合适的荷载组合进行静力分析;选择多遇、设防和罕遇地震强度的三条天然地震记录和一条人工地震记录进行动力时程分析,并以 DCR 判定该结构的连续性倒塌性能。结果表明,在静力作用下,该结构 DCR 均小于 2,不会发生连续倒塌,其中剪力墙失效时 DCR 较大;动力时程分析时 DCR 均较大,框架柱失效时结构在设防地震作用下不发生倒塌,而在罕遇地震作用下 DCR 达到了 3.37,结构会发生倒塌;剪力墙失效时结构在多遇地

震作用下不发生倒塌,而在设防和罕遇地震作用下 DCR 最大值达到了 3.58,结构
会发生倒塌;结构角柱及侧面剪力墙对结构影响较大,失效后最容易发生倒塌。

　　(4)选取 10 条地震波对三个刚度比不同的模型进行了增量动力分析,建立了
结构的地震需求概率模型,从而分析结构的地震易损性及其影响因素。结果表明,
结构在不同地震下的 IDA 曲线具有较大差异,不同的地震动记录作用下结构的地
震反应有很大区别,地震波的选取对增量动力分析结果的准确性有至关重要的影
响。随着地震动强度的增加,结构逐渐从弹性阶段进入弹塑性阶段最终达到破坏,
结构具有良好的非线性性能。

参 考 文 献

[1] 清华大学土木工程结构专家组,叶列平,陆新征. 汶川地震建筑震害分析[J]. 建筑结构学
报,2008,(4):1-9.

[2] 陈思羽. 智利地震综述[J]. 中国应急救援,2010,(2):8-9.

[3] 陈肇元. 跋——汶川地震教训与震后建筑物重建、加固策略[C]//汶川地震建筑震害调查与
灾后重建分析报告. 北京:中国建筑工业出版社,2008.

[4] 欧进萍,李惠,吴斌,等. 地震工程灾害与防御(Ⅱ)——建筑抗震设计规范分析与比较[C]//
汶川地震建筑震害灾后重新分析报告. 北京:中国建筑工业出版社,2009.

[5] 张元鹏. 多层钢筋混凝土框架结构抗连续倒塌性能评估[D]. 长沙:湖南大学,2009.

[6] 胡晓斌,钱稼茹. 单层平面钢框架连续倒塌动力效应分析[J]. 工程力学,2008,25(6):
38-43.

[7] Jin F N,Jia J G,Ying X U,et al. Progressive collapse of concrete frame buildings based on
US improved general services administration guidelines[J]. Journal of PLA University of
Science & Technology,2009.

[8] 聂建国,刘明,叶列平. 钢-混凝土组合结构[M]. 北京:中国建筑工业出版社,2005.

[9] 杨溥,李英民,赖明. 结构时程分析法输入地震波的选择控制指标[J]. 土木工程学报,
2000,33(6):33-37.

[10] Cui C Y,Sun Z Q,Zhao Y H,et al. Dynamic time-history analysis of seismic properties for a 3D
complicated high-rise building[J]. Journal of Guangxi University,2009,34(3):305-309.

[11] 李少巍. 基于 OpenSees 的预应力混凝土框架非线性数值模拟与抗震性能初步分析[D].
重庆:重庆大学,2009.

[12] Blondet M,Esparza C. Analysis of shaking table-structure interaction effects during seismic simu-
lation tests[J]. Earthquake Engineering & Structural Dynamics,2010,16(4):473-490.

[13] 何政,欧进萍. 钢筋混凝土结构非线性分析[M]. 哈尔滨:哈尔滨工业大学出版社,2007.

[14] 周奎,李伟,余金鑫. 地震易损性分析方法研究综述[J]. 地震工程与工程振动,2011,
31(1):106-113.

[15] 李文博. 基于 IDA 方法的 RC 框架结构地震易损性分析研究[D]. 西安:西安建筑科技大
学,2012.

[16] 李磊,郑山锁,李谦. 基于 IDA 的型钢混凝土框架的地震易损性分析[J]. 广西大学学报:自然科学版,2011,36(4):535-541.

[17] 周奎,林杰,祝文. 基于增量动力分析(IDA)方法的地震易损性工程实例分析[J]. 地震工程与工程振动,2016,1(1):135-140.

[18] Melani A,Khare R K,Dhakal R P,et al. Seismic risk assessment of low rise RC frame structure[J]. Structures,2016,5:13-22.

[19] Fanaie N,Ezzatshoar S. Studying the seismic behavior of gate braced frames by incremental dynamic analysis (IDA)[J]. Journal of Constructional Steel Research, 2014, 99 (8):111-120.

[20] 汪梦甫,曹秀娟,孙文林. 增量动力分析方法的改进及其在高层混合结构地震危害性评估中的应用[J]. 工程抗震与加固改造,2010,32(1):104-109.

[21] 李谦. 增量动力分析方法的研究及其应用[D]. 西安:西安建筑科技大学,2011.

[22] Vamvatsikos D,Cornell C A. Incremental dynamic analysis[J]. Earthquake Engineering and Structural Dynamics,2002,31(3):491-514.

[23] 黄明刚. 钢筋混凝土连续梁桥的地震易损性、危险性及风险分析[D]. 哈尔滨:哈尔滨工业大学,2009.

[24] Deierlein G G,Liel A B,Haselton C B,et al. ATC 63 methodology for evaluating seismic collapse safety of archetype buildings[C]//ASCE,Structures Congress,Vancouver,2008:24-26.